POR UM TRIZ

"André Ilha já publicou vários textos muito bons e inspiradores, mas o tipo de relato aqui abordado, divertido e coloquial, é raro na literatura associada ao montanhismo, tanto no Brasil quanto no exterior. Há inúmeras passagens engraçadíssimas e, como todo bom texto de não ficção, este livro também contribui com o registro histórico de fatos e situações que, com o passar do tempo, poderiam vir a figurar na categoria dos mitos ou lendas."

Silvério Nery (ex-presidente da Confederação Brasileira de Montanhismo e Escalada)

ANDRÉ ILHA

POR UM TRIZ

valentina
Rio de Janeiro, 2016
1ª Edição

Copyright © 2015 *by* André Ilha

CAPA
Beatriz Cyrillo

FOTO DE CAPA
Stijn Dijkstra / EyeEm / Getty Images

DIAGRAMAÇÃO
FA studio

Impresso no Brasil
Printed in Brazil
2016

CIP-BRASIL. CATALOGAÇÃO NA PUBLICAÇÃO
BIBLIOTECÁRIA: FERNANDA PINHEIRO DE S. LANDIN CRB-7: 6304

I27p

Ilha, André
  Por um triz / André Ilha. — 1. ed. — Rio de Janeiro: Valentina, 2016.
  248 p. + 16 páginas de foto; 23 cm.

  ISBN 978-85-5889-002-1

  1. Trilhas — Brasil. 2. Caminhada (Esporte) — Brasil. 3. Montanhas — Brasil. I. Título.

CDD: 918.1
CDU: 913(81)

16-31142

Todos os livros da Editora Valentina estão em conformidade com
o novo Acordo Ortográfico da Língua Portuguesa.

Todos os direitos desta edição reservados à

EDITORA VALENTINA
Rua Santa Clara 50/1107 – Copacabana
Rio de Janeiro – 22041-012
Tel/Fax: (21) 3208-8777
www.editoravalentina.com.br

SUMÁRIO

Agradecimentos 7
Prefácio 8
Introdução 10
Conceitos básicos da escalada em rocha 13

PARTE I: OS ANOS 70

Capítulo 1 O voo do Bruxo 17
Capítulo 2 Primórdios 30
Capítulo 3 Os três porquinhos 34
Capítulo 4 Uma noite na floresta 39
Capítulo 5 Crise no Irmão Menor 45
Capítulo 6 Três óculos para Iemanjá 53

PARTE II: OS ANOS 80

Capítulo 7 Perseguição na Baía de Guanabara 59
Capítulo 8 Aventuras subterrâneas 63
Capítulo 9 Os turistas suíços 73
Capítulo 10 Cena carioca 78
Capítulo 11 Noites geladas no topo da Serra do Mar 85
Capítulo 12 Encontro macabro 98
Capítulo 13 Apuros em Cachoeiras de Macacu 102
Capítulo 14 Noite de macaco 117

PARTE III: DOS ANOS 90 EM DIANTE

Capítulo 15   A ira de Zeus   127

Capítulo 16   Escalada para o Mundo   133

Capítulo 17   A saga do *Diedro Vermelho*   141

Capítulo 18   O Projeto Guaratiba   149

Capítulo 19   Venezuela selvagem (*ma non troppo*)   164

Capítulo 20   Choque cultural   179

Capítulo 21   O empata-foda   183

Capítulo 22   Por um triz   187

PARTE IV: COLETÂNEAS

Capítulo 23   Cidade partida   197

Capítulo 24   Insetos   216

Capítulo 25   Curtas   226

Glossário   241

AGRADECIMENTOS

Agradeço, primeiramente, a todos com quem partilhei os vibrantes momentos na montanha ou em seu entorno descritos neste livro, assim como a todos os outros que nele não couberam. Momentos bons ou ruins, divertidos ou tensos, agitados ou contemplativos, mas sempre enriquecedores, mostrando por que o montanhismo é uma atividade tão especial, que permite aos seus praticantes, ainda que temporariamente, a fuga daquilo que Baudelaire chamou de "as pesadas trevas da existência comum e cotidiana".

Alguns desses amigos ainda me fizeram a gentileza de corrigir dados e acrescentar aos episódios detalhes que haviam se desbotado na minha memória. Isso certamente deixou o texto mais interessante, preciso e completo.

Ao Sassá e à Galiana Lindoso devo o estímulo definitivo para colocar no papel, enfim, histórias que contava aos amigos havia décadas, porém sempre protelando o desafio de converter a palavra falada em palavra escrita.

Sou profundamente grato à minuciosa revisão dos originais feita por Rodolfo Campos e, depois, por Emanoel Castro. O texto ficou bem melhor e mais enxuto após suas pertinentes observações e correções, e muito se beneficiou por ter sido objeto dos olhares complementares de um escalador e de um não escalador. E também a Luciana Cavalcanti que, com olhos de lince, fez o copidesque final do volume antes da entrega à editora.

Minha gratidão se estende a Silvério Nery, pois ser convidado a prefaciar uma obra qualquer sem conhecê-la antes é decisão de alto risco para o convidado. Mas seus comentários generosos me fazem crer que, talvez, eu não o tenha deixado em apuros tão grandes assim.

Este livro não teria se materializado se não fosse por Rafael Goldkorn, da Editora Valentina, ter acreditado no seu potencial. Deixo aqui registrado o meu sincero reconhecimento por isso.

Por fim, agradeço imensamente à minha mulher, Cristine Cury, pelo incentivo e pela paciência de aguentar tantas horas furtadas ao nosso convívio enquanto eu me isolava para escrever e reescrever estas histórias absurdas, engraçadas, sérias, inesquecíveis, memoráveis, tensas, curiosas, bizarras...

PREFÁCIO

Foi com grande satisfação que recebi o convite do amigo André Ilha para prefaciar seu livro de *causos*. André é um dos mais ativos escaladores do Brasil, certamente um recordista em quantidade de primeiras ascensões de paredes e cumes virgens pelo país afora, e já publicou vários textos muito bons e inspiradores, principalmente guias de escalada e artigos destinados à divulgação da escalada brasileira em revistas estrangeiras. Mas o tipo de relato aqui abordado, divertido e coloquial, é um tanto raro na literatura associada ao montanhismo, tanto no Brasil quanto no exterior. Aqui nas terras tupiniquins, o livro do André se junta ao simpático conjunto de histórias não menos absurdas de Tuco Egg, *Meia Corda e outras incríveis histórias medíocres de montanha* (Ed. Grafar, Joinville, SC), que o próprio André reconhece como grande motivador para sua decisão de escrever este seu ótimo *Por um triz*.

Tendo iniciado na escalada nos anos 1970, André foi um pioneiro em vários aspectos do montanhismo nacional. O longo caminho percorrido passa pela conquista de vias que se tornaram clássicas, pela evolução da técnica e da ética na montanha, e também pela percepção, inicialmente intuitiva, da necessidade da conservação do meio ambiente como condição *sine qua non* para a prática do montanhismo e de outras atividades lúdicas e desportivas *outdoor*, que dependem das áreas naturais para sua própria existência. Tudo isso é cenário de fundo neste livro. Nas entrelinhas das engraçadíssimas histórias contadas com maestria pelo André, percebe-se claramente a importância e o significado desses contextos.

Como todo bom texto de não ficção, *Por um triz* também contribui com o registro histórico de fatos e situações que, com o passar do tempo, poderiam vir a figurar na categoria dos mitos ou lendas, entre as quais se destaca a impressionante narrativa dos seminários de resgate no Petar (Parque Estadual Turístico do Alto Ribeira). O relato dos famosos exercícios, além de muito divertido, faz parte da história da espeleologia e do excursionismo brasileiros. Outros registros de grande importância, desta vez relacionados com o movimento ambientalista, são as peripécias vividas por ocasião da Rio 92. O tempo vai passando, e esses fatos acabam se perdendo na memória. Publicar registros escritos é o remédio certo para evitar tal amnésia.

Ao longo de todo o livro há inúmeras passagens engraçadíssimas, como a cena da Agulhinha do Inhangá — que nada fica devendo aos melhores textos de humor televisivo — ou a menção à impagável frase do Sérgio Tartari sobre a escalada no Mali, mas, ao mesmo tempo, quase todos os *causos* são bastante instrutivos quanto a procedimentos de segurança. Esse aspecto é bastante evidente em "Nó assassino", no qual André faz a defesa da simplicidade de procedimentos na escalada. Mas é na história dos bivaques forçados no Pico Maior que a narrativa fica um pouco mais séria ao mostrar que uma sequência de pequenos erros pode levar à rápida deterioração nas condições de uma dupla de cordada. Mais um ou dois erros dessa natureza e o desenlace poderia ter sido terrível!

E ainda somos brindados com o relato da viagem ao Monte Roraima, uma expedição internacional com particularidades logísticas e aspectos culturais muito interessantes, dentre os quais a pequena aula sobre os prejuízos ambientais causados pelo uso histórico das queimadas como método de preparação do solo para plantio ou pastagem.

Que o André continue escalando e escrevendo! Suas vias e histórias novas, absurdas ou não, serão sempre bem-vindas! Espero que, como eu, apreciem sem moderação.

Silvério Nery
Ex-presidente da Federação de Montanhismo do Estado de São Paulo (Femesp) e da Confederação Brasileira de Montanhismo e Escalada (CBME).

INTRODUÇÃO

Este livro reúne os relatos de uma série de situações que vivenciei em mais de quatro décadas de prática intensa de caminhadas e escaladas em rocha no Brasil. São histórias inusuais, muitas delas absurdas, e às vezes precisarei contar com a boa vontade do leitor para que aceite que de fato aconteceram, que não são frutos de uma mente criativa com pouco apreço pela verdade. A meu crédito tenho o fato de que eu quase nunca estava sozinho nesses momentos, e meus companheiros e companheiras de aventuras, estando todos ainda vivos, podem não apenas confirmá-las como, também, se divertir com as lembranças dos momentos intensos que passamos juntos nas montanhas, falésias e ilhas onde elas se desenrolaram.

Estas histórias foram contadas por mim muitas vezes, e meus amigos sempre me diziam que eu deveria reuni-las em um livro para que não se perdessem. Sempre tive a firme intenção de fazer isso, e cheguei até a elaborar um roteiro simples para me guiar nessa tarefa, mas, envolvido com outras questões, inclusive outros livros, acabava não dando o passo concreto inicial. Minha inércia foi enfim rompida quando um casal de amigos do Paraná me presenteou com um pequeno livro que um amigo deles havia acabado de lançar. *Meia Corda e outras incríveis histórias medíocres de montanha*, do também paranaense Tuco Egg, é um livro escrito exatamente no espírito e no formato que eu pretendia. Apesar da palavra "medíocres" do subtítulo ser uma grosseira subestimação dos episódios também incríveis que Tuco viveu, trata-se de um trabalho despretensioso e divertidíssimo de se ler, que me motivou, finalmente, a colocar no papel as minhas próprias histórias. Ou parte delas, pelo menos.

A precisão dos relatos aqui contidos é garantida pelo fato de que tenho um registro sucinto de tudo o que fiz na montanha a partir de fevereiro de 1976, complementado por notas fragmentárias, daí até as minhas primeiras caminhadas em 1973. Como já foi dito, muitas dessas histórias foram recontadas inúmeras vezes em rodas de conversa pós-escalada, acampamentos, festas e mesas de bar, sempre com muito sucesso entre os ouvintes, o que contribuiu para que detalhes pitorescos inexistentes em meus apontamentos objetivos não tenham se perdido. Isso também facilitou a construção da narrativa, que às vezes fluía tão bem que eu mais parecia estar psicografando palavras ditadas do além. Em alguns casos, enviei o texto original para as pessoas que estavam comigo nos dias em que os fatos aconteceram, e os poucos reparos feitos me tranquilizam quanto à precisão do conteúdo. Os diálogos também foram reconstruídos tão fielmente quanto possível.

Dividi os capítulos em quatro partes. Na primeira, *Os anos 70*, conto as aventuras vividas no meu início de carreira na montanha, algumas quando eu ainda era menor de idade. Elas englobam o momento em que, proporcionalmente, eu estava em melhor forma física e técnica em relação ao estado da arte do esporte no país. O ano de 1977 foi especialmente marcante em termos de boas histórias.

Os anos 80, a segunda parte do livro, abrange uma década em que a escalada brasileira experimentou um salto sem precedentes em termos de dificuldade e de novas técnicas e conceitos. Participei intensamente dessas transformações, mas em algum instante me distanciei dos escaladores de ponta devido a compromissos de trabalho e familiares que não possuía antes, e também porque sempre preferi escaladas mais aventurosas e menos atléticas. Essa característica, no entanto, favoreceu que eu me metesse frequentemente em apuros, que renderam situações inesquecíveis.

A terceira parte, *Dos anos 90 em diante*, reúne episódios interessantes ocorridos nos últimos 25 anos, porém apenas aqueles que se passaram no Estado do Rio de Janeiro ou muito próximo a ele. Isso porque, a partir de 2000, eu comecei a viajar sistematicamente para Minas Gerais, Espírito Santo, Bahia e outros estados do Nordeste com um pequeno círculo de amigos em busca de montanhas virgens. O Brasil é um dos poucos países do mundo em que ainda é possível encontrá-las, e tirei o melhor partido possível desse fato. Tive o privilégio de subir diversas dezenas de grandes montanhas que até então não haviam visto a presença de humanos em seus cumes, o que gerou um material tão rico que será objeto, espero, de outro livro.

Por fim, três capítulos múltiplos, independentemente da época em que se deram os eventos ali narrados, compõem a última parte, *Coletâneas*. "Cidade partida" relata episódios de violência urbana em montanhas ou próximo a elas na cidade do Rio de Janeiro, e "Insetos" possui um título autoexplicativo. Já "Curtas" reúne histórias pequenas, que não justificavam um capítulo independente.

Por incrível que possa parecer, este livro não é uma compilação completa das situações palpitantes que vivi nas montanhas ou em torno delas. É, antes, uma antologia, um "melhores momentos", pois temia cansar o leitor. Sou grato por ainda estar vivo depois disso tudo!

Como dito acima, eu acompanhei de perto as transformações sofridas pela escalada em rocha ao longo desses anos todos e tive participação direta em algumas delas. Assim, aproveitei para contar um pouco sobre o contexto em que os acontecimentos aqui narrados se deram, para melhor posicionar o leitor e também para servir de registro histórico de uma época e de alguns de seus principais fatos. Ou, ao menos, como eu os enxerguei.

Aproveitei ainda para contar um pouco sobre as minhas motivações, como, por exemplo, nos capítulos "O Projeto Guaratiba" e "Escalada para o Mundo". Para deixar o texto mais leve, citei os nomes apenas das pessoas mais diretamente envolvidas com os fatos descritos, e em uma ou outra passagem menos edificante para os protagonistas também omiti seus nomes, pois este é apenas um livro de histórias, e não um acerto de contas. Não guardo mágoas de ninguém.

Por um triz não é um volume escrito apenas para montanhistas. As narrativas que ele contém me pareceram capazes de despertar algum interesse mesmo em pessoas que nunca escalaram uma rocha nem puseram os pés em uma trilha. Por isso, a linguagem empregada foi a mais genérica possível, reduzindo ao máximo a utilização de termos técnicos. Quando aparecem, vêm acompanhados de uma explicação sucinta, e há também um glossário ao final do volume. Julguei conveniente, ainda, preceder os capítulos de um pequeno texto explanando alguns conceitos básicos da escalada, coisas um tanto abstratas para leigos, mas cujo entendimento prévio será de grande valia para a leitura.

Espero que gostem e, principalmente, se divirtam!

Conceitos básicos da escalada em rocha

Para que um número maior de pessoas possa dar um mergulho no tão peculiar universo da escalada em rocha, convém esclarecer antecipadamente alguns de seus conceitos básicos, de forma que aproveitem melhor a leitura.

Guia × participante

Guias são os escaladores que sobem na frente em uma cordada (dois ou mais escaladores unidos por uma corda) e, por essa razão, são os únicos que efetivamente correm o risco de levar uma queda expressiva, que pode chegar a dezenas de metros em certas situações, antes de serem, enfim, detidos pela corda.

Os escaladores que sobem atrás, chamados *participantes*, têm sempre uma corda vinda do guia que se encontra acima. Ou seja, se falharem em uma passagem qualquer, sua queda será imediatamente detida pela corda, e só descerão um pouco porque as cordas de escaladas são elásticas. A exceção são as escaladas horizontais, onde o risco de quedas, ou melhor, de pêndulos, é igual para todos.

Há quem diga que guiar é verdadeiramente escalar. Sem concordar completamente com tal afirmação, o fato é que guiar é uma atividade muito mais demandante do ponto de vista psicológico e, consequentemente, mais recompensadora e valorizada.

Proteção fixa × proteção móvel

Para impedir que uma queda, que é um acontecimento corriqueiro nas escaladas, se transforme em uma tragédia, usa-se uma série de equipamentos por onde é passada a corda de segurança que deterá o escalador que caiu. Esses equipamentos podem ser de dois tipos: fixos ou móveis.

A *proteção fixa* consiste essencialmente em grampos (em suas muitas variações), peças de aço ou de titânio que exigem que se faça um furo na rocha para serem depois, conforme o caso, batidas por compressão ou coladas com resinas industriais de alta resistência. Essas peças permanecem indefinidamente nos lugares onde foram instaladas, e quem for repetir a via só precisará seguir a sequência correta de pontos fixos na rocha.

Quando há boas fendas, no entanto, a proteção pode ser feita com uma ampla variedade de peças que são encaixadas por quem sobe na frente (o guia) e removidas por quem segue atrás (o participante). Nesse caso, não é deixada nenhuma marca da passagem dos escaladores, e tais escaladas são, por isso, consideradas mais "limpas" e desafiadoras, já que à dificuldade de repetir os movimentos deve ser adicionada a de se preparar a própria proteção. Termos como "proteção móvel", "vias em móvel", "escaladas móveis" etc. são variações do mesmo tema.

Escalada livre × escalada artificial

Escalada livre é quando o escalador progride valendo-se apenas do que a rocha oferece, como agarras (qualquer protuberância, mesmo minúscula, onde possa pisar ou segurar), fendas, buracos, lacas ou a simples fricção de seus pés e mãos com uma parede rochosa lisa. Os equipamentos de segurança, no caso, servem apenas para protegê-lo, caso caia.

Escalada artificial é quando o escalador se vale dos equipamentos de segurança para ajudá-lo diretamente na progressão, e não apenas para segurá-lo em caso de queda. Ou seja, é quando o escalador usa um artifício qualquer para avançar em um trecho onde não foi capaz de passar apenas com o que a rocha oferece.

Conquistas

Quando uma escalada é feita pela primeira vez, diz-se que essa foi a sua *conquista*, e as ascensões subsequentes são chamadas simplesmente de repetições. Esta é uma expressão de clara inspiração militar e um tanto inadequada, já que a escalada não é, ou, pelo menos, não deveria ser, uma luta com a montanha, mas trata-se de um termo consolidado e não há como fugir dele. Em outros países, usa-se, em geral, a expressão "primeira ascensão".

PARTE I
OS ANOS 70

O VOO DO BRUXO

— André, socorro, me tira daqui!

Essas palavras, gritadas em uma voz angustiada e trêmula, vinham de um ponto no meio da floresta, 70 metros abaixo de onde eu me encontrava, mas soaram como vindas de outro mundo e me tiraram da paralisia induzida pelo choque do que acabara de presenciar.

— André, me tira daqui! — repetiu a voz, com crescente urgência.

Não havia mais dúvida. Paulo, contrariando todas as expectativas, ainda estava vivo. Isso apesar de ter rolado sem corda por dezenas de metros na encosta do Morro Irmão Maior do Leblon, no Rio de Janeiro, em uma nova conquista que fazíamos, e mergulhado na mata que circunda a montanha naquela face voltada para o bairro do Vidigal.

Apenas segundos antes, petrificado, eu pensava no estado em que encontraria o seu corpo lá embaixo; no que diria ao seu pai que, naquela mesma manhã, tinha nos dado carona até a base do morro; nas críticas que certamente viriam. Agora, a descarga de adrenalina que a sua voz provocara, mostrando que nem tudo estava perdido, me enchia de energia e determinação para descer e ajudar o meu amigo. Só que isso não seria nada simples. Com o equipamento de que dispúnhamos e a posição onde eu me encontrava, seria um desafio e tanto, uma operação delicada que teria que ser executada sem precipitações. Se eu também caísse, não conseguiria ajudá-lo e criaria um problema adicional importante.

Eu estava preso a um grampo de segurança batido logo acima de um grande platô de vegetação, cerca de 25 metros à direita (e ligeiramente acima) do grampo anterior, e nossa corda tinha apenas 40 metros, tamanho padrão naquela época. Estava presa aos dois grampos, formando um corrimão, e os 15 metros que sobravam estavam soltos do outro lado. Eu não tinha como montar um rapel sem antes soltá-la de lá, e mesmo assim seria de apenas 20 metros, insuficientes, portanto, para atingir o outro grampo. Nem ao menos podia bater um grampo no meio dessa travessia para solucionar o problema, pois o Paulo caíra com todo o nosso material de grampeação.

Parado, no entanto, eu não podia ficar. Não com o Paulo agonizando lá embaixo. Eu tinha que dar um jeito de sair dali, e inteiro. Gritei por socorro com toda a força, para ver se alguém acionava um resgate, e em seguida pensei em um plano de ação. A ideia que me ocorreu era arriscada, mas não havia outra solução. Desencordei-me e deslizei pelo corrimão sem dificuldade de volta ao grampo anterior. A partir dali a descida seria bem simples, porque diretamente para baixo, mas o problema era que a ponta da corda permanecia presa do outro lado. Sem soltá-la de lá, eu apenas ficaria imobilizado em um grampo ao invés do outro.

Após beber um gole de água da mochila que estava lá, soltei a corda do grampo onde eu me encontrava, prendi-a ao meu baudrier (espécie de cinto de segurança que amortece o impacto das quedas sobre o corpo do escalador) e comecei a pendular lentamente para a direita. No início, foi tranquilo, mas depois comecei a ganhar velocidade e tive que me comprometer com aquele pêndulo assustador. À medida que eu avançava, a manobra ficava cada vez menos lenta e controlada.

Para tentar manter o domínio da situação, comecei a correr pela encosta, para me antecipar ao puxão da corda, mas, no final, isso não foi mais possível, e ela me arrancou da parede. Em consequência, fiz os metros finais do pêndulo rodopiando no ar e quicando na parede, pensando se aquilo teria um fim. Ou melhor, que fim seria esse. Mais tarde, conversando com alguns moradores da comunidade do Vidigal, que a tudo assistiam desde que eu gritara por socorro, eles lembraram que naquele momento exclamaram entre si: "Ih! Lá vem o outro!"

Mas não. Conforme o planejado, parei exatamente 25 metros abaixo do último grampo da via, sem nenhum dano mais sério do que pequenos arranhões nos braços e pernas. A corda agora estava na posição certa para que eu pudesse subir por ela sem grande dificuldade em direção ao grampo. Para tanto, contei com o auxílio de dois cordeletes de náilon que prendi à corda principal com um nó especial chamado prusik, que permite ao escalador deslizar o cordelete ao qual ele está preso corda acima, mas impede que ele escorregue de volta para baixo. Assim, pouco a pouco, se ganha altura com segurança e sem muito esforço, ainda mais em uma parede não muito inclinada como aquela, onde a subida pode ser ajudada com os pés.

Quando cheguei de volta ao grande platô de vegetação, a primeira parte do procedimento havia sido concluída com sucesso. Agora, restava a parte final, não menos emocionante. Soltei a corda do grampo e montei o rapel nele, isto é, passei a corda por dentro do seu olhal até ficar exatamente com uma metade de cada lado, e então instalei o meu aparelho de descida, uma espécie de freio mecânico, nas duas metades da corda, simultaneamente. Quando chegasse ao final, bastaria eu me prender a outro grampo, puxar a corda do grampo de cima por qualquer uma das pontas e repetir o processo.

Só que, neste caso, eu estava consciente de que, ao final, faltariam alguns metros para chegar ao meu destino. Mesmo assim fui descendo — ou, mais apropriadamente, escalando em diagonal para a esquerda apoiado na corda. Cheguei então a um pequeno platô de canelas-de-ema (ou velosiáceas, uma planta muito resistente e abundante nas paredes rochosas da cidade), quase no limite da corda disponível. Eu me encontrava a apenas cinco ou seis metros da salvação, representada pelo grampo anterior. Como o lance entre mim e ele era fácil, resolvi arriscar: passei uma fita de náilon na base do maior tufo de canelas-de-ema e ali montei novo rapel, como se fosse um grampo. Uma vez mais, em vez de me pendurar na corda para descer, por temer que o meu peso arrancasse as plantas e eu me juntasse rapidamente ao Paulo lá embaixo, desescalei o lance lentamente, apenas me apoiando na corda tensionada para ajudar no equilíbrio.

Deu certo!

Bebi mais um gole de água, pois a garganta estava seca com toda aquela tensão, e comecei a rapelar diretamente para baixo, a toda velocidade, sem sobressaltos, pois tinha certeza de que a corda agora sempre chegaria a algum dos grampos anteriores. Os pensamentos mais sombrios me vinham à cabeça, pois o Paulo não falara mais nada desde aqueles dois apelos desesperados. Teria desmaiado? Morrido?

Nesse momento, outra voz, mais alta e firme, veio lá de baixo trazendo uma boa notícia:

— Desce devagar que ele está bem!

Olhei para baixo e vi um grupo de três ou quatro homens andando ao longo da base da parede em direção ao início da escalada. Continuei a armar os rapéis e a descer com a maior velocidade possível, e novamente um deles gritou para mim:

— Ei, pode descer devagar que ele está bem!

Fiz um sinal de OK com o polegar, e, na mesma velocidade de antes, montei o último rapel. Quando cheguei à base, retirei o aparelho da corda, me virei para eles e disse:

— Gente, muito obrigado pela preocupação, mas vejam: estou aqui na base, estou bem e agora não há mais risco. Como é que ele está, de verdade?

— Ele está bem! Quer dizer, está com uns machucados bem grandes, claro, e parece que quebrou uma perna, mas fora isso está bem, falando e tudo.

— O capacete, como está?

— Está inteiro, e também parece que ele não sofreu nada na coluna. O pessoal aqui da favela pegou ele e carregou pelo meio do mato para botar em um carro e levar pro hospital.

Paulo caíra 70 metros rolando por um paredão de granito, voara sobre alguns ressaltos pelo caminho e se estatelara no chão da mata. Como era possível que estivesse bem? Na verdade, como era possível que estivesse vivo?

As primeiras conquistas

Em 1977, aos 17 anos de idade, eu já havia repetido a maior parte das escaladas mais difíceis do Rio de Janeiro e algumas fora dele, e eu e meus amigos estávamos ansiosos por abrir as nossas próprias vias, elevar o nível de dificuldade da escalada carioca, deixar a nossa marca.

Até meados da década de 1970, a escalada no Rio era dominada por dois fortes grupos rivais, um baseado no Clube Excursionista Carioca (CEC) e o outro no Centro Excursionista Rio de Janeiro (CERJ). Toda a atividade de escalada e quase toda a de caminhada, naquele tempo, era praticada sob a iniciativa dos clubes de montanhismo. Como disse um escalador carioca, em uma frase hoje célebre, "não havia vida inteligente fora dos clubes". Mas, nessa época, os integrantes dos dois grupos começaram a se dispersar devido a compromissos profissionais e familiares ou por simples desinteresse, e o vácuo deixado por eles veio a ser preenchido, como sempre, por uma nova geração ambiciosa e motivada — a nossa. Éramos todos muito novos, entre 16 e 20 anos de idade, e a primeira providência óbvia para provar o nosso valor era repetir as escaladas mais difíceis existentes, testando nossa habilidade, exorcizando velhos tabus e estabelecendo novos marcos, os quais inevitavelmente viriam a ser substituídos, em algum momento, pelos da geração seguinte.

Assim, escaladas icônicas daquela época, como *Sombra e Água Fresca*, no Irmão Menor do Leblon; *Patrick White*, no Irmão Maior; a *Face Leste* do Pico

Maior de Friburgo; e, sobretudo, *Lagartão*, no Pão de Açúcar, um verdadeiro mito, foram feitas em série por nós. Este último, então, estava envolto em uma aura sobrenatural. Quando me preparei para repeti-lo, dizia-se que 16 cordadas tinham tentado a escalada no ano anterior e apenas uma havia conseguido. Não era de admirar, portanto, que nossa confiança estivesse elevada, assim como a vontade de aumentar a aposta.

Minha primeira conquista foi uma linha deliberadamente fácil, para treinar procedimentos que eram novos para mim. Em março de 1977, com três amigos (um deles precisamente o Paulo), abrimos o Paredão *Phoenix*, no Morro da Babilônia, no Rio de Janeiro, pertinho de casa, e, para nossa satisfação, tudo correu muito bem, a despeito de um episódio curioso. Em uma das investidas, quando estávamos apenas eu e ele na parede, uma menininha começou a gritar e a acenar para a gente lá de baixo, e Paulo, comovido com aquela manifestação espontânea de simpatia, acenou de volta, alegremente. Pouco depois, no entanto, ouvimos a sirene de uma viatura do Corpo de Bombeiros e nos perguntamos o motivo, já que não havia qualquer sinal de fumaça nas proximidades. Qual não foi a nossa surpresa quando descobrimos que éramos nós o motivo! A menininha interpretou os acenos do Paulo como um pedido de socorro e chamou algum adulto que, por sua vez, acionou os bombeiros. Diferentemente de agora, quando dispõem de equipamentos de escalada sofisticados e helicópteros com pilotos treinados para resgates desse tipo, naquela época os bombeiros eram pessimamente equipados, e foi com preocupação que vimos um grupo de quatro ou cinco deles subindo com grande dificuldade o íngreme costão de acesso à via, metidos em coturnos de couro e portando apenas uma corda pavorosa enrolada em torno do ombro e alguns mosquetões de aço pendurados no cinto. Não havia a menor chance de eles nos resgatarem daquele jeito de onde estávamos se isso fosse mesmo necessário. Os bombeiros subiram gritando para que descêssemos da parede imediatamente e, apesar de nossos protestos, assegurando-lhes que estávamos muito bem e que pretendíamos continuar escalando, eles insistiram. Talvez tivessem que encerrar assim a ocorrência, sabe-se lá. Acabamos descendo e ainda tivemos que ajudá-los, pois era grande a probabilidade de um deles escorregar no traiçoeiro costão com calçados tão inadequados, provocando assim um acidente de fato.

No mês seguinte à conclusão de *Phoenix*, e em companhia de outro de seus autores, Tonico Magalhães, subi a Agulha da Neblina, um cume virgem subsidiário da espetacular Agulha do Diabo, no coração do Parque Nacional da

Serra dos Órgãos, em Teresópolis. Feliz com esses resultados, e já dominando as técnicas básicas necessárias para conquistar novas vias com o tosco material disponível à época, quis enfrentar um objetivo realmente desafiador, e para tanto escolhi a face sul do Irmão Maior do Leblon, uma parede imensa, ainda inescalada, que domina o cenário do Vidigal, na Zona Sul carioca. Para me acompanhar, convidei novamente o Paulo, que possuía o apelido de Paulo Bruxo e com quem já havia escalado muitas vezes antes — inclusive, como vimos, na abertura de *Phoenix*.

O acesso à base da via por nós escolhida era extremamente curto, mas tinha um complicador: seria necessário passar por dentro de alguma casa, pois a rua em frente à parede estava completamente edificada, sem falhas. Mas demos sorte, pois a dona da casa situada na posição mais conveniente para o nosso objetivo foi muito simpática e solícita, permitindo que aqueles dois garotos malucos sempre atravessassem a sua sala para chegar aos fundos da casa, e dali, em poucos minutos, ao sopé da montanha. Para um leigo, nosso esporte naqueles dias era ainda mais intrigante do que hoje, pois a escalada em rocha era pouquíssimo conhecida no país. Não havia revistas que falassem regularmente sobre o tema, nem o Canal Off e muito menos a internet com o mundo todo ao alcance do teclado. Escaladores eram vistos, de uma maneira geral, como marcianos, embora com certa simpatia, e não havia ainda acontecido a explosão da violência urbana que transformou qualquer um andando no mato em temível suspeito potencial.

Quando chegamos ao ponto escolhido para base, uma surpresa: encontramos um grampo fixado na rocha. Alguém tivera a mesma ideia! Uma pesquisa detalhada, no entanto, não revelou outros grampos além daquele. Mesmo assim, resolvemos começar a nossa conquista mais à direita e, de fato, nunca soubemos quem colocou aquele grampo solitário, talvez para "garantir" para si aquela linha. Nesse primeiro dia, batemos apenas quatro grampos, prova da precariedade do nosso equipamento, já que disposição não nos faltava.

Voltamos lá em junho, poucos dias antes do meu aniversário de 18 anos. Paulo, que era um ano mais novo, estava novamente comigo, e o pai dele nos deu carona em seu fusquinha até a porta da casa mágica que, nos poucos metros que separavam a porta de entrada da área de serviço nos fundos, nos transportava entre dois mundos radicalmente diferentes: do caos urbano frenético do Vidigal para o terreno de aventura e fantasia do Irmão Maior do Leblon. Um amigo nosso, Edi Martins, a meu convite, também iria conosco, mas ele furou e seguimos sozinhos uma vez mais para a parede.

Subimos rapidamente até o ponto mais alto atingido na vez anterior e batemos dois grampos em novos lances, ambos fáceis. Perguntei ao Paulo se ele queria fazer o lance seguinte, uma longa diagonal para a direita, quase uma horizontal, que chegaria a um grande platô de vegetação, mas ele disse que não. Fui eu, então. Logo no início, passei por um pequeno platô de canelas-de-ema e cheguei ao meu destino sem problemas. Ali, de pé confortavelmente no platô maior, bati mais um grampo.

O lance havia ficado muito grande, cerca de 25 metros, por isso concordamos que ele necessitava um grampo intermediário para maior segurança ao subir mas, sobretudo, ao descer, pois sem ele a nossa corda seria insuficiente para o rapel. Concordamos também que era melhor batê-lo de uma vez, a despeito de nossa ansiedade em continuar avançando no terreno desconhecido acima, para não deixar pendências para depois. Para tanto, prendi a minha ponta da corda ao grampo que acabara de fixar, e Paulo a esticou e prendeu ao grampo anterior, de onde havia me dado segurança para fazer a diagonal. Assim, deixamos montado um resistente corrimão, com uma sobra de corda de uns 15 metros aos pés dele.

Como talvez aqueles 15 metros não fossem suficientes para ele chegar encordado até o ponto onde o grampo intermediário deveria ser colocado, Paulo se soltou da sua ponta da corda e, com duas "solteiras" (cordinhas) presas ao seu baudrier e ao corrimão — portanto, com uma ótima segurança individual e um backup de igual qualidade —, deslocou-se até o ponto que julgamos mais adequado e ali parou para fazer o serviço.

Eu sabia que aquilo seria demorado, por isso me acomodei no platô da forma mais confortável possível, tirei os óculos e, graças à minha forte miopia que deixava tudo borrado, fiquei viajando na diferença de tonalidade entre o azul mais escuro do mar e o azul mais esmaecido do céu, procurando adivinhar onde um terminava e o outro começava. O dia estava bonito, a temperatura, agradável, e a sensação de paz e de satisfação eram grandes. Estávamos, enfim, conquistando uma grande escalada!

Mas o silêncio, que até então fora quebrado apenas pelas batidas ritmadas da marreta na broca, foi interrompido pela voz do Paulo.

— André, descobri uma agarra grande. Vou passar um cordelete de prusik em volta dela e prender um estribo (escadinha de fita, com dois a quatro degraus) nele para bater o grampo mais confortavelmente.

Coloquei os óculos, olhei para ele, murmurei qualquer coisa em aprovação, já que aquela parecia ser realmente uma boa ideia, e voltei às minhas divagações de míope. Logo em seguida, contudo, fui novamente interrompido, mas desta vez por um inconfundível barulho de equipamento caindo. Coloquei novamente os óculos e me virei para olhar para o Paulo, com alguma má vontade ante a perspectiva de ele ter deixado cair a broca ou a marreta, ou ambas, o que interromperia a nossa investida. Mas, para meu supremo horror, o corrimão de corda se estendia até o outro grampo sem ninguém preso a ele!

Dei um pulo no platô e olhei para baixo, ainda a tempo de ver o Paulo girando como um pião enlouquecido, com o corpo na horizontal, e depois entrar em alta velocidade na floresta da base, sumindo completamente de minha vista sob a copa das grandes árvores. Atrás, bem mais devagar, pequenas bromélias, arrancadas por ele na queda, desciam em caprichoso zigue-zague, até que tudo ficou completamente imóvel na cena.

Imóvel, também, fiquei eu. Atônito. Aquilo não podia estar acontecendo. Se a corda permanecia no lugar, suas duas solteiras não permitiriam que ele caísse, em hipótese alguma. Na verdade, uma só já seria mais do que suficiente, mas a segunda era realmente para não termos com o que nos preocupar. Então, como?

— André, socorro, me tira daqui!

Depois da queda

Paulo havia sido encontrado estendido no chão da mata pelos moradores que acudiram ao local assim que ouviram os meus gritos de socorro, e a notícia do acidente se espalhara pela comunidade. Três ou quatro deles foram ao meu encontro, generosamente, para ver se eu precisava de algo, mas a maioria o pegou em seus braços e desceu em direção à rua, com muito boa vontade e muito pouca técnica para lidar com feridos graves. Felizmente, não havia lesões a serem agravadas com aquele transporte improvisado, e ele foi imediatamente posto em um carro e levado para o hospital Miguel Couto, a unidade de referência mais próxima para lidar com emergências desse tipo.

Escoltado pelos moradores que haviam ido até a base da via para me ajudar, desci de volta à casa de nossa amiga por um caminho ligeiramente diferente do que o que eu conhecia. Ao chegar lá, me despedi do grupo e pedi para dar dois ou três telefonemas, no que fui prontamente atendido. O primeiro deles foi para a minha mãe, para relatar o que acontecera e pedir que ela desempenhasse em meu lugar a espinhosa tarefa de ligar para os pais do Paulo, que ela também conhecia, e contar a eles o ocorrido. Quando eu me preparava para dar o segundo telefonema para algum amigo mais próximo, dois bombeiros uniformizados entraram abruptamente na sala e disseram:

— Você é o alpinista que estava com o que caiu?

— Sim, sou eu.

— Então vamos embora conosco.

— Obrigado, mas antes eu tenho que dar mais um ou dois telefonemas.

— Não podemos esperar, venha conosco agora!

Irritado com o tom de sua voz, retruquei uma vez mais:

— Tudo bem, eu vou com vocês, mas antes preciso dar um ou dois telefonemas. É rápido.

— Vamos embora AGORA! O pessoal da favela está dizendo que você foi o responsável pelo acidente e estão querendo te linchar!

Fiquei estarrecido com aquela afirmação. O que eles estavam dizendo não fazia o menor sentido, pois os moradores que eu encontrara pareciam pensar qualquer coisa, menos uma insanidade daquela. Mas a chegada de um terceiro bombeiro criou uma situação insustentável para mim e acabei cedendo, ainda que a contragosto. Despedi-me de minha amiga, agradecendo muito por tudo, e saí atrás dos soldados do fogo. Ao passar da penumbra da sala para a claridade intensa do exterior, deparei-me com uma cena insólita: o grande caminhão vermelho dos bombeiros parecia uma ilha escarlate no meio de um denso oceano de pessoas que se acotovelavam para garantir o melhor ângulo de observação. Eles foram à frente, abrindo caminho na multidão com certo vigor, e eu segui atrás, incomodado por estar sendo alvo de tantas atenções, porém sem detectar o mais leve traço de animosidade em quem quer que fosse. Havia apenas, como sempre acontece nesses casos, muita curiosidade mórbida, e de fato parecia que todas as casas e lojas do Vidigal haviam sido desertadas para que os seus ocupantes pudessem estar ali me observando.

Assim que subimos no caminhão e ele se afastou, a atitude dos bombeiros mudou completamente. Ficaram amigáveis e começaram a puxar papo, perguntando o que havia acontecido. Relatei o que podia, mas, àquela altura, eu próprio não sabia exatamente o que ocorrera para que o Paulo pudesse ter caído até o chão a despeito das medidas extras de segurança adotadas. Ainda precisava esclarecer isso. Perguntei de que quartel eles eram e, como suspeitava, fui informado de que eram da guarnição do Humaitá, ou seja, passariam bem pela esquina da rua do Miguel Couto. Perguntei se me dariam uma carona até lá e eles disseram "Sem problemas". Lá chegando, nos despedimos amistosamente e eu saí correndo para a emergência do hospital.

Tratamento e recuperação

Eu conhecia bem aquele lugar, pois já me machucara diversas vezes andando de bicicleta, pegando onda ou jogando futebol e vôlei na praia. Assim, foi fácil driblar as barreiras impostas aos visitantes da emergência, e segui direto para a área masculina.

Encontrei o Paulo ainda no corredor, sozinho, deitado em uma maca metálica com rodas e coberto por um lençol fino. Ele estava lúcido, e esse encontro foi muito emocionante para nós dois.

— Paulo, o que é que aconteceu? Por quê? Por quê?

Ele pegou a minha mão, beijou-a e disse:

—Você não tem culpa de nada! Você não tem culpa de nada.

Eu sabia disso, e ambos choramos de mãos dadas. Nesse momento, um cara magrinho de avental chega perto de nós e pergunta:

—Você é amigo dele?

— Sim.

— Olha, ele se machucou bastante, e precisa ser radiografado para verificar se tem fraturas, mas o problema é que o radiologista não veio trabalhar hoje!

— Putz, e agora? E você, quem é?

— Eu sou o assistente de radiologia.

— Você não sabe como operar o aparelho de raio X?

— Sei, mas não posso fazer isso sozinho. Alguém tem que segurar o Paulo enquanto eu mexo no aparelho. Você topa fazer isso?

— Claro!

Ele então removeu o lençol que cobria o Paulo e eu quase caí para trás com o que vi. Ele apresentava, em diversas partes do corpo, lacerações profundas, com grandes pedaços de carne e pele revirados. Nos dois joelhos era possível ver os ossos, que estavam, no entanto, aparentemente intactos. Sua cabeça, como haviam dito, estava ilesa, e ele não reclamava de dores na coluna. Melhor ainda, não relatava insensibilidade em parte alguma, o que era um bom sinal, por mais que naquele momento tudo o que ele talvez mais quisesse fosse sentir menos dor, pois o corpo já tinha esfriado.

Tiramos chapas suficientes para montar todo o seu esqueleto umas duas vezes. Cada movimento que eu fazia com ele, especialmente nas pernas, despertava uma onda de dor fortíssima, mas eu me mantive firme no posto e ele procurou facilitar como podia, pois entendia bem a gravidade da situação e a importância de termos logo uma posição segura a respeito de seu estado. Terminado o serviço, constatamos que, inacreditavelmente, ele só tinha uma fratura, na bacia.

— Seu amigo teve muita sorte — disse o assistente de radiologia, e fui obrigado a concordar.

Feito isso, nós o cobrimos de novo com o lençol, à espera do médico, e voltei ao saguão do hospital, onde encontrei os pais e a irmã dele, que haviam acabado de chegar, e foram supercarinhosos e compreensivos comigo. Após ouvirem o meu relato, tanto da escalada quanto do estado do Paulo, e a boa notícia de que só havia uma fratura a ser reparada — ainda que de difícil recuperação —, eles me mandaram para casa descansar. Agora eles cuidariam das coisas por lá. Assim que sumiram em direção à emergência, chegou a minha mãe, e, não havendo mais o que fazer ali, pegamos um táxi para casa.

Lá chegando, tomei banho, comi algo e procurei relaxar, sabendo que agora era questão de tempo até que as feridas cicatrizassem e a fratura se consolidasse. Mas o dia ainda não havia acabado. No início da noite, recebi um telefonema com a péssima notícia de que o baço do meu amigo havia se rompido e que por causa disso ele estava com uma grande hemorragia interna e ia entrar naquele momento na sala de cirurgia, com risco de vida. Pronto! Toda a pouca tranquilidade durantre conquistada se evaporou em um segundo, e passei horas angustiantes esperando por alguma notícia. Ela finalmente veio sob a forma de outro telefonema, este com boas-novas: a operação havia sido bem-sucedida, e Paulo estava fora de perigo!

No dia seguinte ao acidente, todos os jornais da cidade estampavam manchetes relatando o ocorrido ao seu jeito. "Estudante caiu do Morro Irmão Maior" (*A Notícia*). "Alpinista cai do Morro do Vidigal" (*O Dia*). "Queda de 200m de altura leva alpinista ao hospital" (*O Globo*). Como se 60 ou 70 metros não fossem o bastante...

Foi muito desconfortável aquela súbita e indesejável notoriedade, mas, aos poucos, as coisas foram se aquietando. Sua recuperação foi completa, embora previsivelmente lenta. Foram dois meses de cama, praticamente imóvel, e eu ia visitá-lo dia sim, dia não, sempre à tarde, após o almoço, pois tinha aula pela manhã. Outros amigos, como o Tonico, que morava quase em frente a ele, e André Ribas, um dos autores de uma das escaladas mais populares do Pão de Açúcar, chamada *Via dos Italianos*, iam lá também com frequência. Mas eles, estranhamente, sempre procuravam fazer coincidir suas visitas com a presença em casa da irmã do Paulo, dona de uma estonteante beleza de ascendência espanhola, mesmo sabendo que ela jamais daria bola para pirralhos como eles.

Epílogo

Paulo voltou a escalar, e sua preocupação com segurança desde então o levou a uma longa carreira trabalhando com técnicas verticais, como alpinismo industrial, segurança de atores e figurantes em filmes e programas de TV etc. Seu acidente foi causado por um erro primário, o que decerto reforçou em sua mente, da pior forma possível, a importância da atenção aos detalhes com as técnicas e com os equipamentos de segurança em escalada, esporte em que erros costumam ser punidos com penalidades muito altas.

No seu caso, dada a gravidade da queda, saiu até barato, e durante anos ele deteve o nada invejável recorde de sobrevivência em quedas no país. Foi por fim suplantado, de forma espetacular, por Eduardo "Barão" Ribeiro, que também devido a um erro de procedimento, ao subir por cordas fixas com um aparelho mecânico chamado jumar, que substitui com vantagem o nó prusik, caiu espantosos 100 metros no Pico do Garrafão, no Parque Nacional da Serra dos Órgãos. Ele parou à beira de um degrau com algumas centenas de metros de altura a mais e, miraculosamente, saiu sem uma fratura sequer, embora tenha precisado ser resgatado de helicóptero também devido à ruptura do baço.

Mas, afinal, o que aconteceu naquele fatídico mês de junho, na vertente sul do Irmão Maior do Leblon?

Após passar o cordelete em torno de uma agarra realmente boa e protuberante, e pisar no estribo preso a ele para bater o grampo em uma posição mais confortável, Paulo percebeu que as suas duas solteiras presas ao corrimão estavam em uma posição que o atrapalhavam um pouco e resolveu ajeitá-las. Até aí, nada demais, desde que fizesse isso com uma de cada vez. Mas, por distração, durante um breve instante soltou as duas ao mesmo tempo, e foi exatamente nesse momento que a agarra se quebrou sob o seu peso e ele afundou.

Apesar do susto, ainda esperou parar na corda, como aconteceria caso, pelo menos, uma solteira ainda estivesse presa a ela, mas o susto transformou-se em pânico quando o corrimão começou a ficar cada vez mais distante e seu corpo virou para descer girando de lado, em velocidade crescente.

A grande quantidade de bromélias, gramíneas e outras plantas pequenas que formam ali um espesso tapete vivo amorteceu bastante a sua queda, e a pouca inclinação da parede fez com que ele não despencasse em queda livre, mas, sim, rolando. Ou seja, muita energia foi dissipada pelo atrito do seu corpo com a rocha, ainda que à custa dos sérios danos superficiais que ocorreram, especialmente nos joelhos e no peito, que só não foram piores por causa da vegetação. No entanto, houve um momento em que ele voou por cima de um pequeno degrau na rocha, e foi precisamente aí que quebrou a bacia. O resto, já sabemos.

Alguns dias depois, retornei ao local acompanhado por diversos amigos para recuperar o material que havia ficado para trás, inclusive alguns itens que caíram com o Paulo e ainda estavam espalhados pelo chão da mata. E, entre o final de junho e o final de julho, em um esforço concentrado com dois outros amigos, completei a escalada, sendo o primeiro passo precisamente a fixação do grampo que o Paulo havia começado a bater na horizontal quando caiu. Olhando com calma, de novo para baixo a partir daquele ponto, é que pude absorver na sua plenitude a improbabilidade de alguém escapar com vida de uma queda como aquela. Highlander! Batizei a via de Paredão *Paulo Ferreira*, em sua homenagem, e, com cerca de 450 metros de extensão, essa foi durante muitos anos a escalada mais longa da cidade do Rio de Janeiro, sendo enfim desbancada por algumas linhas na gigantesca parede principal da Pedra da Gávea, não muito longe dali.

O ingresso na maioridade é sempre um momento marcante na vida de um adolescente, e o meu foi dos mais movimentados!

PRIMÓRDIOS

Minha vida de montanhista começou de forma absolutamente casual aos 13 anos de idade, quando eu e alguns amigos do colégio começamos a subir uma ou duas vezes por semana o Morro da Urca, no Rio de Janeiro, pela trilha incipiente que começava na Ladeira São Sebastião, no bairro da Urca. Ela fica no lado exatamente oposto ao da trilha normal de acesso àquele morro, hoje um largo caminho que parte da famosa Pista Cláudio Coutinho, onde muitos degraus tiveram que ser cavados e escorados com toretes de eucalipto para conter a erosão provocada pelas inúmeras pessoas que por ali transitam, principalmente nos fins de semana.

Mas, se mesmo essa trilha, hoje tão larga, não era mais do que uma estreita picada na mata na primeira metade da década de 1970, exigindo a atenção do caminhante para que não se perdesse (o que parece incrível atualmente), a da São Sebastião era um mero caminho de rato no meio do imenso capinzal que se estendia, sem interrupções, da rua até a estação do bondinho. Para um bando de garotos de 12 ou 13 anos, desacompanhados, tratava-se de uma aventura e tanto. Mais tarde, devido aos incêndios que assustavam os moradores abaixo e, acima, interrompiam o funcionamento do ramal do teleférico que liga o cume do Morro da Urca ao do Pão de Açúcar, a prefeitura da cidade, a empresa concessionária e grupos voluntários de montanhistas promoveram reflorestamentos bem-sucedidos que devolveram àquela encosta a sua feição original de mata atlântica.

Fiz essa caminhada inúmeras vezes, mas é difícil dizer se isso seria o embrião de toda uma vida voltada para as montanhas, já que eram inúmeras as atividades interessantes ao dispor de um adolescente que morava a apenas um quarteirão da praia em Copacabana. No início de 1974, entretanto, um episódio fortuito fez com que esse destino fosse irremediavelmente selado.

Minha mãe e seu namorado, um coronel do Exército cujo maior prazer era dar aulas de matemática no Colégio Militar, se cansaram do Rio e resolveram se mudar para um lugar mais tranquilo, uma casa com jardim, quintal e bichos soltos ao redor. Para concretizar esse sonho, ela havia acabado de pagar a entrada de uma casa com essas características na localidade conhecida como Calembe, no distrito de Nogueira, Petrópolis. A casa era muito simples e estava em estado bastante precário, mas a área externa era de fato bacana, mesmo exigindo muito trabalho braçal para resgatá-la do abandono em que se encontrava. Então, após alguns reparos mais urgentes, eles se mudaram para lá e, claro, me levaram junto.

Eu não assimilei bem a decisão. Na verdade, odiei a ideia de deixar para trás a minha turma de rua e de praia, bem como meus amigos do curso ginasial, para morar em um lugar com chão de terra, sem iluminação de rua e servido apenas por um ônibus que passava de duas em duas horas, sendo dez da noite o último horário... Para ir à escola, nas manhãs escuras de inverno, eu tinha que sair de casa com uma lanterna de mão e deixá-la escondida junto ao portão, para ser recuperada mais tarde por alguém da família, senão nem conseguiria chegar à rua. Meu sentimento de perda era grande, e, em retaliação, eu estava disposto a infernizar a vida dos dois. Mas, logo nos primeiros dias de aula em minha nova escola, um colégio muito conceituado da cidade, um colega de turma, apropriadamente chamado Ricardo Serrano, levou para a sala de aula umas fotografias suas em preto e branco escalando o Dedo de Deus, em Teresópolis. Que impacto ver aquelas fotos! Aquilo, sim, é que era aventura! Eu *tinha* que fazer aquilo também!

Voltei para casa empolgado e, após muitas conversas, brigas e chantagens, consegui convencer minha mãe a me levar uma noite à sede do Centro Excursionista Petropolitano (CEP), o clube de montanhismo local e um dos mais tradicionais de todo o estado até hoje. Lá, fomos excepcionalmente bem recebidos, e os velhos guias do clube a convenceram de que eu estaria em boas mãos e que a prática do esporte seria muito benéfica para mim. E para ela também, pois tendo com o que me ocupar, deixaria de atazaná-la pelo crime de ter me arrancado abruptamente do meu habitat original à beira-mar. Preenchi a ficha de inscrição na mesma hora, mas devido ao fato de que o "curso de adestramento em escalada" que o clube oferecia anualmente já estava encerrado, eu faria caminhadas e escaladas avulsas com o pessoal de lá sempre que possível e ingressaria no curso do ano seguinte, um arranjo que me pareceu perfeitamente satisfatório naquele momento.

Essa noite teve uma implicação profunda em toda a minha vida futura. Por isso, até hoje pago religiosamente as mensalidades do clube, mesmo sem frequentá-lo há décadas, de forma a contribuir para que outras pessoas possam ter a mesma oportunidade transformadora que eu tive naquele ano distante.

Passei então a fazer excursões esporádicas com o pessoal do clube, tanto caminhadas como escaladas fáceis, e em julho daquele ano me inscrevi para uma caminhada às Três Marias, um bonito grupo de quatro ("Quatro Marias" não soaria tão bem...) grandes blocos rochosos aos pés do Santo Antônio, imponente montanha no meio do Parque Nacional da Serra dos Órgãos, em Teresópolis. Apesar de ser apenas uma caminhada, sem nenhuma passagem mais técnica, o acesso às Três Marias tinha uma sólida reputação de dificuldade, que foi reforçada pelo nosso fracasso em atingi-las naquele dia.

Nosso grupo era numeroso, 13 pessoas guiadas pelo Seu Arlindo Gomes, um velhinho muito simpático e bem-disposto. Mas erros no caminho, e a necessidade de batermos muito facão para abrir a trilha no meio do espesso capim-de-anta que prolifera na parte alta do parque, fez com que o guia resolvesse dar meia-volta pouco antes de atingirmos o nosso objetivo, para não pegarmos noite na descida. Era uma decisão sensata, ainda mais com tanta gente, mas com as Três Marias bem à nossa frente, aparentemente ao alcance da mão, fiquei desolado em ter que voltar depois de chegar tão perto. Mas o que se havia de fazer?

Em um trecho especialmente íngreme da descida, seguimos cautelosamente em fila indiana. Eu era um dos últimos e, olhando a cena de cima, não pude deixar de notar a similaridade de nosso grupo com uma carreira de formigas, laboriosamente encontrando o seu caminho encosta abaixo, levando mochilas coloridas em vez de folhas cortadas às costas. Estava entretido nesse devaneio quando gritaram de cima: "Pedra! Pedra!"

Um dos participantes da excursão, Jorge, havia deslocado sem querer um bloco arredondado pouco menor do que um forno de micro-ondas, e berrava aflito para que todos saíssem do seu caminho. Para mim foi fácil, pois eu estava perto dele e a pedra ainda não tinha adquirido velocidade. Logo que me estabilizei em segurança, vi todos abaixo se jogando para um lado e para o outro da trilha para fugir da pedra rolante, como em um desenho animado. Todos, menos Sônia, a noiva de Jorge, que estava sentada naquele momento e demorou a reagir ao alerta. Para piorar a situação, a pedra descia exatamente na sua direção, e tudo o que ela conseguiu fazer foi se encolher de costas e esperar pelo impacto, que seria devastador. Todos prenderam a respiração, imaginando o pior.

Mas, novamente como em um desenho animado, a pedra deu uma quicada e, no último instante, se desviou dela, passando a poucos centímetros à sua direita antes de mergulhar em direção às profundezas do magnífico vale abaixo. Essa foi por muito pouco!

Todos acudiram para ver como ela estava, mas tudo não passara de um susto. Choro, beijos, abraços, e o episódio foi encerrado com o impagável apelido dado por Mário Penna da Rocha, outro integrante do grupo, ao jovem casal: Jorge Pedrada e Sônia Apedrejada.

Apesar de relativamente banal, o acontecimento me fez perceber que o esporte que eu acabara de abraçar não tolerava desatenções.

OS TRÊS PORQUINHOS

Conquistar uma nova via sempre foi uma ideia muito atraente para escaladores com certa experiência, e, ao final de 1977, eu já havia concluído com sucesso as minhas primeiras conquistas, como visto no capítulo anterior, uma delas no Parque Nacional da Serra dos Órgãos, em Teresópolis. E foi lá, também, que resolvi tentar subir uma linha ainda intocada no imponente conjunto do Dedo de Deus, a montanha-símbolo da cidade (embora, na verdade, esteja situada nos limites do município de Guapimirim). Meus parceiros na empreitada seriam Tonico Magalhães, amigo de infância, e Mário Penna da Rocha, então presidente do CEP, do qual éramos todos sócios.

Os montanhistas teimam em ver o Dedo de Deus como parte de uma gigantesca mão da qual, para as demais pessoas, claramente parecem faltar alguns dígitos. O dedo mindinho e seu vizinho até estão lá, porém dobrados — duas pontas rochosas que seriam significativas caso não fossem humilhadas pela presença ao lado do colossal indicador. O pai de todos, que deveria ser o maior dos dedos, ali é o menor, um mero montinho de pedras empilhadas que não seria lembrado por ninguém se não estivesse localizado onde está. Quanto ao polegar, este definitivamente parece ter sido amputado; onde ele deveria se erguer há apenas uma projeção mais ou menos plana para o lado. Entretanto, para alegria dos mais imaginativos, de certos ângulos essa projeção aparenta ser mesmo mais destacada do que de fato é, completando assim, com ressalvas, a divina mão que aponta dia e noite para o firmamento.

O Dedo de Deus foi conquistado em 1912 por um grupo de moradores de Teresópolis indignados com a arrogância de escaladores estrangeiros (suíços ou alemães) que haviam tentado subi-lo e desistiram, afirmando ao descer que, se eles haviam falhado, então nenhum brasileiro conseguiria completar a façanha. Mordidos por tal declaração, em 9 de abril daquele ano, após quatro dias de intensos esforços, os irmãos Américo, Acácio e Alexandre de Oliveira, acompanhados pelo ferreiro José Teixeira e pelo caçador Raul Carneiro, chegaram ao diminuto cume da montanha, um feito que teve grande repercussão à época. As habilidades de mateiro de Carneiro e os grampos de segurança artesanalmente produzidos por Teixeira foram fundamentais para o êxito do empreendimento. As outras duas montanhas do conjunto, o Segundo (seu vizinho) e o Terceiro (mindinho) Dedinhos, foram conquistadas pelo casal William e Sylva Bendy em 1936.

Depois disso, muitas outras escaladas foram abertas ao longo das incontáveis fissuras que sulcam o Dedo de Deus. Eu mesmo participei da conquista de nada menos do que quatro nos anos 1990, todas realizadas com equipamentos móveis, sem um grampo sequer. O Terceiro Dedinho receberia a sua segunda via em 1952, obra de uma grande equipe do Centro Excursionista Brasileiro (CEB), primeiro clube de montanhismo da América Latina, e nenhuma mais desde então. Já o Segundo Dedinho, até hoje, só conta com a pequena e fácil via original.

De posse dessas informações, eu, Tonico e Mário resolvemos tentar subir uma profunda chaminé (fenda muito larga, onde cabe todo o corpo do escalador) no Terceiro Dedinho, uma linha que salta aos olhos de quem se encontra nas montanhas vizinhas. O problema é que o acesso a ela era complicadíssimo. Primeiro, teríamos que subir toda a longa caminhada que conduz ao colo entre o Dedo de Deus e os Dedinhos, ponto de partida para quase todas as vias até então existentes por ali; em seguida, contornar o Segundo Dedinho; e, por fim, fazer uma série de rapéis do outro lado até atingir o início da via pretendida.

Saímos de madrugada de Petrópolis e subimos, nas primeiras horas do dia, a estafante caminhada, que envolvia diversas passagens curtas de escalada, especialmente na chamada Chaminé das Pedras Soltas. Ali ocorrera, em 1943, a segunda morte em uma escalada no país. Um grupo grande do CEB, conduzido pelo guia Hamilkar Reigas, subiu o Dedo de Deus para instalar uma placa em memória a Antenor Villela Bastos, detentor da duvidosa distinção de ter sido o primeiro a falecer escalando no Brasil, em um acidente ocorrido na mesma montanha exatamente uma década antes. Na descida, uma pedra atingiu em cheio a cabeça de uma integrante do grupo, Árvila Freitas, que morreu na hora, fato que serviu de inspiração para o preocupante nome conferido ao lugar.

Nenhuma pedra nos acertou, no entanto, e, após descansarmos um pouco no colo, contornamos a base do Segundo Dedinho e mergulhamos na vertiginosa canaleta entre ele e o Terceiro Dedinho, onde a pouca vegetação que havia era tão precária que mal conseguia nos sustentar. Com muito cuidado, e depois de termos feito dois rapéis em árvores para passar de trechos especialmente ruins, conseguimos chegar pertinho de nosso objetivo. Só que um degrau rochoso no final da descida impedia que prosseguíssemos apenas andando, e não havia mais árvores onde pudéssemos passar a corda para rapelar. Assim, bati um grampo minúsculo, de um quarto de polegada (algo como 6 milímetros de espessura) e nele fizemos um último e curto rapel até a base da nossa via.

A essa altura, nuvens cinzentas ocupavam todo o céu, e uma decisão crucial precisava ser tomada. Se puxássemos a corda do grampo, ficaríamos sem ter como voltar, a não ser muito penosamente, já que não tínhamos conosco uma segunda corda para deixar fixada ali de forma a garantir nosso retorno ao platozinho onde eu batera o grampo. Mas, se chegássemos ao cume, a descida seria fácil e rápida, mesmo debaixo da pior tempestade. Como a via seria curta e dominávamos bem a técnica de escalada em chaminés, resolvemos arriscar. Não apenas porque não queríamos perder a chance de adicionar a conquista à nossa ainda modesta coleção, mas, sobretudo, porque a ideia de escalar de volta o precipício por onde havíamos descido, mesmo estando ainda seca a canaleta, era desanimadora. Então, respiramos fundo, puxamos a corda e nos comprometemos com a escalada — uma decisão que não tardaríamos a lamentar.

Eu subi a fissura inicial, cheia de mato, e ao final dela, como ainda houvesse um trecho de rocha exposta a ser vencido até que estivéssemos dentro da chaminé propriamente dita, bati um grampo ligeiramente mais grosso do que o anterior, talvez de uns 8 milímetros, e aí começou a chover forte.

Perdemos a aposta. A escalada mal havia começado e já estava encerrada.

Eu gostaria de não ter que pensar nisso, mas não havia outra saída a não ser tentar voltar ao grampinho de descida de alguma forma. Só que, com o nosso precário material, essa era uma ideia intimidante. Felizmente, o Tonico se voluntariou para tentar subir em artificial móvel por uma fenda irregular de volta a ele, e eu me preparei para lhe dar segurança. Ele pegou todas as poucas peças disponíveis e começou a subir lentamente, usando fitas de náilon como degraus, sob chuva constante. Embora fosse verão, a temperatura caiu bastante, agravada pelo vento, que baixava em mais alguns graus a sensação térmica. Apesar de eu e Mário vestirmos anoraques, por não estarmos nos movimentando, começamos a tremer de frio; ele, talvez por ser muito magro, bem mais do que eu.

Enquanto eu estava parado dando segurança por um tempo que pareceu interminável, olhei em volta e apreciei, ao mesmo tempo, a beleza do cenário e a seriedade da nossa situação. Os temporais na Serra dos Órgãos, apesar de belíssimos, são assustadores e não se deve subestimá-los. Ali mesmo, no Dedo de Deus, tornou-se famoso um programa na televisão mostrando um repórter surpreendido por uma tempestade de raios, que por pouco não foi carbonizado junto com seus companheiros. Uma vez, na famosa travessia Petrópolis – Teresópolis, mais precisamente no chapadão que liga o Morro Açu à Pedra do Sino, ponto culminante do parque, eu e alguns amigos fomos castigados por uma chuva de granizo com pedras tão grandes que pusemos nossos capacetes para nos proteger — por sorte, nós os tínhamos conosco, já que pretendíamos fazer uma escalada ali perto.

Portanto, se Tonico não obtivesse sucesso, estaríamos realmente em apuros, presos a um pequeno platô em uma encosta rochosa remota, debaixo de um forte temporal e sem ter como falar com ninguém.

Afinal, após colocar três nuts primitivos, uma cunha de madeira e duas de alumínio, estas de fabricação caseira, e bater outro grampinho de um quarto de polegada, ele chegou incólume ao ponto de onde tínhamos descido até a base da escalada e ali fixou a corda para que Mário e eu pudéssemos subir de prusik. Mário mostrava-se visivelmente apático, fazendo as coisas muito lentamente. Sua energia estava sendo drenada rapidamente pelo vento e pela chuva, que continuava a cair com força e sem trégua.

A etapa crucial fora vencida, mas agora tínhamos pela frente o desafio de subir a íngreme canaleta pela qual havíamos descido. Novamente, Tonico seguiu na frente, sem mochila e levando consigo a ponta da corda, enquanto eu e Mário subíamos atrás, do jeito que dava, carregando o restante do equipamento. Nos trechos onde havíamos rapelado, tivemos que fazer alguns lances de escalada. Os matinhos que haviam nos ajudado na descida, agora, com a chuva, estavam escorregadios e, pior, mais sujeitos a se desprender, podendo sair a qualquer momento, sem aviso prévio. Cada vez que o Tonico conseguia chegar a uma árvore, e nela parava para nos dar segurança e nos levar até ele, suspirávamos aliviados.

A condição de Mário se deteriorava a olhos vistos, e uma das minhas atribuições era lhe prestar assistência. Em um determinado momento, uma das alças de sua mochila arrebentou e ela caiu. Eu estava logo abaixo e tentei agarrá-la, como um goleiro, mas não consegui. Gol. Por sorte, ela parou em um pequeno platô não muito distante de onde eu me encontrava, e, como estivesse cheia de precioso material de escalada, voltei para tentar apanhá-la. No entanto, assim que coloquei a alça remanescente no ombro, um imenso platô de terra desabou em cima de mim, deixando-me imundo além de qualquer descrição, e arrastou com ele a mochila em direção ao profundo vale formado pelo Dedo de Deus e por uma montanha vizinha chamada Cabeça de Peixe. Não havia o que fazer. Só nos restou retomar a subida, e foi com muito custo que chegamos ao colo do Dedo de Deus, onde paramos um pouco para descansar.

    A chuva não cessava. Mário então apagou, embora continuasse formalmente de pé. Ele ficou catatônico, olhando para baixo em completo silêncio. As últimas palavras, bem antes, haviam sido: "Eu estou muito cansado." Hipotermia. A partir desse momento, tivemos que orientar todos os seus passos e redobrar o cuidado com a sua segurança.

    A descida da Chaminé das Pedras Soltas, como imaginávamos, foi o pior trecho, mas, pelo menos, não havia mais o risco de ficarmos presos na montanha em condições tão hostis. Conseguimos chegar sem incidentes à parte fácil da trilha, e a partir daí até o nosso ponto de partida, na estrada Rio-Teresópolis, seguimos em frente mecanicamente, sempre debaixo de uma chuva desmoralizante e de olho no Mário. Enfim, voltamos ao carro, exaustos, porém ilesos. Devido à nossa lamentável aparência, passamos a nos referir à via como *Chaminé dos Três Porquinhos*, embora não tenhamos retornado lá para concluí-la. Acho que ficamos traumatizados.

4
UMA NOITE NA FLORESTA

No início de 1977, eu me sentia em grande forma e disposto a passar o rodo nas escaladas existentes no Rio de Janeiro, até porque não havia tantas assim naquele tempo. Isso me levou a conhecer vias boas e más, indistintamente, e em abril daquele ano me dirigi a uma chamada *Teto Cadu*, pertencente à segunda categoria, embora eu não soubesse disso antes.

    Essa via é, essencialmente, um grande artificial fixo, ou seja, uma longa sequência de grampos dispostos a um metro mais ou menos uns dos outros, em um imenso negativo da Pedra da Caveira, no Parque Nacional da Tijuca. Nunca gostei muito de vias assim, que exigem pouca habilidade e criatividade do escalador. Um matemático amigo, de forma característica, comentou que, nelas, se você tem condições de passar do grampo n para o grampo $n + 1$, você então sempre estará apto a passar do $n + 1$ para o $n + 2$, e assim indefinidamente até chegar ao $n + x$. Mas o *Teto Cadu* era uma das poucas escaladas que eu ainda não conhecia na cidade, e resolvi ir mesmo assim. Convidei para me acompanhar o meu amigo Paulo "Bruxo" Ferreira, que apenas dois meses depois passaria por maus bocados em outra escalada, em um episódio descrito no capítulo inicial deste livro.

    Essa, no entanto, não seria uma escalada corriqueira. Uma primeira dificuldade era que muitos grampos estavam podres ou mal batidos, o que exigia cautela adicional e avanço lento. Isso, ao menos, dava algum tempero à escalada, que seria, assim, algo mais do que um mero deslocamento mecânico de um grampo para o outro. Outro problema é que no dia escolhido tivemos um contratempo qualquer e só começamos a escalar ao meio-dia e meia, relativamente tarde, mas nada demais para uma via não muito longa e de fácil descida. E, de fato, tivemos que descer antes de concluí-la, pois, próximo ao final, um trecho de escalada livre que se encontrava molhado nos obrigou a recuar, contrafeitos.

Agimos bem, mas o tempo perdido fez com que chegássemos muito tarde de volta à base, e, assim que começamos a caminhada de regresso, anoiteceu. Quem levou a lanterna? Grave erro... Mas, remexendo na minha mochila, descobri um toco de vela e fósforos. Com isso, seguimos em frente graças à minúscula luz até que, muito próximo ao nosso objetivo, a Estrada do Excelsior, a vela chegou ao fim, não sem antes ter me queimado a ponta dos dedos. Não era possível! Tão perto... Insisti, e com os fósforos que sobraram, acesos em série, conseguimos avançar mais alguns metros, mas logo eles também se acabaram e só restou a escuridão. E agora?

Era grande a tentação de insistirmos, já que sabíamos estar bem próximos à estrada e mais ou menos em que direção ela ficava. Por outro lado, tínhamos a certeza de que aquele era o leito correto da trilha, e andar na escuridão, que chegou mais cedo por estarmos dentro da floresta e por ser um dia nublado, poderia nos afastar dela. Se isso acontecesse, além de não resolvermos o nosso problema, no dia seguinte teríamos que buscar o caminho certo. Levando tudo em conta, resolvemos parar ali mesmo e aguardar as primeiras luzes do novo dia para dar o fora.

Foi uma decisão sensata em vista das circunstâncias, mas não isenta de problemas. Primeiro, porque fazia frio, estávamos apenas de bermuda e camisetas, e logo começou a chover fino, o que não contribuiu para nos aquecer. O que ajudou um pouco é que eu havia levado uma dessas capas de chuva colegiais, fininhas, comprada para ir à escola, mas que eu não usava com essa finalidade por achá-la muito feia. Contudo, para excursões no mato, ela servia, pois era muito leve. E foi a nossa sorte: passamos a noite deitados no chão semicobertos por ela, o que ao menos serviu para evitar a chuva e o sereno.

Um problema adicional foi o fato de não termos voltado para as nossas casas em um horário razoável, o que obviamente deixaria as nossas famílias em polvorosa, especialmente a dele, menos acostumada com situações fora dos padrões como aquela. Nosso plano era partir dali tão cedo no dia seguinte que chegaríamos a algum telefone público ainda a tempo de desmobilizar qualquer grande iniciativa de busca deflagrada em virtude do nosso não reaparecimento a tempo. Mas o plano não deu certo.

Minha mãe estava instruída a, acontecendo uma emergência, ligar para três ou quatro amigos experientes que saberiam exatamente o que fazer, e o fariam com eficiência e discrição. Isso incluía recorrer aos reforços certos, se necessário. Mas os pais do Paulo, não, e tiveram a compreensível ideia de ligar para o Corpo de Salvamento em Montanha (CSM) da finada Federação de Montanhismo do Estado do Rio de Janeiro (FMERJ), antecessora da atual.

O CSM nasceu como um grupo voluntário de resgate em montanha para suprir a notória ineficiência que o Corpo de Bombeiros apresentava naquela época com relação a ocorrências desse tipo. Ele era integrado somente pelos guias dos diversos clubes de montanhismo filiados à FMERJ, e aí já residia a sua primeira deficiência. A capacitação técnica desses guias amadores era extremamente heterogênea, para dizer o mínimo (padronizar isso era, inclusive, um dos maiores objetivos da federação), o que significava que havia pessoas ali que não tinham a menor condição de participar de um resgate complicado; se tentassem, teriam elas mesmas que ser socorridas. Por outro lado, escaladores excepcionalmente experientes e habilidosos não compunham os seus quadros porque não haviam se submetido a um processo formal de qualificação como guia em algum clube. Muitos, inclusive, diferentemente de mim, preferiram nunca fazer isso.

Mas havia outro dificultador para que o CSM funcionasse a contento. Seu caráter exclusivamente voluntário fazia com que, frequentemente, as pessoas não estivessem disponíveis nem para os treinamentos, porque estavam viajando, trabalhando, estudando ou tinham outro impedimento qualquer. Tudo isso levou ao seu esvaziamento sem que, até onde eu saiba, tenha havido outro resgate pelo grupo que não o acionamento daquela noite, cujo desfecho duvidoso talvez tenha contribuído para que a iniciativa viesse a ser repensada. E, depois, extinta.

Quando os pais do Paulo viram que ele não chegava a casa e nem entrava em contato por telefone para dar algum sinal de vida, pegaram a listinha de telefones dos integrantes do CSM, que acabara de ser distribuída em todos os clubes de montanhismo do estado, e comunicaram a ocorrência ao primeiro que atendeu à ligação, conforme as instruções. Isso desencadeou uma troca frenética de mensagens no meio da noite e um clima de grande excitação. Só depois ligaram para a minha mãe, que tinha com ela uma lista alternativa de contatos, mas à qual, agora, não fazia sentido recorrer para não embolar as coisas.

Diversos guias se prontificaram a atender à convocação, só que nenhum deles sabia chegar onde estávamos (nós havíamos informado o nosso destino). Mas meus amigos fora da lista sabiam, e minha mãe foi novamente contatada para ligar para um deles, Rômulo de Souza, que volta e meia andava por aquelas bandas conduzindo grandes grupos da Sociedade Brasileira de Defesa da Tradição, Família e Propriedade, a famigerada TFP, à qual esteve filiado por um breve período. Faziam caminhadas pela floresta vestindo roupas medievais e empunhando compridos estandartes com brasões estampados, que só atrapalhavam a marcha ao se prenderem em galhos e cipós. Uma cena que lamento não ter presenciado.

Pronto, os guias do CSM já tinham alguém para guiá-los na aproximação, mas os carros com os membros da equipe, todos do CEC e do CERJ, só conseguiram chegar ao início da trilha pouco antes do amanhecer, por volta das cinco da manhã. Era ainda noite fechada quando ouvimos ecoar na mata uma voz familiar, não muito distante: "André! Paulo!"

Não queríamos que isso tivesse acontecido, que as pessoas tivessem sido incomodadas por nossa causa, até porque nos encontrávamos ilesos e nem ao menos estávamos perdidos. Mas, já que tinham vindo, nos alegramos com o gesto de solidariedade e respondemos na hora:

— Estamos aqui!

— Aqui onde, seus babacas?

— Na trilha.

— O que é que vocês estão fazendo aí?

— Nossa luz acabou, não queríamos perder a trilha e, por isso, resolvemos esperar amanhecer para irmos embora em segurança.

— Seus idiotas, viram só a merda que vocês fizeram? Vamos embora, seus babacas!

— Seus irresponsáveis, andem logo! — gritou, histericamente, outra voz familiar.

Ora, ora, ora. Aquilo não era exatamente o que eu esperava dos nossos salvadores. Nunca fiz um curso específico de resgate, apenas aulas avulsas no meu próprio curso de guias. Mas suspeito que aquela não fosse a maneira recomendada pelos manuais para se estabelecer um primeiro contato com as vítimas. Ainda mais porque éramos todos, digamos, amigos. Ou, pelo menos, conhecidos.

Eu próprio havia participado de algumas ações voluntárias de busca noturna — no Pão de Açúcar e na Pedra da Gávea, por exemplo —, e, ao chegar aos amigos, que, felizmente, não estavam feridos e, assim como nós, haviam apenas pegado noite e optado por esperar o dia nascer antes de ir embora, por questões de segurança, tudo terminou em uma grande festa. Eliminada a tensão decorrente da dúvida sobre o seu estado, retornamos todos juntos, sem pressa, em clima de congraçamento, para tomar o café da manhã na padaria mais próxima e nos despedir mais amigos do que antes. Eventuais erros que tivessem levado à situação que ensejou o alarme eram discutidos depois, com calma. E, mesmo assim, não para incriminar os participantes, e sim para entender o que realmente se passara, de forma a se tentar evitar a sua repetição no futuro. Eu imaginava merecer tratamento semelhante, mas, naquela noite na Floresta da Tijuca, logo vi que as coisas correriam diferentes conosco.

— Que porra é essa? — retruquei. — Se vocês não queriam ter vindo até aqui, então não viessem. Mas vir para nos agredir, isso eu não admito. Nós estamos bem, não há ninguém ferido e estamos no caminho certo, portanto vamos esperar amanhecer e ir embora por conta própria. Quanto a vocês, podem dar o fora. Já!

Minhas palavras desagradaram simultaneamente aos nossos indelicados interlocutores e ao Paulo. Como eles tinham ido até lá acionados pelos seus pais, ele não se sentia confortável em não acompanhá-los. Ele estava passado e eu, furioso. Assim, tive que escutar calado a nova torrente de impropérios vinda da escuridão e, ao mesmo tempo, deliberar com o Paulo os nossos próximos passos. O céu já começava a empalidecer, lentamente. A chuva havia parado.

Acabei cedendo, mas me preparei para o que sabia que viria a seguir. Eles apontaram a lanterna na nossa direção e seguimos em linha reta pela floresta, sem caminho definido, rumo ao facho de luz. Só então nos demos conta de quão perto estávamos do final da trilha, apenas algumas dezenas de metros. Ah, se aquele toco de vela fosse só um pouquinho maior...

Quando chegamos a eles, a discussão recomeçou mais ou menos nos mesmos termos e no mesmo tom, mas agora cara a cara. Rômulo, ao seu lado, permanecia sem dizer uma palavra. Descemos juntos em direção aos carros, aonde chegamos em poucos minutos. Diversos outros guias, todos conhecidos meus, nos aguardavam. Como Paulo e Rômulo permanecessem calados, intimidados com a situação, foram deixados de lado para que o fogo fosse todo concentrado em mim pelos dois que nos "recepcionaram" na trilha e por dois outros também muito exaltados que se juntaram com vontade a eles.

Fiquei encurralado contra a lateral de um carro discutindo pesadamente com esses quatro enquanto o dia clareava, mas havia um segundo círculo de pessoas atrás, de comportamento bem mais moderado e que, no fundo, concordava com o meu argumento e, por isso, foi aos poucos colocando panos quentes na briga. Afinal, após o erro inicial de não termos levado lanterna, prontamente reconhecido por nós (mesmo assim minimizado pela vela), a atitude que tomamos havia sido a mais correta para não agravar o problema.

Poderíamos ter descido mais cedo da escalada? Certamente. Mas qual o escalador que, estando perto de completar uma via desafiadora, não forçou um pouco a barra para concluí-la, mesmo sabendo que poderia pegar noite na volta? Aquele que não, que atire o primeiro mosquetão!

Após algum tempo, a turma do deixa disso conseguiu assumir o controle da situação e fomos todos embora. E não se ouviu mais falar do Corpo de Salvamento em Montanha do Rio de Janeiro.

5
CRISE NO IRMÃO MENOR

Era 1976. O ano em que a escalada me fisgou definitivamente. O ano em que ela se tornou, nas desconsoladas palavras de minha mãe, a minha obsessão.

Até então eu escalara com prazer, só que esporadicamente. Mas com a conclusão, no ano anterior, do meu "curso de adestramento em escalada", antigo nome dos atuais cursos básicos de escalada, fiquei mais bem-preparado para enfrentar vias cada vez mais difíceis e complexas. O próximo passo, libertador, foi quando comecei a guiar, ou seja, a escalar preso à ponta da corda em que uma queda é realmente uma queda, com possíveis graves consequências. Isso, sim, era escalar de verdade, em vez do inofensivo, e até divertido, ioiô pendurado na outra ponta da corda — a de baixo —, que é o resultado das quedas de participantes.

Guiar as primeiras escaladas é um rito de passagem, ao qual me dediquei com entusiasmo quando a hora chegou, e ela chegou de forma inesperada. Após termos feito pela manhã uma via na Agulhinha da Gávea, pequena montanha pontuda em frente à famosa Pedra Bonita, no Rio de Janeiro, seguimos para o Morro da Urca, ao lado do Pão de Açúcar. A ideia era fechar o dia repetindo uma via curta chamada *Vermelho*, na "Parede dos Coloridos", uma face repleta de vias fáceis, cada uma com o nome de uma cor, boas para se levar principiantes. Na base da escalada, bem no final da tarde, após termos nos encordado, eu me preparava para dar segurança para Marcelo Esposel, guia do CEB e responsável por aquela excursão, quando, para minha surpresa, fui comunicado que não seria ele, mas sim eu, quem iria à frente dessa vez.

Meu coração disparou. Embora esperasse por esse momento, não imaginava que ele fosse chegar de forma tão repentina. Mas adorei a oportunidade, e subi os lances iniciais compenetrado, não só para não cair, mas também para não decepcionar o Marcelo. Quando cheguei a um lance bem mais difícil do que os demais, ele me mandou parar e descer, pois já estava anoitecendo. Mas não me importei. Já havia provado o gostinho viciante daquilo que os americanos chamam "*the sharp end of the rope*" — a ponta afiada da corda, aquela que pode te machucar se você não for suficientemente cauteloso. E contar com um pouco de sorte, também.

Naqueles tempos longínquos, fui muito incentivado por outro guia do clube, Antônio Edi Martins, um mineiro alto, de olhos claros e fala mansa, que me convenceu de que eu levava jeito para o esporte. Até hoje não tenho certeza se ele achava isso mesmo ou se era apenas uma forma generosa de animar todos os garotos deslumbrados com a escalada que, como eu, procuravam o clube a cada ano. O fato é que isso me levou a mergulhar cada vez mais fundo no universo das montanhas e, antes de partir para abrir as minhas próprias vias, achei que seria conveniente conhecer o maior número possível daquelas já existentes, para ganhar experiência e inspiração. Não fui negligente nesse ponto. Pelo contrário, e até porque naquela época existia um número de escaladas muito reduzido, queria conhecer tudo, absolutamente tudo o que existia, o que muitas vezes me levou a fazer coisas que estavam mais para a arqueologia do que para a escalada, mas não me arrependo. Isso realmente me deu mais bagagem e uma melhor compreensão da evolução histórica das técnicas de escalada no Brasil e das motivações dos pioneiros.

Se eu estava disposto a repetir vias obscuras do passado, me embrenhando em buracos que há muito não viam outro ser humano, então uma via como *Paulista*, estabelecida apenas quatro anos antes na face nordeste do Irmão Menor do Leblon, e que se tornara muito popular desde então, era um objetivo óbvio. Portanto, marquei de fazê-la com dois amigos, Tonico Magalhães e Roosevelt Silva, em uma bela manhã de junho, dia seguinte ao meu aniversário de dezessete anos. Na verdade, eu já a fizera uma vez, três meses antes, mas quis voltar para apresentá-la a esses meus parceiros habituais de escalada.

Marcamos o encontro no local usual naquela época, em frente ao antigo Hotel Leblon, no final da praia homônima, mas quando chegamos lá fomos surpreendidos pela presença de diversos outros escaladores, que nos disseram que iam para a mesma via. Eram tantos, na verdade, que ficamos preocupados, pois se, por qualquer razão, uma única cordada estivesse lenta, isso travaria o avanço de todos os que viessem atrás, que ficariam fritando na parede sob o sol até que a procissão retomasse a sua marcha ascendente. Ocorrera que, por coincidência, sem que um soubesse das intenções do outro, dois importantes clubes de montanhismo da cidade, o CEC e o CERJ, haviam marcado a mesma escalada no mesmo dia e horário que nós. E ainda havia os convidados de um tradicional clube de Resende, o Grupo Excursionista Agulhas Negras (GEAN), três deles da família Zikan, uma autêntica dinastia de montanhistas da região da Mantiqueira. Uma pequena multidão, enfim.

Considerando que ninguém se mostrou disposto a mudar de objetivo, tiramos partido do fato de que o nosso pequeno grupo de três ficou completo bem antes dos demais, que aguardavam retardatários, e partimos imediatamente para a montanha a fim de fugir do engarrafamento. Foi uma decisão acertada. Apesar de formarmos uma cordada com três pessoas, sempre mais lenta do que outra com duas apenas, escalamos rapidamente essa bonita via e nos acomodamos sob a sombra das árvores do topo à espera dos demais, ou ao menos parte deles, para socializar, já que tudo o que nos restava fazer era uma rápida descida de rapel pelo colo entre os Dois Irmãos e a breve caminhada de volta à rua. Olhando para baixo enquanto escalávamos, vimos cada vez mais gente entrando na parede e suspiramos aliviados por sermos os primeiros, já que o sol estava extremamente forte, apesar de o inverno começar oficialmente no dia seguinte.

Eram mais de quinze pessoas subindo atrás de nós, compondo uma pitoresca galeria de tipos, e um deles fazia parte da minha própria cordada. Roosevelt era um cara alto e magro, que tinha a particularidade de andar sempre com a mesma roupa — tênis, camiseta, calça e jaqueta jeans —, independentemente de estar na beira do mar em uma madrugada fria de inverno ou sob o sol de meio-dia no topo de uma montanha em pleno verão. Ele tinha um cabelo muito liso e comprido, que estava sempre solto, encobrindo um de seus olhos; quando ele ia falar com alguém, inclinava levemente a cabeça para o lado até o olho ficar descoberto, gesto desfeito após ter dito o que queria, ocultando o olho novamente. Sendo bastante pobre, mais ainda do que alguns, como eu, que eram realmente duros nessa época, sua única peça de equipamento consistia em uma cordinha branca fina que levava sempre presa a um dos passadores da calça com um nó bonitinho. Caso precisasse usá-la, seria extremamente trabalhoso e demorado desfazer aquele arranjo até colocá-la em ação, mas isso nunca foi necessário, porque ela era tão frágil que não servia para nada mesmo. Assim, nós levávamos todo o material de que ele necessitava, pois era um bom amigo e parceiro de escalada.

Felis Pires, que chegou a ser diretor técnico da antiga federação de montanhismo do estado, ganhou o apelido de Cabeça de Lata depois de ter voado de moto da Avenida Niemeyer, a poucas centenas de metros dali, em direção aos costões à beira-mar onde décadas mais tarde eu abriria diversas vias curtas com material móvel. Contrariando todas as expectativas, ele sobreviveu à queda, embora à custa de ter trocado um pedaço do crânio por uma placa metálica que lhe causava muitas dores quando o sol esquentava. O Homem-Bala era um garoto de uns quinze anos, dono de farta cabeleira loura que se projetava para fora do seu capacete vermelho como uma vassoura dourada, lembrando os homens-bala dos circos de antigamente. O Polvo recebeu seu apelido devido ao hábito de conversar com as pessoas segurando-as, o que fazia parecer que tinha mesmo mais braços do que os dois com os quais nascera.

A segunda cordada não tardou a se juntar a nós no cume. Ela era composta por Alexandre Mazzacaro, do CEC, e um dos Zikan, e assim nossa conversa ficou mais animada. Só que em vez do fluxo contínuo de escaladores que esperávamos, durante um bom tempo não chegou mais ninguém, e começamos a ouvir alguns gritos. Apuramos os ouvidos para saber do que se tratava, e identificamos a voz familiar de um conhecido guia do CERJ gritando para a esposa:

—Vem, Fulana!

As duas próximas cordadas eram compostas por esse casal e pela dupla Homem-Bala e Zé Galinha, ou simplesmente Zega, outro amigo nosso de uns quinze anos de idade. Pela altura da voz do guia, concluímos, corretamente, que ele se encontrava em um grande degrau rochoso logo abaixo do cume, restando não mais do que uns 10 metros para terminar a escalada, que tinha no total cerca de 190 metros de extensão. Faltava quase nada, portanto. O problema é que a enfiada de corda anterior não era em linha reta, mas, sim, em forte diagonal para a esquerda e, por ser relativamente fácil, contava com poucos grampos de segurança. Isso significava que havia o risco concreto de o participante — no caso, *a* participante, sua esposa — levar um grande pêndulo caso caísse, o que lhe valeria um enorme susto e, provavelmente, alguns bons arranhões, embora nada mais sério. Mas estava claro que Fulana havia empacado ali, devido ao risco concreto da pendulada e também ao calor e ao cansaço.

Como todos já tínhamos vivenciado, ou pelo menos assistido, situações assim, não havia motivo para alarmismo, e retomamos a nossa conversa. Ele continuou tentando persuadi-la com jeito, mas sem sucesso, e então mudou de estratégia.

— Fulana, SOBE!

O tom de sua voz agora, além de francamente imperativo, havia se elevado bastante. Devido à distância, não era possível escutar o que ela dizia. Continuamos batendo papo, mas nossas orelhas ficaram em pé.

— Fulana, sobe logo! Nós já estamos perto do cume. Agora é mais fácil subir do que descer! Falta só um pouquinho!

Silêncio. Fulana devia estar dizendo algo, mas não ouvíamos.

— Porra, Fulana, SOBE! Puta que pariu, sobe logo!

Embora sua argumentação estivesse correta, o nível da comunicação entre os dois estava claramente se deteriorando. Como no *Bolero* de Ravel, ela ia em um crescendo, o que não parecia ajudar a resolver o problema. Nossa conversa, sob a espessa e agradável sombra do topo da montanha, antes animada, foi se reduzindo na mesma proporção em que aumentava a nossa atenção ao que estava acontecendo abaixo de nós.

Enquanto isso, o avanço das demais cordadas na parede havia parado quase que por completo sem que a maioria soubesse o motivo. Felis depois me contou que a placa de metal em sua cabeça esquentou com o calor infernal que fazia e começou a doer demais, e só com muito sacrifício conseguiu chegar ao final da escalada. Polvo, depois de beber toda a sua água e parte da que havia no cantil do Ricardo de Moraes, o guia da sua cordada, declarou:

— Não consigo mais escalar. Meus lábios estão secos!

Cláudio Leuzinger, veterano guia do CERJ que se encontrava nas proximidades, ao ouvir isso, foi taxativo:

— Você escala com as mãos e com os pés, e não com os lábios. Suba!

Essa enérgica voz de comando o fez subir mais um pouco, mas logo ele teve que parar novamente porque ninguém podia mais avançar. Ricardo, que viria a ser um grande parceiro de aventuras no futuro, me contou o que se passou em sua cabeça naquele momento.

— Eu não entendia por que todos haviam parado de escalar. A fila não andava. Eu ouvia uns gritos distantes, mas não compreendia as palavras, portanto tive que ficar imóvel naquele sol de rachar com um monte de pessoas à frente e atrás.

Cada um saiu dali com uma história relacionada ao calor para contar, mas é surpreendente que todos tivessem perseverado em vez de descer em busca de alívio sob a copa das árvores da base e, em seguida, no bar mais próximo. Talvez porque isso pudesse ser interpretado como um sinal de fraqueza perante seus colegas ou, o que é pior, perante o pessoal do clube rival, algo mais grave do que a morte naquele tempo. E ainda havia o compromisso de levar ao topo os visitantes de Resende, que estavam espalhados pela parede. Assim, todos permaneceram firmes em suas posições, desidratando e cozinhando lentamente os miolos enquanto o drama acima crescia de intensidade.

— Fulana, sua vaca, sobe logo! SOBE!

O tom da voz do guia demonstrava que ele estava não apenas zangado, mas também muito nervoso e transtornado com tudo aquilo. Entretanto, a conduta escolhida para lidar com a situação só a piorava, o que evidentemente aumentava o seu desespero e, presumivelmente, o dela.

Nessa altura, nossa conversa fiada no topo já havia cessado por completo, e estávamos em estado de alerta máximo. Era também meio constrangedor ficar testemunhando um barraco de marido e mulher naquelas circunstâncias.

— Zega... — Seguiram-se instruções impublicáveis do guia para o nosso amigo Zé Galinha, que estava mais abaixo, ao lado de Fulana, mas elas foram ignoradas. Ainda bem.

Não podíamos mais ficar inertes. Tínhamos que fazer alguma coisa ou aquilo acabaria mal. Ou melhor, acabaria pior do que já estava.

Eu e Alexandre, que éramos os mais experientes do pequeno grupo que se encontrava no topo, pegamos uma corda e rapelamos na direção do descontrolado guia. Isso foi feito rapidamente, e não pude deixar de imaginar, assim que saímos da sombra benfazeja das árvores e nos vimos de volta ao sol, sentindo o bafo tórrido que emanava da pedra, os maus bocados que cerca de uma dúzia de pessoas estavam passando naquele momento, presas aos grampos ao longo de toda a parede.

Encontramos o guia com lágrimas nos olhos, de puro nervoso e frustração. Assim que nos viu, ele esboçou um sorriso sem graça e tentou disfarçar, dizendo que estava tudo bem, que aquilo era só um probleminha sem importância que ele já estava em vias de resolver, o que, obviamente, não correspondia à realidade. Ao seu lado, o Homem-Bala estava imóvel, com os olhos arregalados, sem dizer palavra, assustado e impotente frente à situação, pois era apenas um adolescente que escalava havia pouco tempo, enquanto o outro era um guia renomado, membro do Corpo de Salvamento em Montanha da federação. As duas cordadas haviam ficado emparelhadas, com o guia e o Homem-Bala acima e Fulana e Zé Galinha, abaixo, mas isso não foi de muita valia, já que os outros dois tinham conhecimento suficiente para escalar a via, mas não para lidar com uma situação complicada como aquela.

Eu e Alexandre assumimos o controle dos procedimentos naquele momento, o que foi aceito sem contestações. Isso era surpreendente, já que nenhum de nós era guia, o que nos deixava em uma posição hierarquicamente inferior, e eu nem sequer havia atingido a maioridade. Melhor assim, contudo.

Enquanto Alexandre ficou ao seu lado, acalmando-o, eu rapelei com cuidado em direção a Fulana, encontrando-a, como previra, chorando, mas já recomposta. Zega também estava com os olhos arregalados e, além de me dizer que não sabia o que fazer, o que era compreensível, me relatou algo ainda mais espantoso, que eu não tinha conhecimento até então. Totalmente fora de controle com a relutância de sua esposa em escalar aqueles 20 ou 30 metros até se juntar a ele, o guia havia montado um sistema de redução de forças no grampo onde estava ancorado para içá-la até lá, mesmo contra a sua vontade. Um sistema desse tipo faz com que qualquer pessoa mediana possa rebocar, sem grandes dificuldades, alguém do porte do Jô Soares, mas havia dois problemas sérios aí, além da não concordância da rebocada.

O primeiro deles é que, caso tivesse sido bem-sucedido, ela teria pendulado como se tivesse caído no lance, com a enorme desvantagem de que o pêndulo, nesse caso, ocorreria totalmente fora de controle, o que normalmente não acontece quando alguém está escalando e cai. Além disso, durante uma escalada, cada passo para cima significa a perspectiva de um pêndulo cada vez menor, e caso o desastrado plano tivesse funcionado, o pêndulo de Fulana, além de descontrolado, seria o maior possível.

O segundo problema, que na verdade evitou o primeiro, é que Fulana, em pânico, prendeu a sua solteira ao grampo no qual se encontrava. Assim, quando a tração começou a ser exercida pelo ensandecido guia acima, ela foi de fato içada, esperneando, por uns 2 metros. Entretanto, logo que ficou acima do grampo, a sua solteira se retesou e impediu que ela continuasse a ser arrastada parede acima. E ali ela permaneceu por algum tempo, travada no mesmo lugar por duas forças opostas tremendas, uma incapaz de vencer a outra, até que o guia, percebendo a inutilidade da ação, afrouxou a pressão para que ela voltasse em prantos ao platô, onde foi consolada pelo Zé Galinha.

Zega me contou, aflito, que assistiu a tudo isso sem nada poder fazer, e fiquei feliz de não estar em seu lugar, porque também não saberia como proceder. Aquilo era tudo muito inusitado. Quando parei no platô junto a eles, Fulana já estava um pouco mais calma, e fiquei um bom tempo ali conversando com ela, convencendo-a de que, dadas as circunstâncias, era mesmo melhor seguir em frente do que descer dali, até porque aquela era uma escalada cheia de passagens horizontais, que não proporcionariam uma descida trivial. Enquanto isso, todos abaixo continuavam derretendo, esperando a fila voltar a andar.

Fiz então uma proposta que resolveu o impasse: escalaríamos juntos aqueles temidos metros em diagonal, ela com segurança dada pelo marido, eu com segurança dada pelo Alexandre, com a promessa de que a orientaria em cada passada e que ao menos tentaria evitar que ela pendulasse caso perdesse o equilíbrio. Uma garantia meio duvidosa, é verdade, pois dependendo do ponto onde estivéssemos, se ela caísse poderíamos acabar pendulando juntos, mas funcionou.

Subimos lentamente, quase lado a lado, e tudo correu bem, felizmente. Ela percebeu que os lances eram de fato fáceis e que o cume, e consequentemente a ansiada hora de escapar daquele inferno, estavam ao alcance da mão. Quando chegamos à parada, deixamos os dois discutindo a relação, diante de um silencioso e cada vez mais espantado Homem-Bala, que agora dava segurança para o Zega subir, e voltamos rapidamente ao topo para reencontrar nossos amigos e fugir dali. Isso pôde ser feito sem qualquer risco para os envolvidos, pois os metros finais não ofereciam muita dificuldade e, ademais, havia bastante gente qualificada vindo atrás caso algum novo problema surgisse. Pessoas que dariam tudo de si para resolver qualquer problema que as obrigasse a ficar um minuto sequer a mais na parede fervente.

Tonico, Roosevelt e eu partimos imediatamente, aliviados. Primeiro, descemos a curta trilha na mata do topo em direção ao colo entre os Dois Irmãos e, uma vez lá, rapelamos pela grande fenda formada pelas paredes das duas montanhas, uma chaminé repulsiva que havia sido subida em 1935 pelo grupo que conquistou o cume do Irmão Menor, um feito respeitável dos antigos. Outra curta trilha sob as árvores da base nos levou à rua, onde paramos em um bar para tomar o refrigerante com o qual sonhávamos havia um bom tempo. Olhando para cima, vimos a parede crivada de pequenos pontos coloridos se movendo lentamente sob o sol abrasador. Parecia uma miragem. Havia até pessoas entrando na escalada naquele momento, um exemplo eloquente da resistência dos seres humanos às condições mais extremas!

6
TRÊS ÓCULOS PARA IEMANJÁ

Iemanjá foi o nome que demos a uma longa escalada na face leste do Pão de Açúcar, no Rio de Janeiro. Eu a abri em companhia de José Luiz Lozada, o Zé Camelô — apelido que conquistou por causa de seu hábito recorrente de comprar e vender equipamentos de escalada —, e de Renato Souto, o Renatinho, que tinha apenas onze anos à época! Só que ele era enteado do Zé Luiz, estava absolutamente fascinado com o esporte e sua mãe, de acordo que ele nos acompanhasse; portanto, não havia impedimentos para termos um membro tão jovem na nossa equipe.

Aquela é uma parede bonita e bem grande, porém pouco inclinada e em uma situação de considerável isolamento, pois a escalada começa diretamente acima do mar, em um ponto voltado para a entrada da Baía de Guanabara. É mais fácil ver ali outras pessoas em barcos do que caminhando ou escalando. Segundo os autores do *Guia de escaladas da Urca*, em sua segunda edição, "Esta rota permite um verdadeiro passeio pela face leste do Pão de Açúcar, nos seus 450 metros de comprimento."

Nessa época, a escalada no Brasil era um esporte conhecido por poucos e praticado apenas por *meia dúzia*. Era um gueto. Por não haver (ainda) competição direta, com regras, juízes e cronômetros, a escalada era chamada de "esporte diferente", em parte também devido ao fato de seus praticantes, até então, a considerarem mais um estilo de vida do que uma performance atlética. Apesar disso, na segunda metade da década de 1970, teve início um salto radical em termos de técnicas e de dificuldade, que transformaria completamente a escalada brasileira nos anos seguintes.

Zé Luiz e eu estávamos no epicentro dessa transformação, e em julho de 1979, confiantes, nos dirigimos ao Pão de Açúcar com pesadas mochilas abarrotadas de material de conquista para tentar abrir em "estilo alpino" (de uma vez só, sem regressar à base) uma nova via na sua face leste. Nosso plano era aproveitar ao máximo eventuais fendas que surgissem pelo caminho, e nelas encaixar proteções móveis. E, onde isso não fosse possível, fazer lances longos de forma a bater o mínimo possível de grampos, para atender a um ideal romântico de arrojo e habilidade, e para deixar a rocha mais "limpa" atrás de nós, isto é, com poucos grampos fixos de segurança. E também, claro, para agilizar a nossa ascensão, já que bater um grampo com broca e marreta requeria, na melhor das hipóteses, uns vinte a trinta minutos de trabalho árduo, podendo chegar a quase uma hora dependendo das condições.

Assim, plenos de expectativa, após seguirmos por costões algumas dezenas de metros para a direita, logo acima da linha-d'água, chegamos a um ponto em que não era possível prosseguir andando, e resolvemos que ali seria a base da nossa via. O dia estava bonito, não muito quente, e o Zé Luiz deu a partida, avançando com firmeza em direção ao desconhecido.

Instantaneamente, contudo, abandonamos todos os nossos ideais. A rocha, até perder de vista, era tremendamente compacta e sem fendas; a parede bem maior do que havíamos calculado; e o avanço tenso devido à natureza quebradiça da rocha, onde uma agarra poderia se quebrar sem aviso prévio e lançar a vítima muitos metros parede abaixo, em uma queda dolorosa.

Após um lance inicial suicida do Zé Luiz, resolvemos descer e voltar em um outro dia armados de uma estratégia diferente. Mas, antes, intermediamos o lance com um grampo adicional, pois nunca mais queríamos ter que enfrentá-lo daquele tamanho. Para os amigos, designamos a nossa frustrada investida de "um bom reconhecimento". Ela havia sido, na verdade, uma bofetada no nosso orgulho adolescente, uma pancada tão forte que nem tivemos ânimo para avançar mais naquele dia para adiantar o serviço, embora houvesse tempo de sobra para isso. Mas a montanha é assim mesmo: ela nos dá constantes lições de humildade, o que não só nos ajuda a sobreviver a outras situações perigosas como também a ter a precisa noção de nossa insignificância. É uma domadora implacável do monstro do ego.

Retornamos no mês seguinte e, em quatro investidas subsequentes, conseguimos completar a via de forma mais convencional, sendo bastante óbvia a inspiração para o nome que escolhemos. Em duas delas, estávamos com o Renatinho; em outra, fomos com um primo dele, o Puú; e na última, apenas eu e Zé Luiz. *Iemanjá* desde então se tornou muito popular devido ao fato de ser uma via longa e comprometida, porém nunca realmente difícil — sem falar na vista espetacular que ela proporciona. Sabe-se de muitas histórias que aconteceram por lá: chuvas inesperadas, bivaques forçados, resgates. Mas as que conto aqui não são tão dramáticas. Elas oscilam entre o prosaico e o bizarro, e me custaram nada menos do que três pares de óculos...

Os primeiros óculos

Todos os conquistadores sentem prazer em ver suas vias repetidas, e não raro levam seus amigos para conhecê-las. E foi exatamente isso o que fiz em janeiro de 1981, quando, em um dia bem quente, me dirigi para lá acompanhado por cinco amigos organizados em três cordadas distintas. A primeira seria composta por Marcelo Braga e Tony Adler, pessoas que tiveram participação destacada em histórias medonhas descritas em outros capítulos à frente; na segunda, eu guiaria uma menina chamada Alícia, que escalava havia pouco tempo, mas era bem promissora; e, na terceira, iriam o irmão dela, Marcos "Chiclete", e Mário Roberto Peixoto, mais conhecido como Mário Tatu devido à sua paixão pela espeleologia.

Chegamos à base encharcados de suor, e como o mar estava absolutamente calmo — bem, *quase* absolutamente calmo —, alguém sugeriu darmos um mergulho antes da escalada para refrescar, e todos concordaram que aquela era uma boa ideia. Deixei os meus óculos dobrados sobre uma pedra sequinha acima da linha-d'água e aproveitei o banho na água não muito fria. Mas, quando retornei à pedra, ela não estava mais seca e nem os meus óculos estavam mais lá! Ansioso, fiz a pergunta óbvia para os demais, e recebi a resposta esperada: não, ninguém havia visto os meus óculos.

Perder um par de óculos não é nenhuma tragédia. Exceto, talvez, se você tem seis graus de miopia, três de astigmatismo e está aos pés de uma parede rochosa de mais de 400 metros de extensão que deve escalar com a possibilidade de levar uma queda bem grande se der um passo em falso.

Claro que eu tinha a opção de desistir da escalada, mas, depois de me sentir um idiota por não ter colocado meus óculos em local mais seguro, essa hipótese nem me passou pela cabeça. No final, deu tudo certo. Como eu conhecia bem a via, subi meio que tateando nas partes mais fáceis e pedi segurança de cima à cordada que estava à frente apenas na curta sequência do "crux", isto é, no trecho mais difícil da escalada. Devido ao calor e à lentidão desse processo, não fizemos a segunda parte da via, terminando por outra mais fácil ao lado chamada *Atlanta* para chegar ao cume e descer de bondinho.

Os outros óculos

Bertrand Semelet é um amigo francês poliglota que, após ter vivido dois anos no Brasil na década de 1980, cumprindo serviço civil para escapar do serviço militar, falava português praticamente sem sotaque. Já há muito tempo mora na Suíça, mas de vez em quando volta para cá a trabalho por alguns dias, e aí, sempre que possível, fazemos alguma escalada juntos para lembrar os velhos tempos. E, em novembro de 2005, a via escolhida foi precisamente *Iemanjá*, que ele só conhecia de nome e gostaria de repetir.

Partimos para ela em outro belo dia ensolarado, só que, quando íamos calçar as sapatilhas para atravessar com mais tranquilidade o costão de acesso à base, a caixa dos meus óculos, contendo os normais e os escuros, começou a deslizar lentamente ao meu lado em direção ao mar. Em uma fração de segundo, pensei "Não, de novo não!", e corri atrás dela. Previsivelmente, antes de pôr a mão na caixa, escorreguei e mergulhei no oceano atrás dela, não sem antes passar com vontade por cima dos mariscos! Como estava de short e sem camisa, ganhei uma série de cortes extensos e profundos na coxa direita, peito e barriga, e talhos menores aqui e acolá. Claro que não achei a caixa, embora tenha mergulhado para tentar encontrá-la. Devido aos cortes, esse foi um exercício bastante doloroso na água salgada.

Então, 24 anos depois, guiei novamente a via sem enxergar direito as agarras, após ter perdido estupidamente, uma vez mais, dois pares de óculos de uma só vez. Voltar dali, nem pensar, pelas mesmas razões de antes. Uma vez mais, tudo correu a contento.

Inconformado com a perda, três dias depois retornei ao local acompanhado por uma amiga, Kika Bradford. Eu estava equipado com máscara, snorkel e pé de pato, além de uma corda curta para segurança, tudo para tentar resgatar a bendita caixa com os meus preciosos pares de óculos. A cena era ridícula, e, a despeito de muitas tentativas, fracassei. Fomos embora de mãos abanando, e a primeira coisa que fiz ao chegar a casa foi ligar para o oculista.

Iemanjá é ciosa de suas oferendas!

PARTE II
OS ANOS 80

PERSEGUIÇÃO NA BAÍA DE GUANABARA

No mesmo ano (1981) em que perdi o meu primeiro par de óculos em *Iemanjá*, aconteceu algo muito mais espantoso naquela via.

Fui até lá em uma tarde ensolarada de setembro com mais sete pessoas, e nos dividimos em quatro cordadas com dois escaladores em cada uma. Na primeira, eu e minha então namorada, Lúcia Duarte; na segunda, Zé Luiz "Camelô", que havia conquistado a escalada comigo dois anos antes, e Inês, sua namorada; as outras duas cordadas eram formadas por amigos do CEC, sendo que uma delas preferiu descer do meio por estar avançando muito vagarosamente.

Ao chegarmos ao grande platô que marca o final da parte mais longa e difícil da via, os seis remanescentes se sentaram relaxadamente ao sol para beber água, beliscar alguma coisa e desfrutar o panorama. Não havia motivo para pressa. Faltava pouco para terminarmos a escalada, e o bondinho garantia uma descida tranquila, mesmo à noite. Naquela época, era possível aos escaladores descer gratuitamente pelo teleférico até a Praia Vermelha, mas em algum momento o trecho entre o cume do Morro da Urca e a praça passou a ser cobrado pela empresa devido ao número crescente de pessoas que atingiam a montanha por caminhada. Hoje em dia, nos fins de semana de tempo bom, verdadeiras multidões fazem o trajeto, que é curto, fácil, agradável e proporciona uma vista magnífica da Zona Sul da cidade.

À nossa frente se estendia a Baía de Guanabara, com a movimentação usual de embarcações de todos os tipos e tamanhos, para cá e para lá. Do outro lado, Niterói, com seu cordão de praias arenosas e a Serra da Tiririca à direita, outro local de grande interesse para os escaladores. E, bem ao longe, a inconfundível silhueta dos gigantescos pontões graníticos da Serra dos Órgãos, dos quais o Dedo de Deus é o mais conhecido.

Lúcia estava com uma pequena mochila vermelha, e, após pegar algo dentro, fechou-a e colocou-a de lado para continuar a sorver toda aquela beleza e tranquilidade. Só que a mochila não ficou bem assentada na encosta pouco inclinada em que estávamos e deu uma volta sobre si mesma, sozinha. E depois outra. E mais outra, e outra, indo cada vez mais rápido em direção à parede que acabáramos de subir. Quando vi isso, dei um salto e saí correndo atrás dela, mas a mochila ganhava velocidade e a encosta ficava cada vez mais íngreme. Quase cheguei a pegá-la, mas fui obrigado a parar quando percebi que, se insistisse, poderia perder o controle e cair junto.

Todos nós ficamos olhando, impotentes, aquele volume vermelho vivo diminuir de tamanho, descendo com velocidade crescente em direção ao mar. Com tantos platôs de vegetação pelo caminho, havia uma boa chance de que parasse em um deles e pudesse ser resgatada depois, mas não. A mochilinha driblou caprichosamente todos os obstáculos e mergulhou com vontade nas águas escuras da baía. Esperávamos que ela logo afundasse, mas isso não aconteceu, nem nos minutos seguintes. Pelo contrário, devido ao ar retido em seu interior, permaneceu boiando e começou a se afastar lentamente do Pão de Açúcar, mais ou menos em direção à Fortaleza de Santa Cruz, em Niterói. E se ela, afinal, não afundasse?

Então uma ideia desvairada passou pela nossa cabeça: e se descêssemos rapidamente para ir atrás da mochila, onde quer que estivesse? Afinal, ela continha chaves, documentos, dinheiro e outros objetos pessoais nossos. Resolvemos, não sei como, que valia a pena a tentativa, e, após uma apressada despedida do restante do grupo, começamos a descer de rapel pelos grampos de *Iemanjá* com uma velocidade espantosa, abolindo qualquer procedimento extra de segurança que pudesse nos atrasar um segundo sequer. Enquanto isso, permanecemos de olho na mochila, que continuava lentamente a se afastar da montanha.

Por mais rápidos e eficientes que tenhamos sido, mesmo assim passou-se um tempo razoável antes que conseguíssemos estar de volta à base, pois tivemos que descer mais de 350 metros de escalada com uma única corda de 40 metros. Isso significava rapéis de 20 metros ou até menos de cada vez, pois nem sempre o final da corda coincidia com um grampo e éramos forçados a parar em outro mais acima. Mas entramos em uma espécie de transe operacional que conferiu eficiência máxima ao processo, e quando pisamos nos costões à beira-mar, ainda víamos a mochila, só que bem longe. A primeira etapa havia sido concluída com sucesso, mas agora tínhamos o problema nada desprezível de ir atrás dela no meio da Baía de Guanabara!

Por sorte, a possível solução estava bem à nossa frente. Um solitário pescador encontrava-se nos costões entretido em uma tarefa qualquer, com seu barquinho ancorado a poucos metros dele. Lúcia não hesitou: largou todo o material comigo e foi correndo falar com ele. A distância era muito grande para eu ouvir o que conversavam, mas por fim ele acenou afirmativamente com a cabeça e mergulhou no mar em direção ao barco. Em seguida, ela mergulhou atrás dele enquanto eu enrolava a corda e acomodava o restante do equipamento na mochila. Ligado o motor, o barquinho zarpou em direção ao minúsculo ponto vermelho que recuava cada vez mais sobre o espelho-d'água da baía.

Enquanto eles se deslocavam em uma velocidade exasperadoramente lenta, na insólita perseguição, subi o mais rápido que pude o contraforte que existe naquela face da montanha, única via de escape a pé. Ao chegar ao topo, assisti a uma cena curiosa: um gigantesco veleiro desviou o curso e parou para que seus tripulantes conversassem com os dois ocupantes de um barquinho que lhes perguntavam se tinham visto uma mochila vermelha passar boiando por ali... Como naquele momento a maré era vazante, pelos gestos com os braços dos ocupantes das duas embarcações pude adivinhar que todos concluíram que ela deveria estar saindo da baía em direção à Ilha da Cotunduba, situada bem em frente à Praia Vermelha, e foi para lá que o barquinho então se dirigiu, enquanto o veleiro retomou seu curso para fundear na Enseada de Botafogo.

Eu estava muito longe. Mal via o barco, muito menos a mochila. Contudo, pude ver com mais clareza e apreensão que o tempo estava mudando. Feias nuvens cinzentas tomavam o lugar do azul de pintura que prevalecera até então, portanto apertei o passo em direção à pista Cláudio Coutinho, via de entrada e saída para a maioria das escaladas do Pão de Açúcar e do Morro da Urca. Lá chegando, já sem sol algum, vi o barco reaparecer após ter dado uma volta completa na ilha e seguir em direção à Praia Vermelha, que era também o meu destino. Cheguei primeiro e fiquei esperando por eles na areia. Sob um céu cada vez mais sinistro o barco chegou, Lúcia se despediu do solícito pescador, pulou na água e nadou até a praia.

Quando ela chegou, eu pensava, resignado, que havia terminado ali a busca. Mas não! Tanto ela quanto o pescador acreditavam firmemente que a mochila ainda pudesse estar boiando, apenas muito longe e avançando mar adentro, carregada pela correnteza em uma velocidade que o barquinho não tinha condições de acompanhar. Portanto, por sugestão dele, fomos até o pequeno posto do Salvamar (o Serviço de Salvamento Marítimo, que existia antes de o Corpo de Bombeiros assumir essa atribuição) ali ao lado, na própria Praia Vermelha, e explicamos o problema.

Meio envergonhado com a maluquice que estávamos pedindo, eu estava certo de que eles nos enxotariam dali, pois a proposta era verdadeiramente absurda: ir atrás de uma pequena mochila que caíra umas duas horas antes quase do topo do Pão de Açúcar no mar, que supostamente passara boiando pela Ilha da Cotunduba em direção a Copacabana, e que improvavelmente acreditávamos que ainda estivesse à tona, esperando para ser recuperada! Ainda por cima já estava quase anoitecendo e um dilúvio bíblico se encontrava prestes a cair.

Para meu estupor, no entanto, o guarda-vidas de plantão ouviu a história com naturalidade e passou um rádio para a sua central em Botafogo, e pouco depois uma grande lancha do Salvamar chegava à Praia Vermelha. Lúcia voltou a pular na água e subiu na lancha, que deu meia-volta e partiu a toda velocidade uma vez mais em direção à Ilha da Cotunduba, e depois bem além dela. Fiquei novamente aguardando com todo o equipamento, agora na areia da praia, mas instantes depois a chuva começou, e que chuva! Não tendo lugar melhor para me proteger do aguaceiro, me escondi como pude debaixo de uma mesa de cimento existente na praia, todo encolhido, de onde assisti à noite cair. Aos poucos a chuva abrandou, e tão logo ficou completamente escuro um potente farol se aproximou da praia. Era a lancha, que retornava de sua missão kafkiana. Graças às luzes da praça, vi Lúcia se despedir dos dois guarda-vidas, pular mais uma vez na água e nadar em direção à areia, mas sem a mochila. Iemanjá pregara mais uma de suas peças.

Depois de tanto empenho, creio que merecíamos melhor sorte.

AVENTURAS SUBTERRÂNEAS

A exploração de cavernas é uma atividade estreitamente relacionada com o montanhismo, e de vez em quando me dedico um pouquinho a ela. É certamente um clichê dizer que as cavernas constituem um mundo fascinante e misterioso, mas como fugir dessa descrição ou de algo parecido?

Normalmente associa-se a exploração de cavernas ao termo "espeleologia", mas, tecnicamente, este deveria ser reservado para incursões subterrâneas com propósitos científicos em campos tão diversos como geologia, biologia, hidrologia e outros, bem como para a prospecção e o mapeamento sistemáticos das cavidades naturais subterrâneas. Para a visitação pura e simples de cavernas já conhecidas, "cavernismo" é o termo mais adequado e, na verdade, é isso o que sempre me interessou. Embora eu tenha descoberto acidentalmente algumas cavernas em Minas Gerais, e até explorado uma ou outra, nunca tive a pretensão de fazer ciência ali ou onde quer que seja, o que automaticamente me deixa de fora do círculo dos espeleólogos respeitáveis, que levam isso tudo muito a sério.

Na verdade, a exploração, ou mesmo a simples visitação de cavernas, lança mão de muitas técnicas de escalada, com a notável desvantagem de que tudo é normalmente feito na escuridão absoluta, mais negra do que a mais negra das noites, e ainda há a lama onipresente, que dificulta todos os procedimentos. Assim, em 1982, não hesitei em me inscrever no 1º Seminário Brasileiro de Resgate em Cavernas, um evento de grande porte que reuniria espeleólogos e cavernistas de todo o Brasil no município paulista de Iporanga, na região do Vale do Ribeira, uma das maiores províncias espeleológicas do país, hoje incluída no Parque Estadual Turístico do Alto Ribeira (Petar). Era a minha chance de me aproximar um pouco mais desse mundo peculiar e dos seres que nele transitam, bem como de conhecer algumas famosas grutas que sempre quis visitar. Meus conhecimentos de escalador, pensei, me credenciavam a pleitear uma vaga, porém, mais tarde, me dei conta de que mesmo aqueles sem qualquer experiência anterior com uma corda haviam sido aceitos, pois a ideia era ter em todas as regiões do Brasil pessoas mais ou menos treinadas em busca e salvamento nesses ambientes caso um acidente viesse a ocorrer.

No ano seguinte, voltei a Iporanga para a segunda — e última — edição do seminário. Por diversas razões, mas especialmente devido aos fatos narrados adiante, esses eventos se tornariam meio que lendários no âmbito da espeleologia nacional.

O primeiro seminário

O ineditismo do primeiro seminário levou a Iporanga um grande número de pessoas de todos os pontos do país, que ficaram alojadas, como no meu caso e de Lúcia, com quem eu estava recém-casado, no abrigo rústico da Sociedade Brasileira de Espeleologia (SBE), ou então acampadas ao redor. A rotina seria mais ou menos a mesma todos os dias: aulas teóricas pela manhã e exercícios práticos de dificuldade crescente à tarde. Tanto antes quanto depois do evento, aproveitamos para visitar belíssimas cavernas nas proximidades, um mundo realmente notável, mas que exige bastante dedicação de quem quer conhecê-lo em profundidade.

Na primeira tarde, fizemos um exercício de transporte de feridos em trilhas, rios e tirolesas (cordas esticadas entre dois pontos elevados, como duas árvores, por exemplo). Já pudemos sentir, mesmo com o benefício da luz do dia, a dificuldade que é transportar alguém sobre uma maca em terrenos acidentados como esses, e a chuvarada que caía todos os dias à tarde deu um toque adicional de realismo aos nossos esforços.

No dia seguinte, houve um treinamento supervisionado de resgate com técnicas verticais, isto é, com equipamentos e procedimentos típicos de escalada, no qual um voluntário preso a uma maca rígida era baixado e içado, com um resgatista ao seu lado, em uma pequena parede rochosa vertical ali perto. Eu me senti muito à vontade nessa etapa, mas muitas pessoas apenas assistiram porque lhes faltava o conhecimento mínimo para participar de um treino como esse sem pôr em risco a própria segurança, a dos demais participantes e a do resgatado.

Foi na Gruta do Morro Preto, no terceiro dia, que nós pudemos sentir na sua plenitude a dificuldade de se transportar uma maca com uma pessoa em um ambiente sem luz e repleto de obstáculos. Revezávamo-nos no transporte da maca rígida no melhor estilo "formiguinha", mas parecia que estávamos carregando um hipopótamo, não um ser humano. Desde o fundo da gruta, onde pegamos a nossa vítima, até a sua boca, onde o exercício foi dado como encerrado, foram nada menos do que 1.500 metros de muito esforço e determinação, mas tudo correu a contento.

No quarto dia, foi programado um resgate bem mais complexo, envolvendo tudo aquilo que havíamos treinado nos dias anteriores. Ocorre que o organizador do evento, na sua empolgação, subestimou grosseiramente a dificuldade do que havia planejado para ser executado por um grupo tão heterogêneo, e aquilo que deveria ser apenas um exercício transformou-se em um épico que por pouco não acabou mal. O local escolhido para o exercício foi o Abismo do Juvenal, descoberto na década de 1970 por um morador local de mesmo nome. Abismos são cavernas predominantemente verticais, onde o deslocamento para baixo é normalmente feito de rapel e para cima, com ascensores chamados jumares, exatamente como em uma parede rochosa, podendo ou não haver trechos de caminhada e escalada fácil intercalados.

Naquela época, a iluminação era basicamente proporcionada por lanternas de carbureto, que funcionam assim: em um reator blindado preso a um cinto, água pinga lentamente sobre pedras de carbureto de cálcio, formando gás acetileno, que flui por uma mangueira plástica até chegar a um bico preso ao capacete, deixando um resíduo de cal na parte de baixo do reator. Quando aceso (com um isqueiro), o acetileno que sai desse bico fornece uma chama parecida com a de um pequeno maçarico, e uma placa metálica fixada atrás do bico reflete a luz, proporcionando uma iluminação fraca e difusa, mas eficiente. Quando o espeleólogo queria dar foco em algum ponto específico — uma estalactite distante, por exemplo —, usava uma lanterna de pilhas de cabeça ou de mão.

O sistema era engenhoso, mas vivia dando problemas; sempre havia algum entupimento no bico, ou então caía água de menos ou de mais nas pedras de carbureto, gerando uma chama excessiva ou então chama nenhuma. Por isso, todos levavam consigo um potinho apelidado de "tesouro", contendo peças sobressalentes e agulhas para desentupir os bicos, além de um apito caso alguém se perdesse na escuridão. Aos poucos, esse sistema de iluminação caiu em desuso, sendo substituído por modernas lanternas elétricas de cabeça com lâmpadas de LED, cada vez mais potentes, duráveis e confiáveis. Aquelas lanternas de carbureto haviam sido projetadas originalmente para uso por mineiros (de minas, não de Minas), mas até hoje, quando sinto o cheiro de carbureto, ele pavlovianamente me remete ao mundo subterrâneo, onde tive a chance de apreciar grandes belezas e viver boas aventuras.

A vítima voluntária foi uma japonesinha chamada Hiromi, que simulou estar inconsciente a cerca de 80 metros de profundidade (a caverna vai até 241 metros), o que já não era pouco. Só que a geografia do Abismo do Juvenal tornava tudo extraordinariamente mais complexo. Primeiro, havia um poço vertical no chão da floresta, de uns 15 metros de profundidade, ao fundo do qual, durante o dia, ainda chegava alguma luz vinda do exterior. Dali saía um estreito corredor descendente repleto de grandes pedras, do tipo que os espeleólogos chamam de "quebra-corpo", um termo autoexplicativo. Esse corredor levava então a um buraco estreitíssimo, o Buracoide, situado próximo ao topo de uma parede vertical de uns 40 metros de altura, e Hiromi estava no sopé dessa parede. O resgate consistiria em levar uma maca rígida até lá, prendê-la solidamente a ela e depois trazê-la de volta à superfície, cuidando que não sofresse grandes solavancos, pois se tratava de uma pessoa que estaria, em tese, gravemente ferida.

Um resgate desse tipo, para que não se torne um pandemônio, exige um coordenador-geral, responsável por todas as principais decisões, e o destacado para a missão naquele dia foi... este que vos escreve.

Hiromi partiu na frente para se posicionar no local indicado, e, por volta das quatro da tarde, eu e os demais alunos chegamos à boca da caverna, um buracão no piso da verdejante mata atlântica local. Para dar mais realismo à peça prestes a ser encenada, o diretor não nos forneceu a localização exata da vítima. Dispúnhamos, no entanto, de um croqui esquemático da gruta; portanto, a primeira coisa a fazer seria mandar uma equipe safa e rápida para localizá-la e avaliar o seu estado, de forma que o resgate propriamente dito pudesse ser planejado e executado a contento. Isso demorou um bom tempo, e eles voltaram com a notícia de que ela estava no fundo do poço do Buracoide e que seu estado exigia que fosse removida com uma maca rígida.

Os dados iniciais, portanto, eram péssimos, porém mais ou menos dentro do esperado. De posse dessas informações, comecei a olhar em volta para ver quem faria o quê, bem como os meios necessários à execução das tarefas designadas. A imensa disparidade de nível técnico entre os presentes resultou que houvesse poucos aptos a empreender a parte mais difícil do resgate, que seria chegar à vítima com a maca, imobilizá-la, içar a maca até o Buracoide e passá-la pelo estreito orifício. A partir daí, eles poderiam ser rendidos por pessoas menos experientes, que se encarregariam do transporte ao longo do quebra-corpo até a base do poço inicial. Depois, restaria apenas içá-la de volta à floresta, mas aí estariam novamente a postos os mais experientes, já um pouco descansados e alimentados.

Um exemplo dramático da perigosa heterogeneidade do nosso grupo nos foi dado pelo rapaz detido por Lúcia no momento em que se preparava para a primeira descida. Ela percebeu, horrorizada, que ele havia montado o rapel não em uma cadeirinha de escalada, mas, sim, em um cinto de crochê tecido por sua mãe para pendurar o reator de acetileno! Como as pessoas não possuem código de barras, tive que fazer uma breve avaliação de competências, distribuir tarefas de acordo e, em seguida, supervisionar com mão de ferro o que cada um estava fazendo. Havia uma preocupação constante para que não viéssemos a ter um acidentado de verdade. Dentre outras medidas, passamos a fazer um rigoroso controle por escrito de quem estava entrando ou saindo da caverna, com que finalidade e a que horas.

Uma autêntica operação de guerra foi montada na boca da caverna, onde permaneci o tempo todo. Um pequeno toldo foi estendido para proteger a equipe externa do sereno e da chuva. Sanduíches e bebidas quentes eram preparados para quem estava do lado de fora e para os que partiam lá para baixo. Havia pessoas andando para cá e para lá em seus afazeres, que, somadas às que entravam e saíam do abismo a toda hora, fazia com que a cena parecesse um formigueiro em plena atividade.

Com base nas informações preliminares sobre a vítima, despachei imediatamente uma equipe operacional com a maca rígida, por si só bem pesada e trambolhuda. Sua missão era chegar à vítima, estabilizá-la (primeiros socorros, hidratação, aquecimento, conforto psicológico), prendê-la com cuidado à maca e passar para a equipe seguinte uma avaliação geral da situação. A equipe seguinte era a de um militar-espeleólogo de Brasília, que levou um telefone de campanha com dois ou três postos fixos. Ele seguiu até a boca do Buracoide desenrolando o fio atrás de si com o auxílio de um ajudante. Essa medida foi de fundamental importância, já que rádios sem fio não funcionavam direito lá dentro. Dessa forma, pude receber relatos constantes das dificuldades enfrentadas pela equipe de ponta, que foi para o fundo do poço onde estava Hiromi, e também pela que ficou no Buracoide montando o sofisticado sistema de redução de forças com cordas, polias e aparelhos autoblocantes que permitiria içar em segurança a maca com um assistente ao lado.

Novidades concretas levavam um tempo desesperadoramente longo para chegar à superfície. O que mais se ouvia eram relatos de que as coisas estavam muito complicadas, mas que todos continuavam se empenhando. Depois da intensa movimentação inicial, tudo ficou mais calmo e entramos em uma certa rotina, só quebrada quando alguma solicitação vinha lá de baixo, como, por exemplo, bebidas quentes, comida ou agasalhos adicionais para os que estavam parados. O equipamento técnico era suficiente.

Tarde da noite começaram a vir os primeiros pedidos de substituição de pessoas exaustas. Conforme o previsto, a passagem da maca pelo Buracoide foi o ponto mais crítico de toda a operação, mas ninguém imaginava o quão difícil isso seria. Nem o organizador do seminário, que a tudo acompanhava lá de dentro.

Lá pelas tantas da madrugada, a rotina foi quebrada por uma notícia estarrecedora. Hiromi, que era muito magrinha e havia ficado imóvel esse tempo todo presa à maca, estava hipotérmica. Sua pressão e temperatura baixaram, e ela ficou quase inconsciente, precisando mais do que nunca ser retirada dali. De mero exercício, agora tínhamos que conduzir um resgate de verdade! Não dava mais para dizer, "Olha gente, está muito tarde, estão todos muito cansados, desamarrem a vítima e vamos embora tomar um banho quente e dormir." Agora era pra valer.

Todos redobraram os esforços, e aqueles que haviam saído da caverna para descansar se voluntariaram a retornar para ajudar os demais. Com o dia já amanhecendo, a maca com Hiromi finalmente chegou ao fundo do poço inicial. O último sistema de içagem com cordas e polias foi montado nas árvores ao redor, e funcionou conforme o esperado. Ela chegou à superfície muito pálida e sem forças, porém sem maiores complicações de saúde, conforme nos asseverou o organizador do seminário, que era médico. Às oito horas da manhã, desfizemos tudo e voltamos para os nossos alojamentos, onde passamos o restante do dia descansando.

Por divergências quanto ao planejamento daquela etapa e suas consequências, resolvi não participar do exercício final na Caverna de Santana. Em vez disso, fui visitar a Gruta do Couto com duas meninas que havia conhecido por ali, e, no dia seguinte, eu e Lúcia retornamos para o Rio de Janeiro.

O segundo seminário

No ano seguinte, um novo seminário de resgate em cavernas foi programado para ocorrer no mesmo lugar e mais ou menos nos mesmos moldes. Resolvi ir de novo por duas razões: primeiro, porque havia a promessa de que os exercícios aconteceriam de forma mais gradual, seriam menos extremos e haveria uma triagem mais rigorosa dos participantes. Além disso, eu estava ávido por conhecer mais algumas cavernas e, quem sabe, até conquistar alguma via de escalada nas pequenas paredes calcárias da região, pois o lugar era inspirador.

Desta vez, além de Lúcia, fui acompanhado por David Austin, escalador americano de Yosemite que morou uns dois anos no Brasil e teve um papel importante na assimilação de certas técnicas avançadas de escalada em rocha entre nós. Ele falava um português muito bom, pois era estudante de Letras e havia se dedicado à nossa língua com afinco antes de vir para cá, motivado por um artigo meu na revista inglesa *Mountain*. Ele era um cara muito divertido e tornamo-nos grandes amigos. Eu e Lúcia ficamos acampados, enquanto David se espremeu com mais 35 pessoas no rancho da SBE.

Nos quatro primeiros dias, treinos de dificuldade progressiva foram feitos pelos participantes do seminário, e no quinto dia houve o exercício de transporte de ferido dentro de uma gruta relativamente fácil, a Alambari de Baixo. Uma programação bem mais razoável do que a do ano anterior, portanto. No dia seguinte, teríamos, enfim, o exercício de resgate em gruta vertical. Embora os erros que comprometeram o primeiro seminário não tivessem se repetido, quis o destino que o exercício também não viesse a ser tranquilo. Aliás, ele nem chegou ao fim...

O local escolhido foi o Abismo 31 de Dezembro, uma série de poços verticais ainda mais impressionantes. Anos depois de sua descoberta, verificou-se que havia uma ligação com o Abismo do Juvenal. A partir de então, ele passou a ser considerado meramente uma segunda entrada deste último, e não uma caverna independente. A entrada da caverna estava situada no fundo de uma grande depressão natural no terreno conhecida como dolina, e a primeira descida de corda, curta, levava a um amplo salão que recebia alguma luz externa. Do fundo desse salão, contudo, partia uma impressionante sequência de condutos verticais, entremeados aqui ou ali por pequenos platôs, onde aplicaríamos as técnicas avançadas de içagem de feridos treinadas ao ar livre um ou dois dias antes. Não havia nenhum ponto de constrição extremo como o Buracoide, no Abismo do Juvenal.

O voluntário para o papel de vítima, agora um homem, novamente partiu na frente e se posicionou a uns 60 metros ou mais de profundidade naquele buraco assustador. A *mise-en-scène* da busca foi dispensada para que nos concentrássemos apenas na montagem dos sistemas mecânicos para redução de forças e na içagem da maca, que é o que realmente interessava. O resgate foi coordenado por outra pessoa. Eu seria apenas um dos peões destacados para operá-lo, o que me deixou muito mais relaxado.

A maca rígida seguiu na frente com um primeiro grupo, e eu desci pouco depois, para me posicionar em algum ponto no meio do caminho do horrendo poço negro onde pudesse ser útil. Cheguei com facilidade ao grande salão, me dirigi ao fundo e montei o meu aparelho de descida na corda que já se encontrava fixada e desaparecia na escuridão sob os meus pés. Quando comecei a rapelar, todavia, alguém gritou de fora da gruta:

— Está chovendo!

"Sim, e daí?", pensei, e continuei a descer, mas em seguida ouvi um novo grito, mais enfático:

— Está chovendo forte!

— OK! — gritou alguém do salão.

— Está chovendo muito forte!

— Certo, já ouvi! — berrei, levemente irritado com aquela insistência. Duas ou três pessoas acima fizeram coro comigo. Afinal, que mal faria um pouco de chuva para quem já estava enfrentando aquela lama toda havia dias?

Idiota. A resposta veio imediatamente.

Em poucos segundos, começou a correr pelo túnel seco por onde eu estava descendo um filete de água. Mais alguns segundos, e o filete ficou bem mais encorpado. Com uns trinta segundos, talvez, eu já me encontrava rapelando no meio de uma pequena queda-d'água, e aí parei, alarmado, para ver o que aconteceria em seguida. Após cerca de um minuto, me vi envolto em uma furiosa cachoeira, que apagou a chama da minha lanterna de carbureto e me deixou na escuridão absoluta. Meu capacete começou a ser bombardeado constantemente por pedras, felizmente pequenas, carregadas pela enxurrada. A essa altura, eu já estava jumareando de volta ao platô, lutando penosamente contra a força das águas.

Foi impressionante. Fiquei assustado, principalmente, com a rapidez com que o rio surgiu do nada e tomou vulto. Para onde ia aquela água toda?

Abaixo de mim, as pessoas que se encontravam em outros pontos ao longo das cordas fixas, também rapelando, se refugiaram em pequenos nichos fora da cachoeira e ali se acomodaram, esperando as coisas melhorarem. Alguém teve uma lúcida lembrança e gritou:

— Desamarrem a vítima! DESAMARREM A VÍTIMA!

Claro! O infeliz voluntário estava atado à maca, sem poder se mexer, bem na direção de um rio que não existia antes, e teria se afogado caso não tivesse sido solto rapidamente graças à diligência de quem estava ao seu lado.

Consegui chegar ao salão, e atrás de mim vieram mais uns dois rapazes que se encontravam logo abaixo. Os demais, por prudência, ficaram fora da cascata até que ela diminuísse, o que aconteceu bem mais gradualmente do que quando surgiu. Nós nos juntamos a mais três ou quatro pessoas já reunidas no salão, todas encharcadas e com as lanternas de carbureto também apagadas. Havia ainda um pouquinho de luz vinda do exterior, e nossas lanternas de pilha à prova d'água a complementavam bem. Poderíamos facilmente ter voltado à entrada da caverna, mas ficamos ali para prestar auxílio ao povo que estava dentro do buraco caso isso fosse necessário. O frio era grande, e alguém sugeriu que pulássemos e cantássemos para espantá-lo. Assim, entoando uma música estúpida para animar o exercício, conseguimos nos aguentar ali pelo tempo necessário — pouco menos de duas horas — até que os primeiros espeleólogos, David entre eles, emergissem daquele poço sem fundo. Eles vieram jumareando quando o fluxo da água diminuiu o suficiente para que pudessem se aventurar a sair de seus esconderijos com segurança.

Quando isso aconteceu, e informamos à coordenação do resgate que estavam chegando todos em bom estado, alguém lá fora fez uma pergunta infeliz:

—Vocês vão continuar o exercício?

Então, como se tivéssemos passado os últimos meses ensaiando para aquele momento, gritamos de dentro do salão em direção à boca da caverna, em uníssono, uma expressão muito desrespeitosa. Caímos no riso com a nossa sincronicidade, e não se falou mais nisso.

Mas o seminário não terminara. No dia seguinte, o treino seria de resgate em gruta molhada, isto é, uma gruta onde corre permanentemente um rio subterrâneo, formando poços e cachoeiras como qualquer rio na superfície. A escolhida foi a Gruta Ouro Grosso, mas esse resgate também não chegou ao fim devido aos grandes problemas técnicos envolvidos, somados à ausência de um número suficiente de pessoas experientes para resolvê-los. Mesmo assim, foi uma experiência bastante interessante, em que pese o fato de eu quase ter me afogado na subida de uma escada de alumínio ao lado de uma forte queda-d'água, carregando uma grande boia de borracha. Um pequeno descuido fez com que a correnteza me derrubasse da escada de volta ao poço de onde eu havia vindo após ter apagado a luz de minha lanterna. A sensação de estar em meio a águas turbulentas na escuridão total foi horrível. Apesar de estar de mochila, macacão de espeleólogo, capacete e reator preso à cintura, e de haver perdido a boia na queda, consegui manter a calma e voltar para a margem em segurança para repetir o processo, desta vez com muito mais cuidado.

O exercício final seria na Gruta Água Suja, mas já estávamos cansados daquela rotina e preferimos ficar aproveitando um pouco as delícias do lugar. Nesse dia, tive o meu primeiro contato com o "boia-cross", uma atividade muito divertida que foi criada ali mesmo, no Vale do Ribeira: a descida de rios (no caso, o Rio Betary), sentado em uma grande câmara de pneu de caminhão ou trator, ao sabor da correnteza, usando apenas as mãos como remos, e mãos e pés como para-choques. Logo surgiu uma versão mais sofisticada do esporte, batizada de "acqua ride", na qual as boias ganharam alças para o praticante se segurar, e luvas e capacete tornaram-se itens obrigatórios. Em 1983, Iporanga sediou o Primeiro Campeonato Brasileiro de Acqua Ride, que teve etapas anuais desde então.

Passamos os quatro dias seguintes conhecendo uma série de cavernas nas redondezas, uma mais linda do que a outra, inclusive a Casa de Pedra, um pouco mais distante, que possui a maior entrada do mundo, com cerca de 125 metros de altura. Uma manhã inteira foi consumida em uma tentativa fracassada de abrir uma via de escalada nas paredes da entrada da Gruta do Morro Preto, mas desisti devido às bandas de calcário podre que tornavam a ascensão, se não impossível, ao menos muito desagradável e perigosa.

Esses dois seminários, levados a cabo em uma das regiões naturais mais interessantes do país, valeram a pena, e desde então, sempre que possível, visito descompromissadamente alguma caverna aqui ou acolá.

OS TURISTAS SUIÇOS

A Urca, ou, mais especificamente, a Praia Vermelha, sempre foi o maior centro de escaladas em rocha do Brasil. A longa tradição do esporte na cidade, a facilidade de acesso, a segurança proporcionada pelas inúmeras instalações militares ali existentes, o caráter simbólico do Pão de Açúcar e, por fim, mas não menos importante, a quantidade e a qualidade de suas vias, contribuem para que a Urca mantenha indisputado esse título. Talvez seja o único local do país em que os escaladores são parte integrante e permanente da paisagem, inclusive nos dias de semana, e conta até com um guia de escaladas próprio, já na quarta edição, que abrange, além do Pão de Açúcar, os morros da Urca e da Babilônia.

Quem mora ou está de passagem no Rio, e não tem parceiro para escalar, basta ir com o seu equipamento à Urca e é quase certo que encontrará alguém para dividir a corda. Na praça da Praia Vermelha é realizado o grande encontro anual dos escaladores cariocas, a Abertura da Temporada de Montanhismo, um simpático pretexto para que montanhistas de todas as gerações se reúnam em torno de dezenas de barracas de clubes, lojas de equipamentos e órgãos públicos que têm alguma relação com o esporte, como Corpo de Bombeiros, agências ambientais, prefeitura da cidade etc., e desfrutem de eventos variados como campeonatos de escalada, oficinas técnicas, exibições de filmes e palestras com escaladores notáveis. E, claro, aproveitem para escalar algumas das centenas de vias ao redor. É na Praia Vermelha, ainda, que se dão outros eventos anuais importantes da comunidade escaladora local, como a Invasão Feminina, em comemoração ao Dia Internacional da Mulher, e a saída pré-carnavalesca do impagável e tradicional bloco dos escaladores, Só o Cume Interessa, que, quando muito, se limita a dar uma única volta na grande praça.

Não surpreendentemente, alguns dos maiores avanços em termos de estilo, ética e técnica da escalada brasileira também tiveram ali um campo de experimentação privilegiado, bem como grandes polêmicas. Meio que sem querer, participei ativamente de um desses avanços ao abrir uma série de vias em uma pequena parede secundária do Morro da Babilônia, que introduziram um tipo de escalada praticamente inexistente entre nós, que veio a ser conhecido como "escalada esportiva". Trata-se de vias verticais ou negativas (paredes com mais de 90 graus de inclinação) muito bem protegidas, com agarras grandes, que exigem movimentos atléticos bastante diferentes da escalada mais técnica praticada nas paredes menos do que verticais da cidade, que foram exploradas primeiro.

Essa parede fica sobre o mar, atrás de um clube chamado Círculo Militar da Praia Vermelha, e foi batizada de *Parede dos Ácidos* devido a uma brincadeira que acabou pegando. Eu e Lúcia Duarte, minha mulher à época, recebemos em casa, bem no início dos anos 1980, um amigo para tomar cerveja e jogar conversa fora. Muitas garrafas depois, o assunto era os nomes curiosos que são dados às escaladas, e nos engasgávamos de tanto rir com pérolas como *Aristóteles Contemplando o Busto de Homero, Anta & Anta S.A.* e *Sombra e Água Fresca*, quando alguém perguntou qual seria o próximo passo, isto é, qual seria o nome mais absurdo que poderia ser dado a uma escalada tendo em vista o nível de bizarrice já alcançado, e concordamos que seria o nome de substâncias químicas. "Imagine dois escaladores com a corda em volta dos ombros se encontrando na Urca", disse nosso amigo, "um pergunta para o outro para onde ele vai, e ele responde: 'Eu vou para o Tetracloreto de Potássio, e você?', e o primeiro diz: 'Pois eu vou para o Ácido Glutâmico!'", e rimos mais ainda.

Quando fui com Lúcia abrir a primeira via neste novo estilo naquela parede, para minha surpresa e desconforto ela propôs que a chamássemos de *Ácido Ascórbico*, lembrando a conversa daquela noite. Tentei demovê-la de todas as formas. "Aquilo era só uma brincadeira", argumentei, e insisti: "Esse nome é muito esquisito!" Por fim, apelei: "Nós estávamos bêbados!"

Mas ela se manteve irredutível. Como tínhamos o hábito de escolher alternadamente o nome das conquistas que fazíamos juntos, e aquela era a vez dela, não havia saída. Trato é trato. Assim foi feito, e em rápida sequência um amplo receituário de química orgânica e inorgânica foi ali estabelecido, incluindo vias abertas por diversos amigos que aderiram com gosto à brincadeira: *Ácido Clorídrico, Ácido Úrico, Ácido Lisérgico, Ácido Benzoico, ADN* e muitos outros nomes, inclusive o *Ácido Glutâmico*, pivô da conversa original. Surgiu até um *Antiácido*!

Mas, em meados de 1982, na primeira vez que fui até lá em companhia de Fábio Barros, o Fábio Xará, eu não estava atrás de paredes negativas e grandes agarras, mas sim de fendas. Fendas de qualquer tipo e largura onde pudéssemos escalar com o uso de proteção móvel, essa, sim, uma revolução na qual tive uma participação mais sistemática e consciente. A proposta era usar sempre que possível — isto é, sempre que houvesse fendas bem-definidas — equipamentos de proteção removíveis que o guia vai colocando nelas e o participante sobe atrás removendo. Assim, nenhuma marca é deixada, evitando-se os inúmeros grampos fixos visualmente impactantes e funcionalmente desnecessários que vemos em muitos lugares.

Além disso, e mais importante, a escalada com proteção móvel é bem mais desafiadora do que a com proteção fixa, pois além da dificuldade de executar os movimentos, o escalador deve se preocupar em instalar as peças que irão segurá-lo no caso de uma queda, o que às vezes não é nada trivial. O uso de proteção móvel já se encontrava bem estabelecido em outras partes do mundo, e naquela época eu estava empenhado, junto com um pequeno grupo de amigos, em introduzir solidamente essa nova técnica no Brasil. Para tanto, procurávamos avidamente por boas fendas ainda não conquistadas com grampos.

E ali estava uma, bem diante dos nossos olhos. À direita da *Parede dos Ácidos*, dois blocos colossais formam uma chaminé vertical seguida de uma fenda larga para a direita, que era o nosso objetivo. Mas, para chegar até ela, precisávamos percorrer toda a base da falésia, da esquerda para a direita, e aí nos demos conta do potencial para lances difíceis com grandes agarras que se destacavam na rocha íngreme acima de nós. Isso, claro, nos deixou ávidos por sair subindo logo, mas disciplinadamente resistimos à tentação e nos dirigimos à fenda.

A chaminé inicial é suja de terra, porém facílima, e foi escalada em instantes. Depois, com a proteção passada em uma árvore e em duas ou três peças móveis, venci a fenda, que era mais difícil do que esperávamos, porém desinteressante e em rocha podre. Tínhamos feito nossa via em móvel, mas ela era tão ruim que demos o nome de *Nada a Ver* e desaconselhamos a sua repetição. Mas não consideramos o dia perdido precisamente devido à descoberta, nas paredes à esquerda, de um imenso potencial para vias de elevada dificuldade, que logo estariam na vanguarda técnica do momento.

Estávamos de volta à base, guardando lentamente o equipamento nas mochilas e discutindo com animação os desafios que nos esperavam ali ao lado, quando de repente vimos dois homens correndo em nossa direção no meio do capim colonião que dominava toda aquela vertente da montanha, antes dela ser reflorestada. Imediatamente, todos os nossos sensores de alerta dispararam, e nossa despreocupada conversa foi substituída por muda apreensão.

À medida, porém, que a dupla se aproximava de nós, vimos que eles não se pareciam com bandidos. Na verdade, não se pareciam sequer com brasileiros. Pudemos perceber também alguma tensão neles enquanto avançavam como se estivessem nadando no mato alto e denso. Eram gringos que demonstravam estar muito nervosos e, pelo visto, passariam direto por nós procurando a descida. O problema é que quase toda aquela parede está acima de um costão rochoso extenso e razoavelmente perigoso, com um único lugar de onde se pode descer facilmente andando. Descer em qualquer outro ponto sem material de escalada, e com tênis comuns como os que eles estavam usando, era um convite ao desastre. Sabendo disso, fiz uma saudação a eles e perguntei se tudo estava bem.

Ao me ouvir falando em inglês, eles manifestaram alívio e vieram em nossa direção, e só aí percebi que um estava com a mão direita toda ensanguentada devido a cortes profundos. Eles então nos contaram a sua história. Eram turistas suíços que estavam hospedados em um hotel no Leme, que é uma espécie de cantinho da famosa Praia de Copacabana e, como qualquer turista que se preze, queriam subir o Pão de Açúcar pelo bondinho. Mas, ao ver onde ficava o Pão de Açúcar no mapa, avaliaram que entre o hotel e o seu destino havia apenas o Morro da Babilônia, uma elevação bem modesta pelos padrões suíços, e resolveram fazer o que um jovem faria ao ver uma carta dessas nos Alpes: decidiram percorrer a pé, e não de ônibus ou de táxi, tão curta distância, cortando caminho pelo morro. Isso lhes daria ainda a vantagem adicional de desfrutar outras vistas esplêndidas de Copacabana e dos demais bairros da Zona Sul carioca, bem como do próprio Pão de Açúcar.

Lamentavelmente eles não estavam nos Alpes, e assim que passaram por trás da comunidade da Babilônia, foram logo cercados por um grupo de jovens que anunciaram o assalto. Um dos suíços, ao ver as facas apontadas na sua direção (eles não mencionaram armas de fogo), entrou em pânico e saiu correndo encosta abaixo, e os assaltantes começaram a gritar para ele não ir por ali porque era perigoso! Mas era tarde demais, e, ao levar uma queda de pequena altura, o gringo rasgou a mão em galhos partidos aos quais tentou se agarrar. Ao ver o sangue escorrendo, ficou mais nervoso ainda e saiu correndo descontrolado pelo capinzal. Os garotos, ao verem aquilo, mudaram de ideia e liberaram o amigo sem roubar nada, para que pudesse ir atrás dele antes que se matasse nos costões que também sabiam existir ali embaixo. E, assim, sem ninguém no seu encalço, chegaram até nós.

Como tínhamos um estojo de primeiros socorros, fizemos um curativo inicial, estancando o sangue e protegendo o ferimento, e voltamos juntos sem problemas à Praia Vermelha, aonde certamente gostariam de ter chegado em circunstâncias bem diferentes. Fomos direto para o hospital mais próximo, onde nosso desafortunado turista recebeu onze pontos, gritando como um porco no momento do abate. Foi um escândalo no hospital, chamando a atenção de todos ao redor e nos deixando meio envergonhados por aquela cena exagerada, mas nos mantivemos firmes ao seu lado. A enfermeira se dividia entre o riso e a irritação com todo aquele fricote, já que ele havia recebido anestesia local, mas, afinal, tudo acabou bem e nos despedimos na porta do hospital para nunca mais nos vermos.

Fábio ainda passaria por outra situação complicada naquele lugar pouco tempo depois. Ele estava escalando um dos *Ácidos* recém-estabelecidos quando, inadvertidamente, deixou que o seu cigarro caísse no chão e inflamasse o capim seco. Ele ainda tentou apagar o incêndio, pois estava na base dando segurança para o seu companheiro, que se encontrava alguns metros acima preso a um grampo, mas não obteve sucesso e teve que fugir correndo com as chamas avançando atrás dele rapidamente. Seu desafortunado amigo, no entanto, não tinha como correr, e só teve tempo de recolher a corda para cima, para que não derretesse, e esperar o fogo se extinguir, o que não demorou a acontecer. Ele estava fora do alcance direto das labaredas, por isso não se queimou, mas o calor incidente na sola de borracha negra de suas sapatilhas de escalada cozinhou as solas dos seus pés, formando uma única e grande bolha em cada um, o que lhe proporcionou um retorno doloroso à Praia Vermelha e uma semana de cama até conseguir pisar novamente.

CENA CARIOCA

O Rio de Janeiro é um paraíso para os escaladores. Há, decerto, muitas outras cidades situadas em meio a cenários fantásticos de montanhas, mas elas são todas cidades pequenas, como Banff, no Canadá, ou Chamonix, na França, que se desenvolveram exatamente devido às atividades de montanha, base de uma próspera economia calcada no turismo e nos esportes de aventura.

O Rio, não. É uma megalópole que cresceu assustadoramente em pouco mais de cinco séculos, indiferente às montanhas à sua volta, ou melhor, esgueirando-se entre elas e um litoral igualmente belo, que sempre obteve mais atenção e prestígio junto ao distinto público. Claro, há o Pão de Açúcar e o Corcovado, mas estes são atrativos de massa e marcas registradas da cidade no restante do Brasil e no exterior, sem que isso, contudo, significasse que essas e outras montanhas integrassem o cotidiano dos cariocas.

Isso só veio a acontecer a partir da década de 1930, quando a escalada em rocha começou a ser praticada com alguma regularidade no país. O montanhismo, incluídas aí escaladas e caminhadas, foi crescendo lentamente de importância até que, no início dos anos 1980, com o advento do profissionalismo no esporte, houve um *boom* no número de praticantes, que o levou a se tornar, hoje em dia, razoavelmente popular e objeto de filmes, programas de TV, anúncios e mesmo a figurar vez ou outra nas propagandas turísticas da cidade. O montanhismo, enfim, "pegou".

Mas o início dos anos 1980 também marcou uma mudança radical na forma de se praticar a escalada no Brasil devido à perda de interesse pelas vias com pontos de apoio artificiais do passado para, em vez disso, serem valorizadas aquelas feitas apenas com os apoios naturais que a rocha oferece. A isso se chama "escalada livre", e nessa época estávamos todos empenhados em fazer em livre vias antigas abertas com o recurso aos apoios artificiais, principalmente grampos.

E foi exatamente com esse propósito que, no dia 26 de dezembro de 1984, em companhia de dois amigos, Gabriel Fonseca e Marcelo Braga, o Marcelinho, me dirigi à Agulhinha do Inhangá, uma pequena ponta rochosa fincada nas encostas do Morro de São João, em Copacabana. Nosso objetivo era tentar inteiramente em livre uma via estabelecida quase vinte anos antes, chamada *Chamonix*. Sua conquista havia se dado de forma bem tosca, com grampos de meia polegada fixados a cada metro e exatamente ao lado de uma boa fenda que, mesmo àquela época, poderia ter sido subida de forma menos rudimentar, com equipamentos que quase não deixariam marcas permanentes na rocha, como pitons e cunhas de madeira.

Seja como for, a fenda e a presença de boas agarras ao seu lado tornavam a via uma candidata óbvia a ser feita sem o uso de artifícios (embora os grampos continuassem a ser usados para proteção em caso de queda), e o fato de a parede ali ser negativa aumentava o desafio e o nosso interesse nela. Um pouco mais tarde, e com o mesmo propósito, apareceram por lá dois outros amigos nossos — Fernando Fajardo, o Velho, e Juarez Fogaça.

A Agulha do Inhangá e os seus arredores são uma maravilha do Rio de Janeiro. Um pequeno pontão rochoso circundado por densa floresta tropical praticamente deserta, situada poucas dezenas de metros acima daquele que talvez seja o bairro mais densamente povoado do Ocidente! O acesso a ela variou ao longo do tempo devido ao avanço da cidade: novos prédios inviabilizavam o acesso anterior e um novo tinha que ser descoberto. Em 1984, a forma usual de se chegar à sua base era através de um terreno baldio na Rua Marechal Mascarenhas de Morais, a única falha na compacta barreira de edifícios daquela ladeira, e foi exatamente por ali que entramos. E depois, como veremos, saímos...

Feita a curta caminhada, que nos transportou em poucos minutos do burburinho de Copacabana para o isolamento quase absoluto da base da montanha, retiramos nosso equipamento das mochilas e nos revezamos em tentar aquilo que nos motivara a ir até lá. Todos subiam com relativa facilidade a maior parte da escalada, mas havia uma passada mais difícil no final que sempre nos derrubava. Isso, porém, não tinha consequência danosa alguma (a não ser ao nosso orgulho), pois, como já foi dito, a parede era negativa e quem caía ficava pendurado na ponta da corda, balançando no ar sem sequer tocar na rocha. Aí tentava de novo ou desistia e era descido suavemente até o chão para que outro assumisse o seu lugar na ponta da corda.

Previsivelmente, o primeiro a conseguir fazer toda a sequência em livre foi o Marcelinho, que sempre foi melhor do que nós em lances atléticos como aquele, e o seu sucesso nos instigou ainda mais. A tentativa seguinte era do Gabriel, que foi, foi, foi... Mas novamente falhou na fatídica passada final e pediu para voltar à base. Chegara a minha vez, e eu estava pilhado!

Subi rapidamente os lances iniciais, respirei fundo antes do trecho difícil e entrei nele com determinação, mas embora tivesse chegado mais alto do que nas tentativas anteriores, voltei a cair no maldito movimento final. Fiquei desapontado, claro, mas não derrotado, e decidi tentá-lo novamente. Falei então para o Juarez, que me dava segurança:

— OK, Juarez, pode me descer.

Enquanto isso, fiquei analisando minuciosamente a rocha para ver que alternativas eu tinha para decifrar aquela charada como o Marcelinho havia feito, e novamente gritei sem olhar para baixo:

— Juarez, pode me descer!

"Se eu pisasse naquela agarra mais acima em vez da que usei, talvez ganhasse os centímetros que me faltaram para chegar à parte mais fácil, e aí conseguiria completar a sequência", pensava eu. Mas como continuasse no mesmo lugar, balançando no ar a uns 8 metros do chão e a cerca de meio metro de distância da parede da montanha, gritei pela terceira vez, já com um leve tom de impaciência na voz:

— Juarez, pode me descer!

Desta vez, no entanto, olhei para baixo para ver o que estava acontecendo, e pude perceber que o Juarez, embora mantivesse as mãos firmes na minha segurança, que estava ancorada na base de uma sólida árvore, encontrava-se rodeado por três desconhecidos. Um deles portava uma escopeta com os canos serrados, o segundo, um revólver e o terceiro, um garoto bem novo com uma touca enterrada na cabeça, estava aparentemente desarmado. O primeiro a falar foi o do revólver.

— Tudo bem, já vi que é uma rapaziada praticando o seu esporte, tá tudo tranquilo. A gente tá atrás de uns caras da Constante (a Rua Constante Ramos, também em Copacabana) pra derrubar, mas já vi que não são vocês, então tá tudo certo. A gente vai embora, mas não digam pra ninguém que a gente passou por aqui.

— Como eu posso dizer que vi alguém se não tem ninguém na minha frente? — respondeu rápido o Gabriel, buscando alguma empatia com nossos visitantes.

Aparentemente funcionou, pois o cara deu um leve sorriso e prosseguiu:

— *Vamu* embora, Fulano — disse para o da escopeta —, antes que o cara caia e se machuque.

O cara, claro, era eu, mas a essas palavras reconfortantes seguiram-se outras bem menos tranquilizadoras do portador da escopeta, que estava visivelmente nervoso. Após olhar para o grosso cordão no pescoço do Velho, uma pulseira também grossa e o seu relógio de pulso, engatilhou a escopeta, apontou para a barriga dele e disse:

— Não tem dessa não. Sou fugitivo da Ilha Grande, sou ladrão mesmo e tudo isso aí pra mim é peça. Garotão (deve ter sido a última vez que alguém se referiu ao Velho dessa forma...), esse cordão é de prata? Vai passando ele, e o relógio e a pulseira também.

Fernando levantou as mãos e falou com a calma possível em uma hora dessas:

— Calma, mermão, vou te dar o cordão, olha só. — E retirou o cordão do pescoço em câmera lenta. — Agora o relógio e a pulseira, pega eles aqui. Não tem erro.

— Ô, Fulano, eles tão aqui em paz, deixa a rapaziada sossegada — disse o do revólver. — Assim o cara vai cair e se machucar. *Vamu* embora!

Gabriel estava bem atrás do Velho, sentado na mesma pedra, com a sua cabeça perfeitamente alinhada com a barriga dele e os canos da arma. Ele não ousou se mexer, mas pensou: "Caramba, se esse cara disparar eu vou levar chumbo quente misturado com as tripas do Velho..." Enquanto isso, eu pairava no ar exatamente sobre a cena, como que assistindo a um filme de ação, ou melhor, a um pesadelo, pois aquilo não parecia estar acontecendo de verdade.

O da escopeta, após guardar os pertences que já não mais pertenciam ao Velho, para nosso alívio desengatilhou a arma e então bateu os olhos na sapatilha do Marcelinho, um modelo espanhol moderníssimo chamado *Firé*, que praticamente ninguém mais tinha no Brasil (era muito difícil se obter equipamento de escalada naqueles tempos). Pegou um pé do estiloso calçado em suas mãos e perguntou:

— Que número é esse *boot*, garotão?

Apesar de toda a tensão da situação, foi cômico assistir à reação instintiva e desesperada dele, falando com a rapidez de um narrador de corridas de cavalos:

— Essa bota é espanhola, não serve para caminhar, só para escalar! Isso é número 7, número francês, não tem correspondente nacional, não serve para mais nada a não ser escalar, ela...

O bandido então jogou a sapatilha de lado, emudecendo o Marcelinho instantaneamente, como um rádio que é desligado, e o do revólver voltou a falar:

— Rapaziada, desculpem o mau jeito do meu amigo. Ele tá nervoso porque a gente acabou de fazer um assalto, mas tá tudo bem. Fulano, *vamu* embora! Assim o cara vai cair e se machucar! Foi mal aí, rapaziada! Isso não era pra tá acontecendo!

O da escopeta perguntou então se alguém tinha água, e todos — menos eu, naturalmente, que continuava balançando atônito sobre a cena — saíram da imobilidade e correram para pegar um cantil em suas mochilas. O bandido pegou o cantil que lhe chegou mais rapidamente às mãos, bebeu um pouco, ofereceu para o garoto que estava com ele e, sem fechá-lo, jogou-o bem longe, no meio do mato. E declarou:

— *Vamu* nessa!

Seguido pelo garoto, que não abriu a boca nem uma só vez e parecia um trainee em atividade de campo, deu as costas para o grupo e sumiu na trilha. Mas o do revólver ficou para trás e se desculpou conosco novamente.

— Rapaziada, mais uma vez, me desculpem pelo meu amigo. Por mim, nada disso tinha acontecido. Por mim tava tudo certo e a gente tinha ido embora direto.

Então, para nosso espanto, ele trocou o revólver de mão e fez questão de apertar as mãos de todos os que estavam no chão, declinando o seu nome e completando:

— Se precisarem de alguma coisa, é só procurar por mim, no Juramento (o Morro do Juramento, no complexo do Alemão, Zona Norte do Rio, base da maior facção criminosa da cidade), que *tamu* aí pra qualquer parada. Podem contar!

Dito isso, retornou o revólver para a mão certa e seguiu apressado na trilha para se unir aos seus companheiros. Juarez, que manteve as mãos na corda de minha segurança todo o tempo, pôde enfim me descer de volta ao chão e, após trocarmos algumas palavras sobre o que acontecera, tínhamos que decidir o que fazer. Para tanto, foi feita uma votação, na qual perdi de 4 a 1. Como eu estava certo de que agora conseguiria passar no lance difícil, graças ao quase sucesso da tentativa anterior — e, bem ou mal, porque estava com os braços descansados devido ao que sucedera —, queria voltar a tentar de qualquer maneira, mas todos acharam que o astral havia ficado ruim e era melhor ir embora. Democraticamente, acatei a decisão da maioria, mas, como veremos, talvez não tivesse sido tão má ideia ficar lá mais um pouco escalando.

Arrumadas as coisas nas mochilas, pegamos a trilha de volta ao terreno baldio da Mascarenhas de Morais, mas quando estávamos passando ao longo dos fundos dos grandes prédios antes dele, uma mulher que estava na janela nos viu e gritou:

— Ei, vocês, cuidado com os assaltantes!

— Como é que você sabe que há assaltantes? — um de nós perguntou.

— É porque eles acabaram de assaltar o prédio que agora está cercado pela polícia!

Saímos da frigideira para cair no fogo, pensamos na hora. E agora, o que fazer? Voltar para a base da Agulhinha? Seguir pela trilha em outra direção? Gritar por socorro?

Devido à nossa conversa, um jovem casal apareceu em outra janela e o rapaz gritou para nós:

— O que vocês estão fazendo aí?

— A gente estava escalando ali na Agulhinha, e quando estávamos indo embora, aquela moça nos disse que houve um assalto, que o prédio está cercado pela polícia e nós agora estamos com medo de sermos confundidos com os assaltantes! Não sabemos o que fazer!

Havíamos combinado de não dizer que nós próprios havíamos sido assaltados, para evitar termos que ir de camburão à delegacia para dar queixa, ou então explicar que nada tínhamos a ver com o crime e que, na verdade, também éramos vítimas dos meliantes. Então ele voltou a falar, de certa forma resolvendo o nosso dilema:

— Acho melhor vocês ficarem onde estão. Os policiais estão revistando todo o prédio!

— Obrigado — agradecemos, com os polegares voltados para cima para confirmar nossa gratidão.

— Vou fazer o seguinte: vou procurar os policiais e dizer que vocês estão aí, para não serem confundidos com os bandidos. Esperem um pouco.

Nossos polegares erguidos novamente acompanharam o nosso "obrigado", e nos sentamos sobre as mochilas para aguardar. A mulher continuava a nos assistir, assim como um morador ou outro cuja atenção fora atraída pela conversa. A tensão era ainda maior do que no assalto. Qualquer barulhinho que ouvíamos, vindo de qualquer direção, fazia com que saíssemos correndo desabaladamente pela trilha, largando nossas mochilas para trás, até nos certificarmos de que não era nada e voltarmos a nos sentar, ansiosos. Depois de algum tempo, que nos pareceu excessivo, mas que provavelmente não foi, o morador reapareceu na janela e declarou:

— Acho melhor vocês ficarem onde estão, porque a coisa tá feia!

Pela terceira vez, nossos polegares subiram, cada vez mais trêmulos. Nem sei se dissemos alguma coisa, mas continuamos sentados esperando, resignados. Depois de nova eternidade, a cara do morador reapareceu na janela e ele disse:

— Olhem, estou aqui com um sargento da PM, expliquei para ele a situação e ele agora vai falar com vocês, OK?

— OK! — ecoaram cinco vozes.

Só que, em vez de aparecer o rosto do tal sargento, como nos parecera apropriado para uma conversa entre pessoas de bem, vimos sair primeiro pela janela uma mão com um revólver e só então a cabeça de seu dono, que ficou apontando a arma diretamente para nós enquanto explicávamos o que estávamos fazendo ali.

Quando ele se convenceu de que nós não éramos mesmo os assaltantes, recolheu a arma, falou pelo rádio com os seus colegas e disse que poderíamos ir embora sem temer nada, o que de fato felizmente ocorreu.

Um fim de ano para não ser esquecido!

NOITES GELADAS NO TOPO DA SERRA DO MAR

Salinas, um nome mítico para os escaladores brasileiros!

Suas escaladas longas, difíceis e comprometidas, repletas de histórias emocionantes de arrojo e superação, são um verdadeiro ímã para quem deseja testar habilidade técnica e autocontrole. Repetir suas vias mais clássicas é uma espécie de ingresso na maioria daqueles interessados em grandes paredes — vias com mais de 300 ou 400 metros, algumas chegando a quase um quilômetro de extensão —, e desde os anos 1970 o local recebe uma autêntica romaria de escaladores vindos de todos os pontos do país e mesmo do exterior, que não raro saem de lá com histórias marcantes, daquelas para lembrar pelo resto da vida. Pois mal sabia eu, quando me dirigi para lá no Carnaval de 1985, que estava prestes a contribuir com um dos contos mais palpitantes para o anedotário local...

O lugar

O nome Salinas é fruto de um duplo erro, hoje incorrigível. Primeiro, porque apenas os escaladores chamam aquele lugar por esse nome, já que a localidade é conhecida pelos seus moradores tradicionais, e assim também consta nos mapas como Três Picos, em alusão aos Três Picos de Friburgo, que formam, com a vizinha Pedra do Capacete, um espetacular conjunto de montanhas graníticas de dimensões colossais, centro do universo local. O Pico Maior, plantado bem no limite entre Nova Friburgo e Teresópolis, com seus recém-aferidos 2.366 metros de altitude, é o ponto culminante de toda a Serra do Mar, o formidável espinhaço paralelo ao litoral que começa em Santa Catarina e termina no norte do Estado do Rio de Janeiro, onde a Serra do Desengano mergulha em direção ao Rio Paraíba do Sul.

A Salinas original, embora localizada na mesma região, fica alguns quilômetros adiante, mas como os primeiros escaladores assíduos daquela localidade por qualquer razão se confundiram, o nome acabou pegando entre os montanhistas. Há ainda o fato intrigante de se chamar "Salinas", seja a certa ou a errada, um lugar tão distante do mar. Uma explicação possível, não confirmada, é que se trataria de uma corruptela de Sá Lina, ou Sinhá Lina, antiga moradora local.

Mais certos, entretanto, são o cenário deslumbrante e o ambiente bucólico daquele lugar, outro fator que contribui para a enorme popularidade de Salinas junto aos montanhistas. Antigamente, toda a região aos pés dos Três Picos e do Capacete era uma grande fazenda de gado. Com a morte do patriarca e a divisão da terra entre os filhos, havia o risco concreto de descaracterização, afastado quando um banqueiro português adquiriu quase todas as pequenas glebas para reuni-las novamente em uma única propriedade, e o seu desinteresse na criação de gado permitiu que a vegetação nativa se recuperasse lentamente, tornando ainda mais bonito o lugar.

Nesse meio-tempo, pensando na preservação ambiental no longo prazo, e também na garantia de acesso ao público, montanhistas e ambientalistas se uniram para pedir o estabelecimento de um parque natural ali, o que veio a ocorrer em 2002 com a criação do Parque Estadual dos Três Picos, o maior de todo o Estado do Rio de Janeiro, incluídos os parques federais.

Os encantos de Salinas atraíram muitos não apenas para escalar, mas também para ter uma casa por perto ou mesmo para morar definitivamente. Com o passar do tempo, criou-se uma comunidade residente ou temporária, fiel e constante, que lhe emprestou um certo ar alternativo. São jovens procedentes em sua maioria do Rio de Janeiro, em busca de uma vida mais despojada e em contato direto com a natureza. O afluxo crescente de visitantes é de tal ordem que já sustenta alguns pequenos negócios, como pousadas rústicas e restaurantes, que proporcionam renda suficiente para uma existência simples e descomplicada, onde a liberdade para escalar, viajar ou simplesmente não fazer nada quando não há clientes é o bem mais valorizado.

A conquista do Pico Maior de Friburgo ocorreu em 1946, quando o lendário escalador Sylvio Mendes recrutou seus amigos Índio do Brasil Luz e Reinaldo dos Santos para abrir a via que leva o seu nome. A difícil escalada foi feita à custa de muitos grampos e cabos de aço, em um estilo inconcebível hoje em dia, mas que era o padrão daquela época, e é, com justiça, considerada até hoje um grande feito.

A escalada

Foi apenas em 1974 que a montanha recebeu a segunda via, a *Face Leste*, até hoje a sua grande linha clássica. Obra de um competente grupo do CERJ, a escalada conta com cerca de 700 metros de extensão e também representou um marco na época de sua abertura. Na primeira repetição, ocorrida no ano seguinte, quatro escaladores do CEC dormiram no meio da parede, pois então se acreditava que, devido ao tamanho, não seria possível repeti-la em apenas um dia. Pela mesma razão, no Carnaval de 1977, quando eu e três amigos fizemos a segunda repetição, levamos às costas equipamento para bivaque, mas acabamos completando a escalada em cerca de oito horas apenas e descemos sem problemas no mesmo dia, quebrando assim um tabu.

Em 1985, eu também era sócio do CEC, e para o Carnaval daquele ano foi programada pelo clube uma grande "invasão" em Salinas, com o propósito de fazermos caminhadas e escaladas diversas. No total, seriam quase 20 pessoas acampadas. Como não tínhamos que bater cartão de ponto, eu e Lúcia Duarte seguimos para lá um dia antes para fugir do trânsito de carros na estrada e de escaladores nas vias mais populares. Nosso objetivo inicial era a *Face Leste*, via que eu já conhecia bem e que agora recebia ascensões cada vez mais frequentes e rápidas.

Montamos nosso acampamento na sexta-feira sem absolutamente ninguém em volta, o que acentuava o clima idílico do local, onde as grandes araucárias são uma das marcas registradas. No dia seguinte, saímos cedo, e às sete já estávamos na base da parede nos encordando. O tempo estava ótimo e eu me sentia muito confiante. A ideia era subir mais rápido do que da primeira vez e descer ainda com luz para encontrar nossos amigos, que chegariam ao longo do dia com barracas e planos. Nossa corda era de 40 metros, um pouco curta para os padrões correntes, então de 45, algumas já de 50, mas tudo bem: apenas teríamos que fazer a via em um número maior de enfiadas, como havia feito oito anos antes, com o agravante de que, em 1977, não conhecíamos o caminho e estávamos com mochilas bem pesadas. Desta vez, não: apenas água, lanche, lanternas e um agasalho leve, pois era verão.

Os costões iniciais eram fáceis e foram escalados rapidamente. Seguia-se a eles uma longa chaminé desprotegida, mas também fácil. Depois, uma parede bem mais íngreme e difícil, onde nossa velocidade diminuiu bastante, conforme o esperado. Em seguida vinha um artificial fixo, algo bem rápido de se fazer, daí um curto trecho em livre e outro artificial fixo, menor do que o primeiro. Finalmente, os costões finais, com lances longos, porém fáceis. Tudo corria muito bem até que surgiram sobre o cume, subitamente, vindas de trás dos Três Picos, nuvens de tempestade, e a chuva não tardou a desabar sobre nós. Ela nos pegou no primeiro artificial, mas eu cheguei a fazer o segundo artificial antes de resolvermos descer até uma grutinha abrigada pouco abaixo, para esperar uma definição do tempo. Nela, inclusive, os quatro conquistadores haviam passado a noite durante a investida final. Só que, na hora de puxar a corda, constatamos que ela havia prendido em algum grampo ou laca de pedra, o que nos obrigou a subir novamente para soltá-la. Nesse meio-tempo, a chuva diminuíra, então retomamos a escalada e, apesar dos lances finais ainda estarem molhados, continuamos sem incidentes até o cume, aonde chegamos às 15h30. Alegria!

A primeira noite

Apesar dos contratempos, era ainda consideravelmente cedo, prova de nosso bom desempenho. A chuva havia passado, e foi sem maiores preocupações que registramos os nossos nomes no livro de cume, um caderno guardado em uma urna metálica sob os blocos do topo, para que os que lá cheguem possam deixar registrados os seus nomes, a via que fizeram e outras informações consideradas relevantes. Essa é uma simpática tradição não apenas brasileira, mas também de muitos países onde há montanhas cujo acesso só pode ser feito por escalada, ou então excepcionalmente distantes. Feito isso, partimos imediatamente para descer pela via *Sylvio Mendes*, que eu também já havia feito alguns anos antes e nos proporcionaria uma descida muito mais curta e fácil do que pela *Face Leste*. Foi quando ocorreu algo inesperado: eu não encontrei o ponto certo de descida.

O cume do Pico Maior é muito amplo, e dele descem diversas canaletas com vegetação muito parecidas entre si, que são, hoje, o final de escaladas mais recentes e de grande dificuldade técnica. Mas, na época, só havia, naquele lado da montanha, a *Sylvio Mendes*, que terminava por uma dessas canaletas. Mas qual?

Com segurança dada pela Lúcia, desci pela canaleta que me parecia ser a certa, esticando a corda, mas ao não encontrar, conforme o previsto, o grampo para rapel, retornei ao cume para tentar a canaleta seguinte. Depois de ter feito o mesmo em todas elas, comecei a descer em cada uma novamente, cada vez mais atento devido à preocupação e mais devagar devido ao cansaço. Aí já estava escurecendo, voltara a chover um pouco e, mesmo que encontrássemos o bendito grampo, não seria conveniente descer toda a parede à noite. Já havíamos gasto duas horas nessa inútil procura. Melhor passar a noite no topo, em segurança, e descer no dia seguinte, mais descansados. Seria uma noite dura, mas, dadas as circunstâncias, era a decisão mais prudente. No dia seguinte, com a luz matinal, eu certamente encontraria a descida e tudo ficaria bem.

Assim, nos entocamos sob os mesmos blocos onde estava o livro de cume para nos protegermos do sereno, forramos o chão com capim e uma taquarinha abundante por ali para nos proporcionar algum isolamento do solo molhado, torcemos nossas roupas e nos deitamos. Passamos a noite toda acordados, úmidos, com câimbras e tremendo de frio, agravado pelo cansaço e pela pouca comida que havíamos ingerido. Nossa última provisão, um pacote de bananas-passas, pouco consolou nossos estômagos vazios, mas de qualquer forma era melhor do que nada. Esses bivaques forçados são parte integrante do currículo dos escaladores de vias longas em qualquer parte do mundo, e, apesar do desconforto, eu estava de certa forma contente. Aquela era realmente uma aventura como as dos escaladores europeus mais famosos, que líamos com avidez nos livros importados.

Noites assim são longas, as horas se arrastam com lentidão desesperadora. Mas, afinal, o céu começou a dar sinais de que a noite estava se retirando para ceder lugar a mais um dia, e, logo que clareou o suficiente, saímos do buraco. Fazia muito frio, até porque o céu estava bem límpido, e os nossos primeiros movimentos eram como os dos robôs de desenhos animados: lentos, duros, sem molejo. Saqueamos o estojo de primeiros socorros em busca de um restinho de dextrosol (glicose pura), e, aos poucos, os músculos foram se aquecendo. Retomamos então a busca interrompida na véspera. Contudo, cerca de duas horas e meia foram gastas sem que achássemos o ponto certo de descida. Parecia impossível que ela estivesse mesmo em algum daqueles buracos!

Uma nova dificuldade se apresentou: o cume da montanha foi envolvido por uma neblina muito espessa, que limitava o campo de visão a poucos metros. Por volta das oito da manhã, o tempo abriu de novo e resolvemos descer pela *Face Leste* enquanto ainda estávamos bem dispostos. Isso não seria um grande problema, já que dispúnhamos de tempo de sobra para fazer os incontáveis rapéis que a descida exigiria. Havia um único lance em que a corda não seria suficiente, pois a distância entre os grampos, ali, era de 25 metros, mas ele era facílimo e bastava que a Lúcia descesse pela corda esticada até o grampo de baixo e depois me desse segurança para reverter os movimentos pela pedra. Melhor ainda, eu nem precisaria reverter tudo: com uma das pontas presa ao grampo de baixo, montaria um rapel no grampo de cima e desceria até onde fosse possível, ou seja, uns 15 metros; depois me encordaria nesse ponto e desescalaria os 10 metros finais sem qualquer dificuldade, pois a rocha estava seca e eles eram muito fáceis.

Após termos feito os dois ou três primeiros rapéis, no entanto, ouvimos gritos vindos lá de baixo. Eram nossos amigos, ainda no acampamento, certamente preocupados com a nossa situação. Ficamos surpresos com a clareza com que conseguíamos ouvir o que eles diziam, e vice-versa. Explicamos rapidamente que estávamos bem e que pretendíamos descer pela *Face Leste*, o que seria trabalhoso, mas não especialmente difícil. Na verdade, já estávamos até fazendo isso naquele momento, mas eles então nos disseram que iam escalar a *Sylvio Mendes* e que, por isso, recomendavam que voltássemos para o cume para descermos todos juntos por essa via mais tarde.

Hesitei um pouco em aceitar a sugestão, mas a ideia de recebê-los no cume era, de fato, tentadora. Seria uma festa e a descida, sem dúvida, mais relax. Além disso, eles não tardariam muito a chegar, pois era um grupo que estava fazendo o curso de guias de escalada do clube — dois escaladores jovens e motivados, que provavelmente queriam mostrar serviço para os dois instrutores que os acompanhavam. Assim, acatamos a sugestão e voltamos rapidamente ao topo para descansar um pouco e esperar por eles. Pusemos nossas roupas, que ainda estavam úmidas, para secar, e aproveitamos aquele glorioso sol matinal na montanha. Não fosse pelo estômago insistentemente nos cobrando trabalho, aqueles teriam sido momentos excepcionalmente agradáveis.

Passado um bom tempo, fui até a borda da montanha, mais ou menos na direção da via que eles faziam, e, com ajuda do eco no vizinho Capacete, me assegurei de que progrediam conforme o esperado. Na verdade, parecia que eles estavam subindo um tanto lentamente para um grupo de alunos do curso de guias, mas não havia nada que pudéssemos fazer para mudar essa situação. E menos ainda para evitar o que nos demos conta logo a seguir. Com rapidez surpreendente, uma vez mais o tempo começou a fechar, e ficou de um cinza tão escuro e intimidante que não parecia real, e sim uma pintura deliberadamente exagerada.

Mas a verdadeira tormenta era bem real, e por volta de uma da tarde começou a chover forte novamente. A essa altura, eu imaginava que nossos amigos já estivessem chegando ao cume, e fui novamente à borda do precipício para tentar me comunicar com eles. Consegui contato, mas, para meu desapontamento, a voz deles parecia estar mais distante do que antes. Provavelmente estavam descendo devido à chuva ou a algum outro problema do qual não suspeitávamos. Perdemos a nossa chance de descer pela *Face Leste*, pois debaixo de chuva isso seria bem perigoso, e continuávamos sem saber o ponto certo de descida na *Sylvio Mendes*! Voltei até onde a Lúcia estava, relatei o que sucedera, nos entreolhamos com gravidade e eu sintetizei em uma única palavra a nossa situação:

— *Fudeu!*

A chuva ficou mais forte, e após gritarmos claramente por socorro, corremos para debaixo de outros blocos que ofereciam um pouco mais de proteção do que aqueles onde tínhamos passado a noite. Aí consideramos a nossa posição. Estávamos sozinhos no topo de uma montanha gigante na zona rural do interior do estado, debaixo de um aguaceiro de verão, sem saber por onde era a descida mais fácil e, naquelas condições, sem ter como voltar por onde havíamos subido. Já eram cerca de três da tarde, nossa última refeição havia sido o café da manhã da véspera, estávamos bem cansados pelo esforço físico feito até então, assim como pela falta de sono, e passamos boa parte do tempo, desde a tarde anterior, molhados e tiritando de frio. A equipe de resgate que iria nos salvar teve que retornar no meio do caminho, e os telefones celulares só seriam inventados meia década depois. Os prognósticos não eram animadores.

Mesmo assim, mantivemos uma calma surpreendente, e a nossa única chance pareceu ser esperar pela manhã seguinte e aí descer pela *Face Leste* quando, e se, a parede estivesse seca. Seria tudo bem mais difícil devido à exaustão, mas teoricamente possível. Antes, porém, precisávamos sobreviver a uma segunda noite, e, quando a chuva deu uma trégua, passamos a catar pedras e galhos de bambu para vedar as frestas entre os grandes blocos rochosos sob os quais estávamos entocados, para deter a chuva e também o vento cortante que aumentava drasticamente a sensação de congelamento que nos afligia. Carregar as pedras naquelas condições de debilidade física me fazia lembrar aquelas imagens de escravos trabalhando até a morte em minas ao ar livre, apenas com o açoite dos feitores substituído pelas chicotadas do vento serrano gelado. Para almoço, uma pitada de sal cada um, a única coisa parecida com comida que ainda possuíamos, descoberta após novo assalto ao estojo de primeiros socorros.

O encontro

Antes que o trabalho estivesse completo, uma pancada de chuva fortíssima nos fez voltar para dentro da toca, como caranguejos bernardos-eremitas que se recolhem às suas conchas quando assustados. Estávamos acocorados, discutindo que pontos de nossa obra de engenharia precisavam ser melhorados, uma vez que a água ainda minava por todos os lados, quando julgamos ter ouvido uma voz próxima. Olhamos um para o outro e não acreditamos que isso fosse possível. Sei que pessoas submetidas a condições extremas sofrem alucinações, mas parecia ainda não havermos chegado a esse ponto, ainda mais pela sincronicidade com que ouvimos o som fantasmagórico.

— André, Lúcia, onde vocês estão?

Agora não havia mais dúvida. Alguém no cume chamava por nós! Inacreditável!

Saltamos para fora dos blocos e vimos a uns 15 metros de distância, em meio à chuva e à neblina, com a corda ainda presa à sua cadeirinha, nosso amigo Tony Adler, que gritava por nós. Mais atrás e abaixo, Fábio da Silveira, o Fábio Preto, também nos esperava debaixo do aguaceiro. Corremos até eles e nos abraçamos, emocionados. Perguntamos quem mais estava com eles, e fomos informados de que apenas o irmão do Fábio, Marcos "Espiroqueta", nos aguardava, em um ponto bem mais abaixo. Ficamos muito felizes e reconhecidos pelo esforço que nossos amigos haviam feito para nos resgatar, mas decididamente não eram eles que nós esperávamos ver ali. Apesar de serem todos experientes, sua forma física e técnica estava muito aquém dos alunos do curso de guias, para quem um resgate como esse, não envolvendo feridos, proporcionaria uma interessante experiência prática.

— Mas, Tony, onde estão as pessoas do curso de guia?

— Poooorra, deixa isso pra lá! — respondeu ele, de forma característica.

Não fiz mais perguntas naquele momento, e descemos atrás dos dois para nos encontrarmos com o Marcos, que estava preso a um grampo no final de uma grande fenda conhecida como *Chaminé da Fome*. Logo, dois enigmas foram elucidados. A voz deles pareceu mais longe na segunda vez em que tentei me comunicar porque, naquele momento, deviam estar sob algum ressalto na rocha que abafou o som, não porque estivessem descendo. Se eu tivesse tentado contato pela terceira vez, provavelmente ficaria aliviado ao perceber que continuavam subindo, ainda que bem lentamente.

Mais desconcertante foi perceber que, na véspera, eu havia descido pela canaleta certa logo em minha primeira tentativa! O que me fez pensar que estivesse no lugar errado foi ter descido os 40 metros de nossa corda, até ela esticar, e ainda assim não encontrar o grampo de descida. Só que ele estava poucos metros mais abaixo, oculto por um tetinho. Tivesse confiado mais no meu faro e descido mais um pouco, nada daquilo teria acontecido. É como o famoso "efeito borboleta", da Teoria do Caos: uma pequena diferença nas condições iniciais pode provocar consequências desproporcionais mais adiante! Naquele segundo dia pela manhã, voltei a descer pela canaleta certa, mas novamente achei estranho que não estivesse vendo o grampo e, uma vez mais, assumi estar errado. Seja como for, agora tínhamos que nos concentrar na descida, para sair dali o mais rápido possível.

Logo nos reunimos ao Marcos e, após nova troca emocionada de abraços, paramos para comer algo. Eles haviam levado sanduíches para a gente, que devoramos rapidamente junto com mais alguns beliscos. Ficamos sabendo então como havia sido épica a escalada deles para nos ajudar. Quem guiou tudo foi o Fábio. Apesar de ser excepcionalmente forte (nessa época ele conseguia fazer cinco barras com um braço apenas), ele estava havia um ano sem escalar e, portanto, se desgastou muito para compensar a técnica enferrujada, e mais ainda quando começou a chover, pois tudo ficou obviamente mais difícil, extenuante e perigoso. Marcos e Tony subiram atrás com o auxílio da corda, mas não sendo escaladores muito técnicos, e também devido ao agravante da chuva, o resultado foi que se cansaram em demasia.

Foi então nesse momento de relaxamento, entre uma dentada e outra nos sanduíches, que todo o esforço feito por eles ao longo do dia se fez sentir, e o Fábio praticamente apagou. Não no sentido de desmaiar, mas no de ficar completamente apático e sem ação, como um zumbi, incapaz de fazer o que quer que fosse por conta própria. Tony também estava com sua capacidade operacional bastante reduzida, embora, ao menos, conseguisse dar conta de si próprio. Por mais surpreendente que possa parecer, depois do lanche, quem estava em melhores condições éramos eu e Lúcia.

A longa descida teve então início. Já era bem tarde. A chuva havia parado, mas tudo ao nosso redor estava molhado, e a água ainda pingava de todos os lados. Nós próprios estávamos encharcados. Com o benefício de agora termos duas cordas emendadas, o que significava rapéis mais longos e eficientes, adotamos o seguinte procedimento, que se repetiu até o final da descida: eu e

Marcos montávamos as cordas e descíamos na frente, abrindo o rapel, seguidos pelo Tony, que cuidava de si e nada mais. Por último vinham a Lúcia e o Fábio descendo lado a lado, um em cada corda. Além de armar o freio dele e verificar se estava tudo em ordem, ela ainda o orientava onde colocar os pés a cada passada e o que mais precisasse ser feito.

A segunda noite

Isso tudo, obviamente, era muito demorado, e logo anoiteceu, o que dificultou tremendamente todos os procedimentos. Para piorar, por volta das onze, a corda prendeu em uma parede pouco inclinada com muita vegetação e um cabo de aço, o que me obrigou a subir para soltá-la, uma provação extra naquela via--crúcis. À meia-noite, chegamos a um bom platô a apenas uma enfiada de corda do chão, mas não conseguíamos de jeito nenhum encontrar o grampo para armar a última descida. Poucas lanternas ainda funcionavam. Estávamos todos tão cansados que, mais de uma vez, dois de nós trombaram e caíram no chão, sentados. A sensação de desânimo era esmagadora. Alguém então sugeriu que parássemos ali mesmo para passar a noite. Protestei, alegando que estávamos tão perto que valia a pena insistir mais um pouco, mas fui voto vencido e tive que me resignar ao que sabia que nos aguardava nas horas que faltavam até o amanhecer. Já não estava achando mais nenhuma graça na aventura.

Se ao menos alguém tivesse ido à noite até a base com uma lanterna, poderia nos apontar onde se encontrava o grampo de descida e teríamos sido poupados desse segundo bivaque forçado. Mas ninguém apareceu.

Completamente esgotados, nos sentamos todos juntos e enfileirados, menos o Tony, que ficou atravessado atrás de todos e servia como isolamento da pedra fria e úmida às nossas costas, ao mesmo tempo em que nós também lhe transmitíamos um pouco de calor. Era uma espécie de encosto de sofá, mas que às vezes se mexia e gemia. Foi uma noite miserável. Ainda estávamos todos molhados, e, quando o corpo esfriou, o vento tornou o frio insuportável, já que agora estávamos expostos a ele e ao sereno, e não mais protegidos por grandes pedras como no cume. Uma estratégia que eu já conhecia, e recomendei a todos, é que não combatessem a tremedeira e a deixassem tomar conta do corpo. Apesar do aspecto convulsivo do procedimento, ele era eficiente em gerar algum calor, permitindo que os ponteiros dos relógios dessem mais algumas preciosas voltas em direção ao raiar do dia.

Terminamos com o pouquinho de comida que sobrara e passamos a noite inteira em claro, sem conseguir pregar o olho um minuto sequer. Todos, menos o Fábio, que continuava quieto, praguejavam contra o frio e o desconforto de quando em quando, e a certeza de estarmos tão perto do chão era ao mesmo tempo um alento e um desespero. Aquele platô era a nossa gaiola, cuja porta só se abriria, como por encantamento, quando o sol nascesse.

Também conversamos bastante para passar o tempo, e só então soubemos o que acontecera com os integrantes do curso de guias do clube. Eles haviam saído do acampamento junto com nossos três amigos, mas deixaram que estes seguissem para cima sozinhos, mesmo sabendo de suas deficiências. Isso porque um dos instrutores, o mais velho, teve uma ideia "brilhante" para tornar o exercício mais completo: em vez de subir logo o Pico Maior, eles subiriam antes o Capacete, um dos colossos graníticos ao seu lado, por uma via de cerca de 400 metros de extensão, para depois descer por outra escalada mais curta e só então subir a *Sylvio Mendes*. Essa proposta insana não foi contestada por nenhum dos outros três. O fato de que estávamos lá desde a véspera, depois de termos pegado um temporal violento, não parece ter sido incluído nos cálculos. Assim como também não foi considerado que já estávamos rapelando pela *Face Leste* quando nos falamos de manhã cedo, e só retornamos ao cume porque *eles* nos pediram para fazer isso.

Desnecessário dizer que a chuva também os pegou no meio da parede, obrigando o grupo a retornar ao acampamento — felizmente sem maiores problemas porque a descida, apesar de longa, era mais ou menos trivial.

O dia clareou lentamente, mas era ao menos um belo dia. Com luz, encontramos com facilidade o grampo e fizemos sem dificuldade o rapel final de volta ao chão. Guardamos os equipamentos nas mochilas e começamos a descer a trilha íngreme que nos levaria de volta às nossas barracas. Ironicamente, comentei que provavelmente agora encontraríamos os intrépidos aprendizes de guia e seus instrutores a caminho, equipados para mostrar serviço.

Mas eu estava enganado. Não encontramos ninguém na trilha, pois estavam todos ainda acordando preguiçosamente, esticando os músculos fora de suas barracas sob os primeiros raios de sol de uma manhã magnífica. Pusemos os pés de volta no perímetro do acampamento exatas 50 horas depois de termos partido de lá para escalar a nossa via.

Estávamos chocados com o comportamento dos colegas, mas havíamos combinado não falar nada a respeito. Comer e dormir eram as prioridades naquele momento. Mas quando um dos instrutores, o mais novo, que era particularmente próximo a mim antes desse episódio, saiu bocejando de seu saco de dormir e me perguntou, "Que tal a *Face Leste* em dois dias, André?", respondi asperamente: "Dois dias não, três", e começamos uma tremenda discussão ali mesmo. O escalador ainda alegou que não poderia ter nos ajudado, mesmo que quisesse, porque o seu joelho estava ruim — embora, curiosamente, não o tivesse impedido de ir ao Capacete na véspera e nem de escalar a própria *Face Leste* no dia seguinte. Mas a cereja do bolo foi o seguinte comentário, também de sua autoria: "Isso tudo não passa de estrelismo de vocês, que se meteram em uma confusão e queriam que todos fossem estar lá com vocês, sem poder aproveitar a excursão!"

Havia diversas outras pessoas em volta que não tinham condições de ter ajudado em nada, mas, tendo demonstrado sua genuína preocupação conosco, agora assistiam atônitas ao inusitado bate-boca. Uma amiga nos abordou chorando, dizendo que queria ter ido com o marido na véspera à noite até a base, ao menos para tentar colher alguma informação sobre nossa situação, mas alguém a teria desencorajado. Quem fora, nem ela disse, nem nós perguntamos.

O instrutor mais velho foi o último a se apresentar para o sol e, em uma notável manifestação de descolamento da realidade, como se tivesse aterrissado naquele instante vindo de uma galáxia distante, nos tratou como se nada excepcional houvesse acontecido nos últimos dois dias, e tivéssemos apenas ido à padaria da esquina comprar pão. Um dos alunos, justiça seja feita, depois que tomamos um rápido banho (sim, ainda encontramos forças para tomar um banho gelado no riacho ao lado, de tão imundos que estávamos), nos chamou em um canto e disse:

— Só agora eu me dei conta de que fizemos tudo errado. Vocês podiam ter morrido lá. A gente nunca deveria ter ido para o Capacete e deixado os outros três irem sozinhos para ajudá-los. Desculpem-me! — E nós o desculpamos.

Eu e Lúcia, então, comemos alguma coisa e fomos dormir. Dormimos cinco ou seis horas, acordamos, comemos mais e voltamos a dormir. Acordamos de novo depois de algumas horas, comemos mais ainda e dormimos de novo. E assim foi até o dia seguinte, quando fizemos um passeio até o vizinho Vale dos Frades com dois amigos. No caminho, encontramos com o Marcos Espiroqueta e outro amigo, e fomos todos tomar banho de rio, aproveitando a linda manhã. No outro dia, subimos uma pequena montanha nas imediações, chamada Morro

[CAPÍTULO 1]

Irmão Maior do Leblon visto do Vidigal, com a escalada marcada. O círculo vermelho marca o ponto de onde Paulo caiu. *Diagrama de Rodolfo Campos sobre foto de André Ilha*

Capítulo 2
O autor (c), orgulhoso após a sua primeira escalada no
Pão de Açúcar em 1974, aos 15 anos de idade. *Foto: Luiz Cordeiro*

Capítulo 2
As Três Marias, no Parque Nacional da Serra dos Órgãos. *Foto: André Ilha*

CAPÍTULO 3
O Dedo de Deus (e), com os Dedinhos à sua direita e a Pedra do Escalavrado ao fundo.
A *Chaminé dos Três Porquinhos* seria a óbvia fissura em diagonal para a direita,
com alguma vegetação, no Terceiro Dedinho (d). *Foto: André Ilha*

CAPÍTULO 4
A Pedra da Caveira, também conhecida como Pedra do Andaraí Maior,
no Parque Nacional da Tijuca. *Foto: André Ilha*

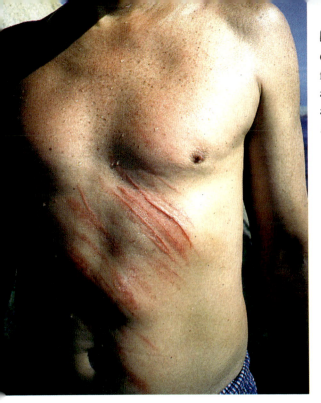

Capítulo 6
O estrago feito pelos mariscos foi considerável e, não tendo achado os seus óculos, só restou ao autor guiar a via sem eles.
Foto: Bertrand Semelet

Capítulo 7
Face leste do Pão de Açúcar, vista da Baía de Guanabara. *Iemanjá* segue uma linha sinuosa mais ou menos no meio da parede, e a mochila caiu de um ponto logo abaixo do grande platô de vegetação próximo ao topo.
Foto: André Ilha

Capítulo 8
Parte da equipe que procedeu ao resgate no Abismo do Juvenal, em 1982. O autor está no centro da foto, à direita do espeleólogo, de macacão vermelho. A vítima já havia ido para o alojamento, descansar. *Foto: João Allievi*

Capítulo 9

Os *Ácidos* se tornaram um importante destino para a escalada esportiva, recém-introduzida no país no início dos anos 80. À esquerda, Ralf Côrtes "descansa" antes do movimento mais difícil do *Ácido Nítrico*. À direita, Sérgio Tartari repete o *Ácido Benzoico*. *Fotos: André Ilha*

Capítulo 9
A Fissura *Nada a Ver* é formada pelo encontro dos grandes blocos visíveis na foto. À sua esquerda está a *Parede dos Ácidos*. O encontro com os turistas suíços se deu mais ou menos onde estão, hoje, as colunas de sustentação. Foto: André Ilha

Capítulo 12
Morro do Cantagalo, em Niterói. A Chaminé *Campello* é a grande fenda que leva ao ponto mais alto da montanha.
Foto: André Ilha

Capítulo 10
A Agulhinha do Inhangá, em Copacabana.
Foto: André Ilha

Capítulo 11

Os Três Picos de Friburgo. A *Face Leste* do Pico Maior segue uma linha no meio da parede, entre as duas grandes fendas verticais escuras. *Foto: André Ilha*

Capítulo 18
O autor e Alexandre "Sassá" Lorenzetto na árdua tarefa de trocar os antigos grampos de aço inoxidável de todas as suas vias em Barra de Guaratiba por outros de titânio.
Foto: Galiana Lindoso

Capítulo 19
Felipe Lesama, nosso guia local, e sua *guayare* com equipamentos para oito dias.
Foto: André Ilha

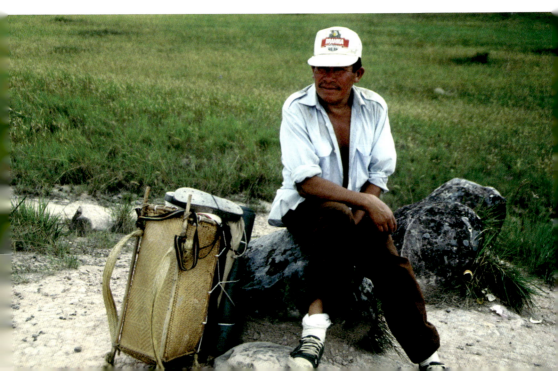

Capítulo 16
Ed Drummond e Tess Burrows com a "Bandeira das Bandeiras" na chegada ao topo do Pão de Açúcar, após 13 dias de escalada pela face oeste da montanha. *Foto: André Ilha*

Capítulo 18
Dia movimentado nas Paredes de Cima da Falésia dos Orixás, em Barra de Guaratiba. Gustavo Varella caiu do topo da face mais à esquerda e ao fundo. *Foto: André Ilha*

CAPÍTULO 19
O Monte Roraima. A trilha segue a óbvia rampa com vegetação em diagonal para a esquerda. *Foto: André Ilha*

CAPÍTULO 20
O autor descendo sozinho no Escorrega do Ribeirão do Meio em Lençóis, Chapada Diamantina, pouco antes de quebrar o nariz de sua amiga alemã. *Foto: coleção André Ilha*

CAPÍTULO 22
Christian "Tita" Steinhauser na via *Por Um Triz*, Ilha Pontuda, no dia em que ela foi concluída. *Foto: André Ilha*

CAPÍTULO 24
O autor, depois de ser atacado por um enxame de enxus. O inchaço estava muito pior, pois a foto foi tirada bem depois do ataque. *Foto: Kate Benedict*

CAPÍTULO 25
Face norte da Pedra Grande de Jacarepaguá. *Deus e o Diabo na Terra do Sol* segue uma linha bem no meio da parede. *Foto: André Ilha*

CAPÍTULO 25
O Morro da Catacumba, mais conhecido entre os escaladores como "Platô da Lagoa". *Foto: André Ilha*

do Gato, pela caminhada, então bem fechada, acompanhados pelo Zezé, um dos filhos do dono daquelas terras, e pelo seu cachorro Bruck.

No dia seguinte, quinta-feira, estávamos de novo só eu e Lúcia em Salinas, pois todos os demais haviam voltado ao Rio na véspera devido a compromissos de trabalho. Já mais recuperados, tentamos escalar uma agulha grudada ao Pico Maior, à esquerda da *Face Leste*, chamada Pontão do Sol. Mas o excesso de mato no final e a chuva fina que começou a cair quando já estávamos bem alto nos fez desistir e descer, desta vez sem qualquer incidente, e no dia seguinte, como o mau tempo persistisse, foi a nossa vez de voltar para casa.

O Carnaval havia chegado ao fim.

Epílogo

Os acontecimentos daquele feriado tiveram desdobramentos. No clube, uma espécie de sindicância concluiu pelo óbvio: que aquela instrução do curso de guias não havia adotado os procedimentos mais adequados às circunstâncias, e logo após o outro aluno me procurou para pedir, de forma que me pareceu bastante sincera, suas desculpas. Um pouco mais tarde, o instrutor mais novo, aquele que até então eu considerava como um bom amigo, mas que havia proferido as maiores barbaridades, também me procurou para apresentar suas escusas pelo ocorrido, porém de maneira nitidamente artificial:

— André, eu acho que te devo desculpas lá pelo Pico Maior. Era evidente o seu desagrado em se sentir forçado a cumprir tal formalidade.

O instrutor mais velho nunca tocou no assunto. Estava claro que, para ele, nada digno de nota havia mesmo acontecido. Aquela havia sido apenas uma excursão rotineira como outra qualquer. Seu mundo particular não apresentara pontos de contato com o mundo cotidiano das demais pessoas naqueles dias, portanto não havia mesmo como esperar nada dele.

Para Lúcia, nenhum dos outros três dirigiu uma palavra a respeito.

Do lado positivo, saímos de lá também com o exemplo de desprendimento e companheirismo dado pelos três amigos que possivelmente salvaram as nossas vidas, honrando uma tradição mais que centenária do montanhismo. Nem tudo estava perdido.

ENCONTRO MACABRO

Em 1957, um grupo de escaladores do CERJ, clube que abrigava a elite da escalada naquela época, subiu uma óbvia fenda no Morro do Cantagalo, em Niterói, à qual deram o nome de *Chaminé Campello*. Esse morro fica dentro de uma antiga área protegida daquela cidade, chamada Reserva Ecológica Darcy Ribeiro, hoje incorporada ao Parque Estadual da Serra da Tiririca.

Sempre interessado em novidades, em novembro de 1986, resolvi conhecer essa antiga escalada que caíra em um esquecimento quase completo havia muitos e muitos anos. Para me acompanhar, convidei Lúcia Duarte, já que tudo indicava que seria uma excursão relativamente breve e agradável. A caminhada, pelo que apurei, era curta e bem aberta; podia-se ver claramente a distância que a via não era grande; e chaminés costumam proporcionar um avanço relativamente rápido. Além disso, sendo uma rota aberta nos anos 1950, não deveria haver nada que alguém 30 anos mais tarde, munido de equipamentos modernos, não pudesse fazer sem grande dificuldade.

Eu não conhecia ninguém que houvesse repetido a via depois de sua conquista, mas consegui com amigos uma dica sobre como chegar à base: bastava seguir pela rua à esquerda do cemitério Parque da Colina, e em uns vinte minutos estaríamos lá. Perfeito!

Já era quase verão, o dia estava límpido, portanto era certo que faria muito calor, mas e daí? Uma caminhada curta, seguida de uma via igualmente curta na sombra (dentro da chaminé, o sol não alcança), um tempinho desfrutando o cume, que decerto nos ofereceria uma vista belíssima, e rapidamente estaríamos de volta ao carro. Quem sabe até daria para pegar uma praia ou uma cachoeira depois.

Achamos com facilidade a rua ao lado do cemitério, mas, ao chegarmos ao final da necrópole, distraídos, não percebemos que a trilha começava exatamente ali e seguia em frente, mais ou menos no mesmo sentido que vínhamos seguindo. Em vez disso, viramos à direita junto com a ruela, que agora acompanhava o cemitério por cima. Grave erro...

Ao chegar ao extremo oposto do Parque da Colina, nossa estradinha fez uma curva ascendente para a esquerda, o que nos pareceu muito apropriado, pois era mesmo essa a direção geral que deveríamos seguir para chegar ao nosso objetivo. Mas, à medida que avançávamos, começamos a sentir um cheiro ruim meio indefinido no ar. Era o fedor de alguma coisa podre, mas ao mesmo tempo havia um inconfundível cheiro de queimado. O que seria?

Continuamos andando, e a fedentina aumentava a cada passo. A algumas dezenas de metros, uma retroescavadeira, sem ninguém por perto, estava estacionada ao lado de montes de terra revolvida e pedaços de madeira, uma cena em princípio bastante corriqueira, ou assim parecia. Mas, quando chegamos mais perto da máquina, o cheiro tornou-se verdadeiramente pestilento; não restavam dúvidas de que havia um bicho em decomposição por perto, embora o cheiro igualmente forte de queimado fosse intrigante. De repente, com incontido horror, percebemos que as madeiras que havíamos visto a distância não eram tábuas comuns, mas tampas e ripas de caixões, e quase simultaneamente vimos uma plaquinha de madeira pregada em um arbusto que esclareceu tudo:

"ÁREA RESERVADA PARA INDIGENTES"

Era isso! Contrataram uma retroescavadeira para aplainar o terreno, provavelmente com vistas a uma expansão da área "nobre" do cemitério, e ela atingiu em cheio os caixões com os corpos de indigentes em variados estágios de decomposição. Para resolver esse inconveniente, jogaram algum combustível em cima do "material", provavelmente gasolina ou querosene, e puseram fogo. Só que o serviço não ficou bem-feito, pois as chamas consumiram apenas parcialmente o conteúdo macabro, e tudo foi largado do jeito que estava, apodrecendo ao ar livre, parecendo esperar a retomada do expediente na segunda-feira!

Não sem razão, Lúcia quis voltar dali mesmo, correndo. Mas tive a infeliz ideia de propor que corrêssemos, sim, só que para a frente, de forma a escapar rapidamente daquele cenário de filme do Zé do Caixão e retomar a trilha mais adiante, de forma a não perdermos o dia de escalada. Depois desceríamos por outro lado qualquer, pois uma montanha daquele tamanho não deveria contar com uma só via de acesso.

"Afinal", disse eu, "a caminhada é curta, e logo, logo esqueceremos tudo isto quando começarmos a escalar." Lamentavelmente, ela concordou.

Pouco adiante da retroescavadeira, a estradinha acabava, e de fato havia ali uma trilha incipiente, o que me fez precocemente concluir: "Viu como eu estava certo?"

Não estava. A trilha desapareceu em um piscar de olhos, substituída por um matagal infernal, repleto de espinhos e não muito alto, portanto sem nem ao menos oferecer proteção contra o sol. Ela então começou a protestar com veemência contra aquela situação, dizendo que eu havia nos metido em um beco sem saída, mas neguei com igual empenho e, para provar, entrei decidido no matagal, apesar de estar de short e não ter um facão de mato comigo. "A trilha deve continuar ali adiante", declarei com otimismo. "Deve ser só um trechinho ruim."

Não era. Era toda uma encosta do morro recoberta por plantas espinhentas e cortantes entrelaçadas, que varei lenta e dolorosamente debaixo de um sol de rachar, com uma mochila pesada às costas e com a Lúcia me maldizendo a intervalos regulares. Eles lá embaixo podiam estar mortos, mas era eu que me encontrava no inferno!

Chegamos, por fim, não à base da via, mas ao seu final, quase no topo do morro. Minhas pernas estavam em frangalhos, os braços um pouco menos. Como havíamos errado o acesso, resolvemos descer de rapel pela *Chaminé Campello* à procura do caminho certo, só que no sentido inverso. No final da descida, constatamos que, de qualquer forma, não teríamos conseguido fazer a escalada naquele dia, pois as proteções iniciais estavam completamente corroídas pela água que escorre quase que ininterruptamente pela grande rachadura na montanha. Grampos novos teriam que ser batidos por quem quisesse repeti-la, e não tínhamos nenhum conosco.

Para compensar um pouco a frustração, descobri à direita da chaminé um belo sistema de fendas, oposições em sua maior parte, de uns 50 metros de altura, e resolvi tentar escalá-lo sozinho, já que não me pareceu muito difícil. Na minha ansiedade, creio não ter levado em conta que depois teria que voltar ao ponto de partida, e quando estávamos no topo não tínhamos visto como isso poderia ser feito. Mas a falta dessa informação não fez diferença, pois um trecho bem mais difícil do que o esperado, na segunda metade da escalada, me fez desistir e desfazer os movimentos com máxima cautela de volta ao chão, mais abatido ainda do que antes. Dali, uma caminhada de fato muito curta, aberta e aprazível nos levou de volta à estradinha ao lado do Parque da Colina, e aí, claro, nos perguntamos: "Como pudemos não ver esta entrada?!"

Dias depois retornei ao Morro do Cantagalo pelo caminho correto para, devidamente equipado com peças móveis, conquistar o sistema de fendas que havia tentado naquele fatídico dia, que batizei de *Vozes do Além*. Depois, abri três outras vias à sua direita: *Ritos Macabros*, *Almas Penadas* e *Última Morada*.

Os mortos servindo de inspiração para os vivos.

APUROS EM CACHOEIRAS DE MACACU

Cachoeiras de Macacu é um município pouco conhecido dos cariocas, que em geral apenas o atravessam de carro ou de ônibus em direção a Nova Friburgo, destino mais usual. Isso é injusto, pois nele estão situados cerca de dois terços do Parque Estadual dos Três Picos, e o nome da cidade não foi escolhido à toa: lá existem dezenas de cachoeiras belíssimas, a maior parte situada dentro do parque, sendo que algumas nem nome possuem, de tão pouco visitadas. Junto à sede do parque, o maior exemplar de jequitibá-rosa conhecido no estado, com idade estimada de mil anos, é uma atração à parte, pois são necessários, pelo menos, nove adultos de mãos dadas para conseguir abraçá-lo.

Outro monumento natural de Cachoeiras de Macacu é a Pedra do Colégio, uma montanha bem destacada, claramente visível do centro da cidade e muito procurada pelos praticantes de voo livre devido à rampa existente no seu topo. Já a sua grande face frontal possui o que os escaladores chamam de um "lagarto", ou seja, um gigantesco pilar rochoso apoiado na parede, da base ao topo, formando duas grandes fendas largas, uma de cada lado.

A fenda da direita havia sido subida havia pouco tempo por dois amigos, Tonico Magalhães e Ricardo de Moraes, e este estava decidido a subir também a fissura da esquerda, que parecia ser mais difícil. Após duas idas prévias de reconhecimento com outros amigos, Ricardo me convidou para acompanhá-lo na empreitada definitiva, o que aceitei prontamente. A grande fenda era, além disso, a residência de milhares de andorinhões, que, ao sair pela manhã para cuidar dos seus afazeres, e ao retornar no final da tarde para dormir, todos ao mesmo tempo, desempenham um espetáculo natural magnífico.

Menos magnífico, no entanto, como viemos a constatar, era o fato de que os seus excrementos secos revestiam completamente as duas paredes da nossa fenda, formando uma espessa camada de cada lado. Ao encostarmos mesmo que levemente nessas carapaças, se estivessem bem secas, aquilo virava imediatamente uma nuvem de pó sufocante, misturado com milhões de pedacinhos de cascas de besouro trituradas e não digeridas, restos das refeições dos nossos amiguinhos emplumados. Essa nuvem maligna penetrava em nossa garganta, olhos, nariz e ouvidos, e se constituía em um obstáculo adicional formidável.

Mas, na Semana Santa de 1985, quando nos dirigimos para lá pela primeira vez, ainda não sabíamos disso, e era grande a nossa expectativa com a nova escalada, que parecia muito desafiadora. Caminhamos até lá com pesadas mochilas cargueiras às costas e acampamos na base da parede, no meio de um bananal. No primeiro dia, só fizemos uma breve inspeção na base para escolher o ponto certo de partida, e fomos tomar banho de rio, pois fazia um calor infernal. No final da tarde, sem qualquer pressa, preparamos nossa comida e fomos dormir cedo para acumular energia para a aventura que começaria no dia seguinte.

Acordamos também muito cedo, e o Ricardo saiu escalando na frente, primeiro por um fácil costão rochoso e, depois, por um curto trecho mais íngreme e molhado. Apesar disso, ele passou sem problemas e atingiu a base da impressionante fissura. Dali, prosseguiu por uma enfiada de corda razoavelmente exigente no aspecto técnico, dificultada mais ainda pela absurda quantidade de terra e mato em seu interior, que o atrapalhou bastante. Ele chegou assim a um platô onde parou para bater um grampo e me levou para lá em seguida. Subi limpando melhor a terra misturada com cocô de andorinhão que entupia a fissura e cheguei imundo à parada. Isso, aliado ao calor abrasador, nos fez dar por encerrada ali aquela investida. Ficamos satisfeitos com o nosso rendimento, e na investida seguinte encararíamos a parte principal da fenda. Talvez até conseguíssemos terminá-la, pensamos.

Tolinhos.

Chegando ao chão, fomos correndo tomar um merecido banho de rio. No dia seguinte, só exploramos algumas outras possibilidades de escalada ali por perto e novamente corremos para o rio, pois o calor seguia incapacitante. Ainda dormimos aquela noite por lá e retornamos ao Rio de Janeiro na manhã seguinte.

Vanessa

Voltamos a Cachoeiras de Macacu apenas em dezembro. Devido a um problema qualquer, descemos do ônibus no centro da cidade por volta do meio-dia, o que nos obrigou a fazer a caminhada de aproximação no auge do calor. Andamos em direção à Pedra do Colégio, vergados sob o peso de mochilas repletas de material de escalada e de camping. O acesso normal era por uma estradinha de terra que acompanhava o Rio Boavista pela direita, que deveríamos abandonar em um certo ponto para pegar uma trilha ascendente também à direita, que nos levaria ao ponto de acampamento no bananal. Mas como a estrada era cheia de subidas e descidas, optamos por caminhar por uma paralela, bem mais plana, que acompanha o rio pela esquerda. Depois era só atravessar o curso-d'água bem em frente ao início da trilha, o que não ofereceria problema algum, pois ele, apesar de bem largo, é raso e tranquilo.

As duas estradas estavam desertas. Ninguém, obviamente, parecia disposto a enfrentar o sol naquela hora, só nós. Ao chegarmos ao ponto em que deveríamos cruzar o rio, ensopados de suor, uma grande árvore bem localizada proporcionava uma sombra generosa, e resolvemos parar ali, sob sua copa, para descansar e almoçar. Tiramos os sapatos, sentamos na margem com os pés dentro d'água para esfriar as solas, que haviam sofrido no chão em brasa, saquei da mochila uma panela de tabule que eu mesmo havia preparado e dividi o seu conteúdo em dois. Começamos a comer sem pressa alguma, pois não escalaríamos naquele dia. Havia tempo de sobra para montar o acampamento e ainda dar um mergulho no final da tarde. Sem ninguém à vista, com o rio correndo preguiçoso à nossa frente, desfrutamos com gosto a tranquilidade daquela cena rural.

Do outro lado do rio havia um barranco alto e íngreme, e em cima dele um grande platô plano muito usado por campistas, conforme já sabíamos. Às vezes chegava a haver dezenas de barracas montadas, mas naquele dia ninguém estava por lá, aparentemente. Aparentemente.

De repente, do nada, vimos uma cena que me recordou muito aqueles antigos filmes de faroeste em que os colonos estão seguindo em direção ao Velho Oeste em comboio nos seus carroções, levando consigo família e pertences em busca de uma nova existência na Terra Prometida e, subitamente, das colinas ao redor, surgem índios ferozes que descem em direção a eles em grande velocidade, para atacá-los. A notável diferença era que desta vez, em vez de índios, quem descia a encosta em direção aos forasteiros era um grande grupo de rapazes alegres, muito alegres. Uns dez, mais ou menos, todos bem jovens, que vieram correndo, saltitantes, soltando gritinhos e rindo muito em perseguição uns aos outros. A maioria estava apenas com a parte de baixo de minúsculos biquínis do tipo fio dental. Um estava completamente nu e outro trajava um lenço imenso que, além das suas partes íntimas, escondia também, graças a um complicado arranjo, os peitos salientes.

—O que é isso?!—comentamos entre nós, boquiabertos. Interrompemos até a nossa refeição para melhor acompanhar o desenrolar dos acontecimentos.

Assim que chegou ao Rio Boavista, a bicharada se atirou com gosto à água e ficou se esbaldando na corrente refrescante. A principal diversão parecia ser puxarem os biquínis uns dos outros, além de ficarem se agarrando, porém nada muito explícito. Algumas bichas (era assim que elas se tratavam entre si) procuravam trechos mais fundos para mergulhar, mas logo se juntavam de volta às amigas para mais brincadeiras. Apesar de obviamente nos terem visto ali sentados, com pratos ao colo e talheres às mãos, agiam com absoluta naturalidade, como se não estivéssemos lá, o que tornava ainda mais admiráveis as cenas a que assistíamos.

Lá pelas tantas começamos a nos acostumar com a situação e retomamos o almoço, que havia sido interrompido de forma tão inusitada. Mas, então, um jovem negro muito magro se destacou do grupo, se aproximou de nós e ficou se lavando com afetada displicência, lançando olhares furtivos ocasionais em nossa direção.

E agora, o que mais aconteceria? A resposta não tardou, e veio em voz alta.

—Vanessa, Vanessa! Roubaram a corda do bofe!

Os gritos vinham de outra bicha, de pé no alto do barranco do outro lado do rio, que gritava a plenos pulmões com as mãos em concha ao lado da boca para se fazer ouvir melhor. Só que suas amigas estavam tão entretidas em seus folguedos que os únicos que ouviram esse alerta inicial fomos eu e Ricardo. Mas ela tomou fôlego e gritou ainda mais alto:

—Vanessa, Vanessa! Sumiu a corda do bofe! Roubaram a corda do bofe!

Desta vez deu certo, e como se alguém tivesse apertado a tecla *pause* de um vídeo em andamento, todas congelaram em seus lugares por dois ou três segundos, se entreolharam, e então a tecla *play* foi acionada e elas começaram a gritar histericamente:

— Meu Deus, a corda do bofe! Sumiu a corda do bofe! Que horror! Vamos procurar! — Eram muitas vozes falando ao mesmo tempo.

E, da mesma forma como tinham descido o barranco, subiram-no de volta em grande velocidade, trocando exclamações de preocupação e evidente pesar pelo ocorrido. E então, como em um passe de mágica, tudo ficou absolutamente sossegado de novo, sem ninguém à vista.

Isso até ele aparecer. O bofe.

O bofe era um cara não muito alto, meio barrigudo, ostentando um vasto bigode negro e vestindo apenas um bermudão colorido. Ele desceu em direção ao rio, também vindo do lado oposto, porém de uma direção diferente, e portava um comprido facão de mato em uma das mãos. Entrou no rio devagar e ficou no meio da correnteza, com água até os joelhos, olhando para baixo como se a sua preciosa corda estivesse submersa por ali, mas sem olhar diretamente para nós em um primeiro momento.

Essa era uma situação esquisita, pois é claro que ele só podia estar agindo assim para sondar se não seríamos nós os larápios. E se achasse que sim? "Bem, facão por facão", pensei, "também tenho um na mochila." Mas a ideia de um duelo a facão no meio do Rio Boavista, naquela tarde opressiva de verão, não me entusiasmava nem um pouco.

Depois de um bom tempo daquele fingimento, o bofe olhou em nossa direção e eu me apressei em esticar a mão com o polegar para cima, sem dizer nada, em sinal de paz. Felizmente, ele retornou a saudação, igualmente sem proferir uma palavra. Deve, então, ter se convencido de que nós não éramos suspeitos do furto, e se retirou lentamente da cena, agora, sim, definitivamente vazia. Terminamos o tabule, lavamos os pratos, atravessamos o rio e pouco depois estávamos armando nossa barraca à sombra das bananeiras, ainda digerindo aquela experiência insólita, que acabou tendo um final menos trepidante do que se poderia supor num primeiro momento.

No dia seguinte, devido ao calor, apenas repetimos o trecho conquistado anteriormente, deixando uma grande quantidade de equipamento no ponto mais alto e cordas fixadas na parede para facilitar o acesso. No terceiro dia, subimos pelas cordas cedinho, e eu parti para a conquista da *Bolha*, nome que demos ao que parecia ser o trecho mais difícil da escalada — um alargamento na imensa fenda, seguido de novo estreitamento algumas dezenas de metros acima. Foram 30 metros de fissura contínua, quase sempre difícil e coberta por grossas placas de terra com cocô de andorinhão em toda a sua extensão, o que, além da sujeira na roupa, olhos e garganta, ainda prejudicou sensivelmente a minha progressão, pois não conseguia ver direito onde pisar. Foi uma batalha longa e cansativa, e levei duas quedas próximo ao final, uma delas de uns seis metros, mas a corda me segurou conforme o esperado. A cada queda, voltava à parada anterior para repetir a sequência de forma contínua (em livre). Tudo pelo estilo.

Cheguei assim a um ponto em que havia ainda mais terra do que antes. Isso me fez sair da claustrofóbica fenda, que havia subido até ali com proteção apenas em peças móveis, para bater um grampo. Ocorre que a única talhadeira que tínhamos quebrou nesse momento, o que decretou o fim da investida, e ainda restava o problema da descida. Solucionei-o batendo dois grampinhos de um quarto de polegada lado a lado, insuficientes para proteger um escalador na intimidante parte final da fenda, mas resistentes o bastante para se rapelar neles. Aproveitei o tempo de sobra para fazer uma faxina em regra na parte da *Bolha* que já havíamos subido e nas enfiadas abaixo. Estávamos um pouco decepcionados, claro, mas ainda assim satisfeitos com o grande avanço obtido, sobretudo pela forma audaciosa como enfrentamos as dificuldades.

Inferno no bananal

Voltamos a Cachoeiras de Macacu em janeiro de 1986, e novamente acampamos no mesmo bananal aos pés da Pedra do Colégio, do qual já estávamos ficando íntimos, e confiantes de que seria desta vez que concluiríamos a nossa via, cujo nome já tinha até sido escolhido: *Coração de Cristal*.

No primeiro dia de escalada, fizemos o mesmo da vez anterior: apenas repetimos o trecho já conquistado e estocamos equipamento no ponto mais alto (agora, mais alto ainda), deixando encordada toda a parede. Eu ainda bati um sólido grampo de segurança no lugar dos dois grampinhos precários dos quais rapelara, estabelecendo uma base segura em meio àquela precariedade toda. Na descida, mais uma limpeza na fenda, para deixá-la impecável. Estava tudo preparado para que o dia seguinte viesse a ser o grande dia, aquele em que sairíamos da montanha pelo cume após vencermos a parte final da fenda, depois da *Bolha*.

Acordamos de madrugada para o café da manhã, com o objetivo de empreender a curta caminhada de acesso e, talvez, subir pelas cordas fixas ainda no escuro. Assim disporíamos da maior quantidade possível de luz para enfrentar as dificuldades técnicas e os excrementos na fenda acima. Tínhamos também brocas e grampos de sobra para não sermos forçados a interromper a investida prematuramente, como na vez anterior.

Como de hábito, eu esquentaria a água do café em meu fogareiro de benzina sueco, muito compacto e potente. Ele possui um pequeno tanque blindado de benzina e um duto que o liga à coluna onde fica o queimador.

Para que funcione, é necessário que primeiro se preaqueça a coluna com álcool ou outro combustível qualquer colocado em um pequeno recipiente em sua base, de tal forma que a benzina seja vaporizada e a chama possa então brotar no queimador, forte como a de um maçarico.

Enquanto o Ricardo arrumava a mochila, sentei-me em um tronco de bananeira caído e acendi uma vela para iluminar todo o processo de colocar o fogareiro em funcionamento. Certifiquei-me de que o registro do tanque de benzina estava fechado, coloquei álcool no recipiente apropriado, acendi e, no momento em que a coluna ficou bem quente, abri o registro, mas nada aconteceu. Eu me esquecera de reabastecer o tanque de combustível. Fechei de novo o registro, abri a tampa do tanque, coloquei um funil e comecei a enchê-lo. Mas, de repente, a benzina se inflamou sozinha fazendo um barulho aterrador e, em uma fração de segundo, a chama se estendeu do funil ao pote de vidro onde ela estava guardada e, pior ainda, à minha mão esquerda, que o segurava. O simples calor do preaquecimento havia levado a benzina a entrar em combustão!

Em um gesto reflexo, soltei o pote, mas infelizmente a maior parte do conteúdo caiu no meu pé, e eu então me levantei e saí correndo com a mão e o pé esquerdos pegando fogo literalmente. Em desespero, comecei a bater com ambos na bananeira mais próxima, mas a chama não se apagava. Ricardo então gritou para mim: "Rola no chão! Rola no chão!", e foi o que fiz. Rolei por uns cinco ou seis metros, esfregando bem o pé e a mão na terra para ver se o fogo se apagava. Deu certo para a mão, mas não para o pé. Ele continuava parecendo um archote, e nessa altura as chamas já tinham atingido a calça de lã acrílica que eu estava vestindo. Novamente por puro reflexo, tirei a calça e, com ela, consegui enfim abafar as labaredas no meu pé. Em seguida me deitei de costas na terra fria, em agonia, apenas de cueca e com a calça se consumindo lentamente ao meu lado, como uma pira macabra.

Enquanto isso, o Ricardo lutava para apagar o fogo que ameaçava queimar a nossa barraca com tudo dentro. Mesmo embebida na terra, a benzina ardia com chamas de meio metro de altura ou mais. Usando uma mochila dobrada como abafador, ele conseguiu, a muito custo, extingui-las sem que a barraca fosse danificada. Mas como a vela havia caído no chão e se apagado logo no início do episódio, quando ele finalmente conseguiu acabar com o fogaréu, nos vimos de repente imersos na escuridão total.

Deitado no chão, eu urrava de dor. Só quem já se queimou seriamente faz ideia do que isso significa. Mesmo que todas as dores que eu havia sentido antes na vida retornassem juntas de uma só vez, não seriam páreo para a primeira meia hora no meio daquele bananal. Coloquei o pé um pouco para cima, pousado em outro tronco de bananeira cortado, e maldizia aquele acontecimento infeliz. Aflito para achar a lanterna e avaliar os danos, Ricardo andou de um lado para o outro no escuro, e por duas vezes esbarrou no meu pé, que doía mais do que a mão. Gritei mais alto ainda, mas da segunda vez consegui ânimo para fazer uma piadinha: "Pô, Ricardo, afinal, de que lado você está?", mas ele não achou graça.

Achou, no entanto, a lanterna, e com ela pudemos constatar que o meu pé estava desfigurado. Grandes pedaços de pele haviam sido arrancados, expondo a carne viva por baixo, ornamentada por folhas secas, galhinhos e restos de terra que ali grudaram quando rolei no chão. Onde ainda restava pele, imensas bolhas, de um tamanho que eu nunca vira igual, formavam profundos cânions entre si. Em dois pontos, até a carne havia sido queimada, e eu me perguntava se algum osso também não teria sido atingido. Afinal, o pé ficara ardendo durante muito tempo, bem mais do que a mão. Ele então colocou um cantil com água, alguma comida, dinheiro e documentos em uma mochilinha e me ajudou a ficar de pé para sairmos dali em busca de cuidados médicos.

Começava a amanhecer quando, escorado em seu ombro, nos pusemos a descer a estreita trilha do bananal, que logo ficava mais larga e desembocava na estradinha de terra ao lado do rio. A dor permanecia intensa, mas um pouco menos do que quando eu estava deitado. Ou, talvez, a ansiedade em sair logo daquele ermo para ser atendido por um médico me fizesse ter essa impressão. Andei mancando, com o dia já claro, por algumas centenas de metros, e chegamos então em frente a um grande acampamento — provavelmente o mesmo local onde estavam acampados o bofe e suas meninas na vez anterior. Ali eu me sentei à beira da estrada deserta enquanto o Ricardo foi pedir para alguém nos dar uma carona de carro até a cidade. Quando, à luz do dia, ainda sentado no mesmo lugar, pude ver em detalhe o estado do meu pé e o comparei com o outro intacto ao seu lado, fiquei arrasado. Menos de uma hora antes eles estavam iguaizinhos. Por que eu fizera aquilo comigo?

Encontrar alguém disposto a nos levar ao centro da cidade não foi tarefa fácil. Aquelas pessoas todas tinham se embebedado madrugada adentro e reagiram com muita irritação quando alguém tentou acordá-las nas primeiras horas da manhã.

— Cala a boca e some daqui, seu filho da puta! — Ricardo ouviu logo de cara.

— Mas eu estou com um ferido que precisa ser levado para o hospital!

— Foda-se, me deixa dormir! Sai daqui porque, senão, eu te dou um tiro!

Diálogos assim se repetiram algumas vezes até que ele conseguiu achar um sujeito mais solidário, ou talvez menos bêbado, que veio em minha direção portando a chave do seu carro. Ele estava até bem-humorado.

— Caramba, a coisa tava quente pro teu lado, hein? — disse, assim que viu meu estado. Não querendo contrariá-lo, concordei com a cabeça e agradeci pela disposição em me ajudar. O agradecimento era mais do que devido, pois, pela cara amarrotada, via-se que a madrugada havia sido movimentada para ele também. Ainda tonto, meu salvador foi dirigindo em leve zigue-zague, mas felizmente devagar, pela estradinha de terra e nos deixou em frente ao pronto-socorro de Cachoeiras de Macacu, desejando-me boa sorte e voltando ao acampamento logo em seguida para retomar o sono.

Sempre apoiado no Ricardo, me dirigi mancando ao pronto-socorro, mas na entrada o vigilante foi logo avisando:

— O médico não veio trabalhar hoje. Só tem um enfermeiro aí!

Por essa eu não esperava. Aquilo me recordou a falta do radiologista no hospital Miguel Couto quase uma década antes, quando meu amigo Paulo Ferreira deu entrada na emergência após ter caído cerca de 70 metros no Irmão Maior do Leblon, no Rio de Janeiro, e foi brindado com notícia semelhante. Mas também me lembrei de que o assistente de radiologia, com boa vontade e com a minha ajuda, acabou dando conta do recado; portanto, fui atrás do enfermeiro. Quando ele chegou, olhou para a minha mão, depois para o meu pé e então, com pungente sinceridade, confessou:

— Eu não sei cuidar disso, não!

As coisas realmente não estavam correndo bem naquele dia.

— E agora, o que faço? — perguntei.

— Bem — prosseguiu ele, também com boa vontade —, o que eu posso fazer é o seguinte: vou cortar essas peles penduradas, limpar o ferimento, protegê-lo, e você desce em seguida para o Rio de Janeiro para procurar um hospital que cuide de queimados.

— OK!

Aquilo foi duro. Menos mal que o enfermeiro não aprofundou muito o seu trabalho, limitando-se a cortar os restos mais evidentes de pele misturados com terra e a remover um colar de pequenos detritos vegetais. Depois, passou um antisséptico vermelho (talvez mercurocromo) e enfaixou as partes atingidas. Feito isso, Ricardo me acompanhou até a rodoviária, onde peguei o primeiro ônibus para o Rio, desacompanhado e descalço, enquanto ele voltava para o acampamento, pois era necessário recolher tudo o que havia ficado por lá. Naquele dia mesmo, ele subiu sozinho pelas cordas fixas e desceu com todo o equipamento de escalada de volta ao acampamento, onde passou a noite. No dia seguinte, voltou a pé até o centro de Cachoeiras de Macacu, carregando não uma, mas duas enormes mochilas cargueiras, em um esforço hercúleo.

O tratamento

Fui recebido na rodoviária pela minha mulher, Lúcia, que me levou direto para o Hospital da Lagoa, uma grande unidade hospitalar na Zona Sul da cidade. Mas, lá, o médico (tinha um!) disse que não havia mais o que ser feito em uma emergência, pois, bem ou mal, o primeiro atendimento já havia sido dado pelo dedicado enfermeiro macacuense. Segundo o médico, eu agora precisava de acompanhamento ambulatorial a partir da manhã seguinte e, para isso, deveria procurar o Hospital do Andaraí, a principal referência da cidade em queimados. "Procure o CTQ" (Centro de Tratamento de Queimados), disse ele, uma sigla que até hoje me causa arrepios.

No dia seguinte, logo cedo, lá estávamos nós, e nos dirigimos imediatamente ao CTQ, que me pareceu um lugar muito estranho: uma sala inteiramente vazia, exceto por uma espécie de banheira elevada de cimento com um enorme ralo e uma mangueira plástica larga acoplada a uma torneira na parede. Em poucos minutos chegou a médica especialista acompanhada por duas residentes, e, após eu receber ordens de subir na banheira, que estava seca, logo me vi objeto de uma detalhada aula prática. Fiquei um pouco orgulhoso com aquilo.

—Vejam, é uma queimadura generalizada de segundo grau, mas aqui no pé há dois pontos mais afetados; portanto, de segundo grau profundo ou talvez mesmo terceiro grau.

Eu ouvia atentamente as suas palavras, com crescente apreensão. Terminada a explanação, ela me olhou e disse:

— Agora nós vamos debridar a pele e limpar melhor o ferimento.

— Debridar? O que é isso? — perguntei.

— É remover as peles mortas, pois elas podem infeccionar, e o maior risco de uma queimadura é a infecção, pois o corpo está sem a proteção da epiderme e, assim, micro-organismos nocivos podem penetrar facilmente.

A forma como isso foi feito me pareceu horripilante, mas não especialmente dolorosa. A doutora enfiava por um buraco qualquer nas grandes bolhas em minha mão uma tesourinha fechada, e, quando a tesoura estava bem no centro da bolha, ela a abria, separando a pele da carne. Em seguida, fechava a tesoura, retirava-a lá de dentro e recortava a bolha como uma criança recorta uma figura de revista para um trabalho escolar. Bem, ao menos no meu tempo de criança, era assim que se fazia. Finalmente, a doutora arrematava o serviço aparando qualquer mínima rebarba de pele morta que tivesse sobrado, deixando ainda mais lamentável o aspecto de minha mão, agora quase toda em carne viva. O processo foi repetido no pé afetado.

Feito isso, a médica olhou séria para mim e disse:

— Seguinte: agora nós vamos limpar esses ferimentos. Você pode gritar, pode chorar, pode falar palavrão, o que for, porque a gente sabe que dói mesmo, certo? Me dê a sua mão de novo.

Apavorado com tanta sinceridade, estendi devagar a mão avermelhada. A primeira etapa da limpeza consistiu em abrir a torneira da mangueira para que um jato forte de água fria banhasse o ferimento, e, quando ele atingiu minha mão, pude constatar que a médica não era dada a exageros. Gritei tanto que ela interrompeu por um instante a lavagem, pegou uma toalha de pano pequena, dobrou-a e me entregou dizendo:

— Morda esta toalha que diminui a dor!

A essa altura, diversas pessoas que passavam pelo corredor colocaram a cabeça para dentro da sala onde eu estava sendo martirizado, com aquela curiosidade mórbida tão típica da nossa espécie. Morder a toalha de fato ajudou, mas só parei de me contorcer na banheira quando ela finalmente fechou a torneira. Mas, antes que pudesse me recobrar, fui informado de que ela agora limparia o ferimento com um produto antisséptico chamado Marcodine, e, quando começou a passá-lo no ferimento, imediatamente implorei pela volta da água. A dor foi tanta que me senti de novo, por alguns instantes, nos primeiros momentos da tragédia no meio daquele bananal escuro.

A etapa final foi um alívio: compressas de gaze com generosas camadas de vaselina cremosa foram colocadas em toda a mão. "É para manter a umidade e isolar a queimadura do exterior", explicou a médica. Aquele friozinho na carne exposta era reconfortante, e significava que, ao menos naquele dia, ali eu não sofreria mais. Mas então ela me pediu o pé, que, por estar em estado bem pior, fez com que o procedimento na mão parecesse um simples treinamento. Eu mordia a toalha furiosamente, como um possesso, e tentava me consolar pensando que em mais dois ou três minutos tudo aquilo estaria acabado. Mas o tempo, zombeteiro, retardava maliciosamente a sua marcha. Terminado enfim tudo aquilo, banhado em suor e me sentindo miserável, voltei manquitolando ao carro, amparado pela Lúcia, e fomos para casa descansar.

Os quinze dias seguintes passei deitado ou sentado com o pé para cima, pois o meu curso forçado de fisiologia me ensinou, com aulas práticas rigorosas, que o que segura a circulação é a pele, que eu já não mais possuía em todo o peito do pé. Até que uma pele nova tivesse se formado, se eu descesse o pé abaixo de uma determinada altura, a pressão no local aumentava instantaneamente e ele ficava arroxeado, parecendo que explodiria como uma granada. Pela mesma razão, eu só me deslocava com um par de muletas alugadas e com o joelho sempre dobrado em ângulo reto para evitar esse efeito desagradável. Ao urinar, as manobras para me equilibrar no pé bom faziam parecer que eu estava praticando slackline.

Como já foi dito, evitar infecções é a principal preocupação no tratamento de queimaduras. Para tanto, tínhamos, eu e outros infelizes na mesma situação, que ir ao hospital dia sim, dia não, para que um médico avaliasse o estado do ferimento e, ao menor sinal de infecção, prescrevesse antibióticos potentes para combatê-la. Só que éramos nós, os pacientes, que tínhamos que retirar o curativo antigo, e por mais vaselina que tivesse sido posta nas compressas, elas sempre grudavam nos ferimentos. Apelidei o comprido tanque com torneiras baixas onde esse procedimento era feito de *Muro das Lamentações*, pois nele se via diversas pessoas simultaneamente gemendo com as suas partes queimadas sob a água para ajudar a descolar as compressas de gaze, algumas empreendendo curiosos contorcionismos, dependendo de onde tivessem se ferido.

Depois, íamos para a fila do médico. Como a recuperação fosse demorada e os nossos dias de consulta coincidissem, criou-se uma sombria camaradagem entre nós, os queimados. Inspecionávamos com interesse as queimaduras uns dos outros e trocávamos comentários tentando antecipar o que diria o médico sobre cada uma. Quase todo mundo havia se queimado com álcool ou água fervente. Havia um cara cujo botijão de gás dera um problema qualquer e a mangueira com uma chama acesa na ponta passou por cima dele, que estava sem camisa, diversas vezes, deixando um curioso padrão de dálmata em todo o tronco, braços e pescoço. Eu, por ser o único a ter se queimado com benzina, um combustível que a maioria das pessoas sequer havia ouvido falar, gozava de certo status, até porque se via claramente como era poderosa a substância que me afetara devido ao estrago feito ao meu pé e à minha mão, bem pior do que o provocado pelo conteúdo de uma chaleira quente, por exemplo. Havia uma menininha bonitinha, de uns três anos talvez, que sempre deixávamos passar na nossa frente, por maior que fosse a nossa própria ansiedade: ela havia posto a boca em uma tomada e torrado o lábio inferior. Era um festival de horrores.

Passada a inspeção do médico, íamos fazer novo curativo em uma sala próxima, e no primeiro dia aproximou-se de mim, com esta finalidade, a enfermeira Carminha, uma negona cheia de autoridade que foi logo me pedindo a mão para limpar. Era necessário esfregar muito bem a queimadura para remover qualquer resquício de tecido morto que pudesse necrosar e, assim, servir de ponto de entrada para germes indesejáveis, mas era muito difícil aceitar sem luta aquela perspectiva.

— Dona Carminha, será que a senhora não poderia esfregar devagarzinho a minha mão, porque está doendo muito? — roguei, com a minha mais convincente expressão de desamparo.

Carminha se virou com as mãos na cintura para a colega que supliciava alguém na maca ao lado da minha e disse:

— Fulana, olha só! Ele está pedindo para eu esfregar devagarzinho! Meu filho, devagar aqui só com os nenezinhos. A gente tem que limpar direito isso aí. Me dê cá a sua mão, vamos!

— Dona Carminha, será que então não dá para me anestesiar? — perguntei, em pânico.

— A anestesia não pega direito aí, só com anestesia geral, e não há como te dar uma anestesia geral de dois em dois dias! Anestesia geral é só pro pessoal lá de cima.

O "pessoal lá de cima", como vim saber, eram os chamados grandes queimados, pessoas que tiveram cinquenta por cento ou mais da área do corpo queimada e que ficavam internados, deitados em colchões de água, permanentemente sedados e monitorados. Alguns tinham queimaduras tão extensas que só esperavam mesmo a morte. Outros nem sentiam muita dor, devido à destruição total das terminações nervosas. Nada é tão ruim que não possa piorar!

Ainda assim, eu tremia ao obedecer ao seu comando, e ela mostrou por que estava ali. Esfregou as minhas carnes expostas com o empenho de uma faxineira que está removendo com sapólio um ponto especialmente encardido na pia. Fui à Lua e voltei diversas vezes, mas, quando chegou a hora do pé, conheci os limites externos do Sistema Solar.

Essa tortura se repetia a cada dois dias, e na véspera não conseguia dormir direito, só de imaginar o que me aguardava. Nos dias em que não precisava ir ao hospital, eu ficava mais manhoso e impedia a Lúcia de me tratar com o mesmo rigor que Carminha. Mas a verdade é que, graças a essa enfermeira implacável e competente, que conhecia muito bem o seu ofício e, deliberadamente, não dava bola para frouxos como eu, que tentavam desviá-la de suas obrigações com súplicas indignas, é que tive uma recuperação perfeita, sem que ficasse uma marca sequer em meu pé e mão, a despeito da gravidade da ocorrência. Deixo aqui registrado o meu profundo reconhecimento ao seu severo profissionalismo!

Por uma feliz coincidência, fazia residência naquela época no CTQ um amigo meu, também escalador, o "César com S" (embora eu escalasse com mais frequência com outro amigo nosso, o "Cézar com Z"), que me tranquilizava quanto à evolução satisfatória de minha queimadura. Aos poucos, os curativos passaram a ser menos dolorosos, e minha volta à normalidade teria sido mais rápida se um probleminha adicional não tivesse conspirado contra isso.

Cerca de quatro anos antes eu havia quebrado o mesmo pé em uma queda em uma escalada na Pedra Hime, em Jacarepaguá, e um dos ossos partidos, o segundo metatarso (metatarsos são aqueles ossos compridos que ligam o calcâneo aos dedos), não se consolidara direito. Quando o médico disse que, para consertá-lo de vez, seria necessária uma operação seguida de meses de inatividade, perguntei se havia alguma alternativa, e ele respondeu: "Bem, muita gente não opera e acaba ficando com o pé assim para o resto da vida, mas em alguns casos isso depois causa um problema maior e a operação é inevitável e pior." Optei por não operar e, de fato, a musculatura em volta desde então segurou bem as duas pontas do osso no lugar. Mas, com os 15 dias de cama devido à queimadura, os músculos ficaram flácidos, e, quando pude enfim abaixar o pé, não conseguia apoiar o peso do corpo nele devido ao osso partido, o que me rendeu quase um mês adicional de muletas. Mas, enfim, tudo se resolveu, e fiquei plenamente recuperado das duas coisas.

Jogando a toalha

Passaram-se mais de seis meses até que, persistentes, voltássemos a Cachoeiras de Macacu para retomar a conquista. Mas, na primeira tentativa, logo que armamos a barraca no bom e velho bananal, começou a chover e não parou mais. A montanha parecia decidida a não se entregar com facilidade. Desta vez, pelo menos, me certifiquei de que o fogareiro estava com o tanque cheio antes de acendê-lo!

Na Semana Santa de 1987 — exatos dois anos depois de termos começado a conquista —, as bananeiras aos pés da Pedra do Colégio nos viam de volta para mais uma investida. No primeiro dia de escalada, voltamos uma vez mais ao último ponto atingido anteriormente para estocar material e deixar encordada a parede. Ficamos muito desanimados ao constatar que as enfiadas já conquistadas estavam novamente repletas de terra e excrementos, apesar de terem sido meticulosamente limpas na investida anterior havia não tanto tempo assim. Mas perseveramos, decididos a retornar no dia seguinte.

Subimos bem cedo pelas cordas fixas, e o Ricardo, uma vez mais, saiu na frente, porém logo se deparou com o mesmo problema de sempre, talvez ainda pior: as duas paredes acima estavam completamente cheias de terra grudada, e a fissura se encontrava obstruída em diversos pontos por uma mistura compacta de terra, excrementos e penas, e, assim, depois de colocar duas peças móveis para proteção mais acima e lutar ferozmente contra aquelas adversidades, ele desistiu e cedeu a vez para mim. Embora tivesse chegado um pouco mais alto, também acabei desistindo. A terra sufocava (apesar das máscaras antipoluição que usávamos, uma exótica novidade no arsenal de um escalador), cegava, entrava na roupa, no nariz, na orelha etc. Além disso, ela escondia as agarras e fazia com que os pés escorregassem com facilidade.

Em vista disso, e considerando que estávamos fartos de tanto desconforto, tomamos uma decisão muito penosa: abandonar de vez a conquista, apesar de já termos dado cinco investidas e subido a maior e mais difícil parte da via, uma linha fantástica quando vista a distância. Demos, nesse dia, um basta ao sofrimento. Não fomos derrotados pela dificuldade técnica, mas pelo desprazer constante de nos arrastarmos para cima no meio daquela imundície.

A descida foi tranquila, e, depois de tomarmos mais um bom banho no Boavista, para limpar o corpo e purgar o espírito, voltamos para o Rio de Janeiro. Reaproveitamos o nome a ela destinado, *Coração de Cristal*, em um espetacular sistema de fendas no Dedo de Deus, em Teresópolis, que abrimos juntos.

Fendas limpinhas, limpinhas.

NOITE DE MACACO

Nossos ancestrais, assim nos ensinam os antropólogos, empreenderam uma lenta transição das árvores para a planície em algum lugar da África há milhões de anos, talvez o primeiro passo da conquista do mundo pelo homem. Pois em um inverno, há um bom tempo, eu fiz o caminho inverso, saindo do chão para passar uma noite lamentável sentado no galho de uma árvore, debaixo de chuva e acima de um abismo vertiginoso, em um ponto remoto do Parque Nacional da Serra dos Órgãos, em Guapimirim. Como foi possível chegar a essa situação?

Consta que o nome "Serra dos Órgãos" deve-se à vaga semelhança das imensas agulhas graníticas daquele maciço com os tubos de um gigantesco órgão, quando vistas da Baía de Guanabara e de outros pontos da cidade do Rio de Janeiro. Ou assim parecia aos invasores portugueses. Seja como for, ali há mesmo montanhas espetaculares, muito próximas umas das outras, formando vales profundos por onde correm rios encachoeirados de água límpida e gelada, que criam a cada curva uma paisagem mais bonita do que a outra. Para mim, esse é de longe o mais belo maciço rochoso do país, e já tive a oportunidade de subir boa parte de suas montanhas, inclusive algumas das mais ermas como o Cavalo Branco e o Nariz da Freira.

Nunca escalei, no entanto, a Coroa do Frade, um pico de grandes dimensões cercado por imensos paredões rochosos por um lado, enquanto, do outro, ele próprio apresenta paredes talvez ainda maiores voltadas para o Rio Soberbo e dois de seus afluentes, cada um escorrendo de um lado da imensa pedra. Seu nome deve-se ao fato de que ela não possui um cume único, mas, sim, uma série de pontas afiadas de tamanhos variados, que lembram uma colossal coroa plantada no topo de uma grande montanha, a pelo menos um dia inteiro de caminhada pesada por qualquer lado que se tente acessá-la.

Tudo isso considerado, é admirável que a sua conquista tenha acontecido em um ano tão distante quanto 1946, quando ainda não havia sequer a atual estrada de rodagem. Na época, os montanhistas pediam para o maquinista do trem que ligava o Rio a Teresópolis reduzir a marcha em um ponto previamente combinado, para saltarem da composição em pleno movimento após terem lançado ao chão as suas mochilas! Os autores da façanha foram Almy Ulisséa, lendário guia do CEB, e Paulo José de Carvalho.

Eles, no entanto, não subiram a ponta mais alta da coroa, o que tecnicamente significa que a montanha permaneceu virgem até 1974, quando um grupo de outro clube, o CEP, abriu uma segunda via e atingiu, enfim, o pico mais elevado, mas ninguém diminui o mérito de Ulisséa e Carvalho por isso. Foi apenas em 2010 que a terceira e última ponta foi escalada, mas até hoje a Coroa do Frade não recebeu mais do que um pequeno punhado de ascensões, e em 1982 eu estava decidido a tentar repetir a via dos meus amigos petropolitanos.

Embora a escalada em si fosse curta, chegar à sua base era um imenso desafio físico e logístico. Primeiro, o candidato tinha que subir pelo lado de Petrópolis até os famosos Castelos do Morro Açu, um grupo de grandes blocos rochosos que durante décadas serviu de local de bivaque (hoje há, ao lado, um abrigo de alvenaria) para quem fazia a travessia Petrópolis-Teresópolis, uma das trilhas de longo curso mais tradicionais do país. Depois, devia seguir mais um pouco pela travessia e então virar à direita em direção à borda do chapadão, em um ponto bem em frente à Coroa do Frade, de onde uma série de rapéis o depositaria, enfim, na base da escalada. Para que a volta por ali fosse possível, diversas cordas precisavam ser deixadas fixas ao longo de toda a descida, e carregá-las era desanimador.

Para contornar esse problema, tracei um plano alternativo. Subiríamos pelo Rio Soberbo a partir da estrada Rio-Teresópolis, viraríamos à esquerda no afluente que desce pela grota entre a Coroa do Frade e uma montanha à sua esquerda, chamada Moquém, e, assim, supostamente, chegaríamos à base da via de 1974 tendo que carregar muito menos peso. Eu seria acompanhado nessa empreitada por Lúcia Duarte e também por um velho amigo e a sua nova esposa, que mal conhecíamos. Levamos comida para cinco dias, equipamento para bivaque e material de escalada básico. Tínhamos conosco, ainda, algumas poucas peças móveis para proteção caso encontrássemos uma ou outra passagem mais técnica ao longo do acesso, uma vez que o nosso objetivo era uma via tecnicamente fácil e com os grampos de segurança já no lugar. Mesmo com a estratégia minimalista adotada no tocante ao equipamento de escalada, nossas mochilas apresentavam tamanho e peso consideráveis. Um desafio adicional era o fato de que aquela seria a minha primeira excursão depois de ter quebrado o pé em uma escalada em Jacarepaguá cerca de um mês antes, o que me deixava ainda um pouco inseguro.

No primeiro dia, subimos sem pressa o Soberbo, que não tem esse nome à toa. O cenário era deslumbrante. Fazia um dia belíssimo, e paramos muitas vezes para um mergulho nos incontáveis poços e cachoeiras que encontramos pelo caminho. A cada volta do rio aparecia uma grande montanha ao fundo, erguendo-se majestosa por trás da copa das árvores. Imersos na relativa escuridão do leito do Soberbo, havia um caráter fantástico nessas aparições alternadas dos grandes picos iluminados pelo sol que penetrava a atmosfera límpida da serra. No final da tarde, paramos para bivacar às margens do rio, já bem longe da estrada. Fez muito frio à noite, mas o tempo estava firme e o local que escolhemos para pernoitar era plano e confortável; portanto, dormimos muito bem.

Alguns anos depois, ao subir o Cavalo Branco, uma grande montanha de formato trapezoidal situada mais à frente, ao final da tarde do primeiro dia de caminhada eu estava organizando o bivaque sobre uma grande pedra às margens desse mesmo rio, porém em um ponto bem mais acima, quando fui brindado com uma cena inesquecível: um grupo de seis ou sete muriquis, o maior primata das Américas e hoje em gravíssimo risco de extinção, parou para se alimentar bem à minha frente, na margem oposta, a não mais de dez metros de onde eu e minha namorada nos encontrávamos. Pendurados pelas poderosas caudas preênseis a poucos metros do chão, eles pegavam com as mãos folhas e frutos que mastigavam tranquilamente, indiferentes à presença tão próxima de um casal de humanos. Ficamos um tempão olhando para eles, extasiados, até chegar a hora em que precisamos deixá-los para cuidar de nossa própria refeição antes que escurecesse completamente.

Naquela época, não se sabia ainda se os caçadores que infestavam aquelas matas haviam dizimado os muriquis da Serra dos Órgãos ou não, e o meu relato foi recebido com algum ceticismo pelos especialistas na espécie. Mas, pouco tempo depois, fiz uma segunda observação desses notáveis animais em condições muito mais espetaculares. Estava escalando uma via no Dedo de Deus com uma amiga bióloga quando, de repente, vimos nas íngremes encostas da montanha em frente, chamada Cabeça de Peixe, um grupo de muriquis descendo pelas árvores em direção ao fundo do vale centenas de metros abaixo. Isso não seria tão excepcional se não fosse pela forma como eles se deslocavam: dando saltos verdadeiramente suicidas da ponta de um galho para outro mais abaixo, em uma parede quase vertical, onde qualquer erro de cálculo, inclusive quanto à resistência do galho, seria fatal.

Mesmo tendo consciência da completa inutilidade do nosso gesto, gritávamos aflitos para eles: "Assim não! Assim não!". Mas os muriquis, claro, ignoraram os nossos apelos. Os mais jovens ainda hesitavam um pouco antes de se lançar ao espaço, mas, encorajados pelos mais experientes, acabavam saltando em direção a galhos que se vergavam assustadoramente sob o seu peso e, às vezes, ainda aproveitavam o impulso dado pelo galho que voltava à sua posição original de modo a serem catapultados em novo salto ainda mais impressionante do que o anterior. Graças a esse perigoso espetáculo de malabarismo, chegaram ao sopé da parede muito rapidamente, e esse segundo relato, endossado por uma bióloga, estimulou os pesquisadores a montar uma expedição que confirmou a existência ali não de um, mas de dois bandos remanescentes desses grandes macacos dóceis e pacíficos, espécie de símbolo da resistência da Mata Atlântica brasileira.

Voltando à Coroa do Frade, no segundo dia de marcha subimos o Soberbo mais um pouco e dobramos à esquerda no tal afluente, conforme o planejado. No início, tudo correu bem. Mas pouco a pouco o idílico riachinho foi ficando cada vez mais íngreme e sem vegetação, até virar uma rampa escorregadia repleta de pedras de todos os tamanhos vomitadas das imensas encostas à nossa volta. Minha preocupação crescia com a dificuldade do terreno, e me convenci de que todo o planejamento fora por água abaixo quando chegamos a uma parede de pequena altura por onde não daria mais para seguir andando nem pelos lados, só escalando.

Não seria uma escalada muito difícil, mas a natureza compacta da rocha exigiria a colocação de, pelo menos, dois ou três grampos de segurança, e não tínhamos nenhum conosco. Estávamos em um beco sem saída, e o mais lógico teria sido voltar ou tentar algum objetivo mais fácil nas redondezas, talvez a Agulha de São Joaquim. Nesse momento, no entanto, cheio de confiança e entusiasmo, tive outra ideia: e se subíssemos pela imensa canaleta à direita, na própria Coroa do Frade? Ela parecia ter árvores onde poderíamos fazer as paradas ao final de cada enfiada de corda, e se alguma proteção adicional fosse necessária, era provável que houvesse fendas ocultas onde colocar uma peça móvel ou outra. E, de bônus, ainda seria uma nova via — a terceira — na montanha! Infelizmente, todos concordaram.

Deixamos o riacho e varamos um curto trecho de vegetação fechada em direção à Coroa do Frade, armando um segundo bivaque na base da parte mais íngreme da montanha. Este foi bem mais precário do que o anterior e, portanto, bem menos confortável, mas nada realmente problemático. Ainda.

O terceiro dia foi todo consumido subindo a canaleta, repleta de mato supervertical e instável. Ela era, aparentemente, interminável. Às vezes, conseguíamos avançar com nossas volumosas e pesadas mochilas às costas sem usar a corda para segurança, mas, na maioria das vezes, isso não era possível. Em muitos pontos as plantas formavam intricados tetos de folhas, galhos e raízes, que me obrigavam a escalar com o facão em uma das mãos abrindo caminho na espessa vegetação, por onde depois passariam os demais.

A esposa de nosso amigo, que nos havia sido apresentada como uma experiente aventureira, aparentemente se sentia muito insegura com aquilo tudo, e atrasou bastante o já lento andamento normal de uma ascensão como aquela. Nos trechos mais íngremes, ou seja, em quase todos, nosso avanço se dava assim: primeiro, eu subia guiando com a mochila nas costas e, quando a corda esticava, ou quase isso, parava em algum platô ou árvore. Aí dava segurança para Lúcia e nosso amigo subirem, também carregando as suas mochilas. Feito isso, ele descia de rapel, pegava a mochila de sua esposa e tornava a subir. Por fim, ela subia sem peso, e mesmo assim, em muitos pontos, teve que ser rebocada por nós três. Uma rotina pouco eficiente, sem dúvida.

Era completamente óbvio que aquele programa estava acima da capacidade e além do campo de interesse dela. Mas o nosso amigo não queria dar o braço a torcer e fez um esforço sobre-humano para que ela tivesse condições de continuar em frente. A pobre criatura visivelmente preferia estar longe, muito longe daquilo tudo. Os longos cochichos entre ambos indicavam uma nova rodada de convencimento para que ela não esmorecesse, mas era inútil, pois, mesmo sem mochila, ela avançava cada vez mais lentamente. Nessas longas esperas, eu ficava olhando para cima, tentando adivinhar onde estaria o fim daquela canaleta opressiva, e me exasperava com a demora em retomar a escalada.

Quase anoitecendo, chegamos a um ponto ainda mais difícil, onde saí para a esquerda, em uma passagem em rocha um tanto exposta, e parei em uma árvore. Como para cima as condições continuassem as mesmas, deixei a corda fixada na árvore e desci para me reunir aos demais e avaliar a situação. Considerando tudo, resolvemos bivacar ali mesmo, em dois lugares muito inclinados e tão pequenos que mal dava para nos sentarmos dois a dois. A terra e o mato sob nossos corpos cediam lentamente, o que causava uma impressão ruim, minimizada pelo fato de estarmos presos a outra árvore, por precaução. Como o lugar onde eu e Lúcia estávamos era ainda mais exíguo do que o deles, em dado momento preferimos abandoná-lo para subir até um galho mais ou menos horizontal onde nos sentamos com as costas apoiadas na pedra, em uma posição bem mais confortável do que a anterior. Mas continuamos ancorados à árvore, pois uma queda dali significaria a morte.

Já estávamos conformados em passar uma noite péssima quando as coisas pioraram um pouco mais. O tempo virou e começou a chover fino. Convencido de que aquilo era o fim da linha, subi de prusik pela corda que havia sido deixada presa à árvore de cima, liberei-a e desci para irmos embora imediatamente, iluminados pelas nossas lanternas. Ocorre que, nesse meio-tempo, a chuva parou e o céu deu uma clareada, e como descer aquela grota sinistra à noite não era uma ideia convidativa, resolvemos esperar pelo amanhecer como dois macacos empoleirados lado a lado, um não deixando o outro dormir para não cair do galho. Eram acomodações bastante bizarras para se passar a noite, que foi especialmente fria porque não tínhamos como nos enfiar em nossos sacos de dormir naquela posição.

Na manhã seguinte, como o dia estivesse melhor, mudamos de ideia e, em um misto de frustração e desespero, resolvemos tentar chegar ao cume de qualquer maneira. Achamos que seria mais fácil sair daquela situação rapelando a partir do topo pela via *CEP* e depois em árvores ao longo do riacho que havia detido a nossa subida. Assim, tornei a guiar a passagem exposta da véspera e segui adiante, mas por volta das dez da manhã, como a canaleta continuasse vertical e com a vegetação muito fechada, nos demos definitivamente por vencidos e resolvemos descer.

Passamos as seis horas seguintes rapelando, pois o nosso deslocamento era atrapalhado pela vegetação, pela exiguidade do espaço disponível nas paradas e, claro, por nossa amiga, cada vez mais desesperada com aquilo tudo. Realmente, aquele era um programa para fuzileiros navais em final de curso, e não a aprazível caminhada na serra para a qual ela provavelmente imaginara ter sido convidada.

Quando chegamos, enfim, ao riacho, um rápido comentário meu, em tom de solidariedade, quanto à condição de sua esposa, foi mal-interpretado e desencadeou em nosso amigo uma reação descabida, que credito à sua compreensível frustração. Como não queríamos estragar uma excursão que, apesar de tudo, havia sido bem interessante, nos separamos ali mesmo, sem briga, e cada dupla seguiu em direção à estrada no seu próprio ritmo. Eu e Lúcia saímos na frente e logo atingimos o Rio Soberbo, onde bivacamos em uma laje de pedra relativamente boa. O outro casal bivacou ainda no afluente.

No dia seguinte, descemos novamente sem pressa, e, quando estávamos quase chegando à estrada, eles nos alcançaram. Trocamos um breve cumprimento e, enquanto eu e Lúcia fomos para o Rio, eles seguiram para Teresópolis.

Tempos depois, tentei com amigos de Petrópolis uma vez mais a via *CEP* da Coroa do Frade, desta vez pela sua exigente aproximação usual a partir de Petrópolis. Embora tenhamos chegado pertinho dela, fomos obrigados a desistir porque faltou, pelo menos, uma corda de 50 ou 60 metros para deixarmos fixada nos Portais de Hércules, as grandes paredes de rocha clara ao lado da montanha, sem o que não teríamos como retornar.

A Coroa do Frade ainda me tenta até hoje.

PARTE III
DOS ANOS 90
EM DIANTE

A IRA DE ZEUS

Minas Gerais, teu nome não é vazio de conteúdo. Com efeito, o grande estado interiorano é muito bem-servido dos mais diversos tipos de rochas, que ao mesmo tempo atiçam a cobiça das mineradoras e a imaginação dos escaladores. Quartzito, calcário, arenito, e mesmo o granito e o gnaisse que compõe a quase totalidade das montanhas do vizinho Rio de Janeiro são encontrados em abundância por toda Minas Gerais, o que ocasiona, muitas vezes, conflitos de interesse entre os montanhistas, que desejam vê-los intactos para praticar caminhadas, escaladas e para desfrutar a natureza preservada, e as empresas que pretendem dinamitar todas essas rochas para transformá-las nos mais variados produtos, largando a terra arrasada atrás de si.

Essa volúpia desenvolvimentista deu origem a muitos conflitos dos empreendedores não apenas com os montanhistas, mas, também, com ambientalistas, habitantes locais e outras pessoas sensíveis à beleza das montanhas mineiras, uma guerra permanente na qual se contabilizam vitórias ora para um lado, ora para o outro. Até poetas, como Carlos Drummond de Andrade, se alistaram para o combate equipados com as suas armas mais letais: o papel, a caneta e o coração. O Pico do Itabirito, por exemplo, um elegante pontão de rocha de mesmo nome (uma espécie de minério de ferro), situado na sua cidade natal, Itabira, só não desapareceu por completo graças à comoção gerada por um poema seu (*O Pico do Itabirito/será moído e exportado/mas ficará no infinito/seu fantasma desolado/...*). Ele não se foi, mas o que restou é ainda assim um fantasma, se não no infinito, aqui mesmo, na Terra, isolado, empoleirado sobre um pedestal com um estranho aspecto de pirâmide escalonada no meio do colossal buraco aberto pela mineradora que o cobiçava.

Os montanhistas têm um bonito histórico de defesa de áreas naturais, especialmente, claro, aquelas que abrigam montanhas. O terceiro parque nacional brasileiro, o da Serra dos Órgãos, no Rio de Janeiro, foi criado em 1939 com o decidido apoio dos montanhistas que o frequentavam, que chegaram a se cotizar para adquirir uma fazenda estratégica em seus limites para doá-la à União. Do maior parque estadual do Rio de Janeiro, o dos Três Picos, também se pode dizer que a criação é devida à pressão dos escaladores, que têm ali uma de suas áreas preferidas e mais desafiadoras.

Em Minas Gerais, a luta mais ferrenha travada pelos montanhistas em defesa de uma área natural, e na qual eu tive uma participação intensa, foi pelo Morro da Pedreira, um afloramento de mármore de dimensões relativamente modestas na Serra do Cipó, que, com a Constituição de 1988, de uma hora para a outra se viu ameaçado de aniquilação completa.

Uma pedreira já havia destruído no passado uma pequena parte de suas belas formações calcárias para transformá-la em brita (!), mas depois faliu. No entanto, continuou detentora do direito de lavra, da mesma forma que centenas de outras em todo o país. A nova Constituição brasileira, para reativar esse segmento econômico, determinou que todos os decretos de lavra que não estivessem sendo usados no prazo de um ano após a sua promulgação caducariam. Isso gerou uma corrida frenética dos interessados em toda parte, e no caso do Morro da Pedreira, esse dispositivo representava o risco real de desaparecimento de um maciço repleto não apenas de paredes ótimas para se escalar, mas, também, de lindas cavernas e de importante amostra de um tipo de vegetação relativamente raro, a chamada mata seca sobre calcário.

Alarmados com essa possibilidade, escaladores, espeleólogos e ambientalistas do Rio de Janeiro e de Minas Gerais, principalmente, se reuniram no Movimento Pró-Morro da Pedreira, uma frente de luta que, do final de 1988 ao início de 1990, se empenhou para que aquelas formações viessem a ser definitivamente preservadas. Estudamos legislação ambiental, denunciamos o caso ao Ministério Público, conseguimos boas matérias na mídia, contatamos políticos; em suma, aprendemos na prática a fazer luta ambiental em defesa de uma área que nos era muito cara. O ápice do movimento se deu com dois abraços simbólicos ao Morro, principalmente o segundo, em que conseguimos reunir cerca de 350 pessoas naquele ermo em defesa de nossa causa graças a um habilidoso trabalho de recrutamento no superlotado camping vizinho. Fernando Gabeira, mineiro de Juiz de Fora e então candidato à presidência da República, compareceu e deu o seu recado de cima de um grande bloco abatido, discursando de megafone na mão para a multidão solidária.

Tínhamos até música própria: "Não deixe o morro morrer." Cantada ao ritmo de "Não deixe o samba morrer", de Edson Conceição e Aloísio Silva, eram assim as suas únicas estrofes:

> *Não deixe o morro morrer,*
> *Não deixe o morro acabar,*
> *O morro tem tanta pedreira,*
> *Pedreira pra gente escalar.*
>
> *Não deixe o morro morrer,*
> *Não deixe o morro acabar,*
> *O morro tem tanta caverna,*
> *Caverna pra gente explorar.*

Ao fim, vencemos. Em 26 de janeiro de 1990, o então presidente José Sarney assinou o decreto de criação da Área de Proteção Ambiental Morro da Pedreira, afastando de vez a possibilidade de que aquelas maravilhas naturais viessem a ser convertidas em pedra britada para a construção civil. Na véspera, ele já havia assinado outro decreto criando a APA de Lagoa Santa, não muito distante dali, fundamental para a preservação de cavernas, paredões e também de muitos sítios arqueológicos com pinturas e gravuras rupestres. No Rio, decidimos aproveitar o conhecimento duramente adquirido nessa luta exitosa em outras causas semelhantes e, para tanto, fundamos logo depois o Grupo Ação Ecológica (GAE), em atividade até hoje (2016) e com uma extensa folha de serviços prestados ao meio ambiente.

Viagem a Belo Horizonte

Em março de 1990, ainda inebriados com a grande conquista obtida apenas dois meses antes, eu e Lúcia Duarte viajamos para Belo Horizonte e nos hospedamos na casa de Tonico Magalhães, que nos três dias seguintes nos levaria para conhecer novas áreas de escalada nas proximidades, cada uma com a predominância de um tipo de rocha diferente.

No primeiro dia, escalaríamos nas paredes da Casa Branca, na Serra da Moeda, um pequeno maciço de quartzito no município de Brumadinho, onde apenas quatro anos depois seria instituído o Parque Estadual do Rola-Moça.

No segundo, repetiríamos algumas vias, e até abriríamos uma nova, no Parque das Mangabeiras, na própria capital mineira. E, no último, visitaríamos a região de Poções, município de Matosinhos, dentro da APA Lagoa Santa, onde a maior atração seriam suas grutas calcárias repletas de sítios arqueológicos, embora as falésias ao redor também apresentassem um bom potencial para a abertura de vias de escalada.

Saímos de BH com tempo ruim, mas, apesar da chuva fina, resolvemos repetir uma via que o Tonico havia aberto pouco tempo antes, com cerca de 130 metros de extensão, chamada *Jardim Rupestre*. Subimos rapidamente, pois ela não era difícil, mas isso não nos livrou de apanhar um forte temporal nos lances finais. Mesmo assim, conseguimos chegar sem incidentes a uma parede abrigada mais acima, onde esperamos a chuva passar. O lugar era bonito e já havíamos escalado um pouco, portanto foi sem ansiedade que aguardamos uma melhora no tempo e seguimos para o cume quando ela veio.

Uma vez no topo, nos pusemos a descer pela longa e suave encosta no lado oposto da serra, mas logo fomos surpreendidos por uma incrível pancada d'água, acompanhada de quantidade inimaginável de raios. Só quem já foi pego no meio de uma tempestade desse tipo faz ideia do terror que ela inspira; você se sente muito frágil, e, se está em campo aberto, como era o nosso caso, fica sem saber para onde correr, como em um bombardeio aéreo, mesmo. Mas esta, em especial, tinha uma particularidade sinistra: não havia apenas um foco de raios dos quais fugir, mas, sim, dois principais bem próximos e alguns secundários mais afastados. Para piorar, os dois focos maiores foram se aproximando um do outro, como que para se enfrentar, e calculamos, acertadamente aliás, que o embate se daria precisamente onde nós estávamos!

Apavorados, recuamos correndo para baixo (estávamos em uma subida nesse momento) em busca de um abrigo que não encontramos. Mesmo assim, acossados por trovões ensurdecedores, porque muito próximos, continuamos descendo a toda velocidade, instintivamente nos afastando de pontos mais elevados. Ao atravessarmos de volta uma cerca de arame farpado, levamos literalmente um choque: a cerca estava eletrificada pela tormenta! Rastejamos então com cuidado por debaixo dela, largamos nossas mochilas repletas de objetos de ferro e aço (antes de chover pretendíamos fazer uma conquista ao lado da via que escalamos) e, não havendo local mais seguro, simplesmente ficamos agachados debaixo da chuva forte por quase uma hora até que a artilharia arrefecesse.

A sensação de impotência era absoluta. Não havia o que fazer nem para onde fugir. Os raios caíam por todos os lados, alguns perigosamente perto, e ficávamos sempre nos perguntando se o próximo nos atingiria ou não. Foi uma experiência muito intensa. Talvez o fato de boa parte do solo ali ser composta por canga laterítica, uma formação superficial compacta com alto teor de minério de ferro, de alguma forma tenha atraído tantos raios, mas a verdade é que nenhum de nós jamais vira coisa semelhante. O clímax, conforme previsto, foi quando as duas baterias principais se encontraram pouco atrás de nós, e aí tivemos realmente a sensação de estar dentro de um inferno do qual não havia escapatória. Zeus parecia enfurecido conosco, por alguma razão que desconhecíamos.

O estardalhaço dos trovões de um lado e de outro veio se aproximando, se aproximando, chegou ao ponto máximo quando as salvas se fundiram, mas, depois, para nosso alívio, foram se afastando. Cada nuvem carregada seguiu o seu curso despejando raios aleatoriamente por todo o campo, mas, por milagre, fomos poupados. A certa distância, focos coadjuvantes eram responsáveis por mais trovoadas, que compunham as notas de fundo dessa sinfonia fantástica dos elementos.

Quando, enfim, sentimos que o perigo maior havia passado, recuperamos nossas mochilas e retomamos a marcha encosta acima, atingindo a estrada com o céu já completamente escuro e quase sem chuva. E aí, então, pouco antes de chegarmos ao carro, quando parecia que nada notável ainda poderia acontecer, deu-se o final apoteótico de nossa aventura: todo o céu se acendeu de uma vez, em um raio único, persistente e espantoso, que nos deixou boquiabertos. Era como se uma espécie de malha eletrificada tivesse sido jogada sobre o firmamento e ali permanecesse por alguns instantes apenas para zombar da nossa razão.

Isso foi tão surpreendente que, durante muito tempo, contei essa parte da história aos meus amigos com resguardo, com receio de me tomarem por maluco ou mentiroso. Mas, depois, para meu alívio, descobri que tais raios, embora muito raros, já foram devidamente registrados e catalogados pela ciência. Eles são chamados de raios em árvore ou "raios-aranha", por se parecerem com uma teia de aranha energizada se espalhando. Suas principais características, conforme descritas pelos especialistas, coincidem com o que observamos naquela noite: eles geralmente ocorrem quando uma tempestade já está se dissipando, e por se moverem mais lentamente do que os outros tipos de raios, permitem que se apreciem claramente as suas ramificações por tempo superior ao usual.

O dia terminara e ainda estávamos vivos. Sorte.

Comparados a tais emoções, os dois dias que se seguiram foram quase banais. No Parque das Mangabeiras, com tempo bem melhor pela manhã, mas com direito a novo temporal à tarde, pude constatar que o itabirito é uma rocha mais interessante para geólogos ou poetas do que para escaladores. Pelo menos por onde passamos, ele parece possuir a inconveniente tendência de soltar lacas em nossas mãos, como livros retirados de uma estante, que eu recolocava com cuidado no lugar para, em seguida, neles me apoiar com a máxima cautela e avançar mais alguns centímetros. Do topo da formação que escalamos tem-se uma visão impressionante da colossal cratera aberta por outra mineradora algumas centenas de metros adiante, moendo e exportando o itabirito para as siderúrgicas asiáticas. Uma ferida significativa na epiderme do planeta.

A viagem terminou com uma visita à Lapa do Porco Preto, à Gruta do Ballet e a outra caverna próxima, nas quais há interessantes pinturas e baixos-relevos rupestres, alguns de origem indígena e outros, provavelmente, do século XVII ou XVIII, como uma espingarda ou arma de fogo semelhante habilidosamente esculpida na rocha. Muitas dessas maravilhas, infelizmente, estão seriamente danificadas por vândalos, uma perda irreversível na maioria dos casos. Antes de irmos embora, ainda dei um mergulho em um dos "poções", pequenos buracos cheios de uma água leitosa, ressurgências de algum rio subterrâneo. Afoito, tirei os tênis e a camiseta, e mergulhei decidido, mas logo que me vi envolto por aquele líquido opaco, quis sair imediatamente dali. O ato final do passeio foi digno de uma comédia pastelão, pois as margens do poço eram todas de lama mole e profunda, uma espécie de areia movediça repulsiva da qual só a muito custo me livrei para retornar a Belo Horizonte e, ainda na mesma noite, para o Rio de Janeiro.

ESCALADA PARA O MUNDO

A Rio-92, a grande Conferência das Nações Unidas para o Meio Ambiente e Desenvolvimento, realizada no Rio de Janeiro em 1992, foi um marco importante na história da cidade. Filtrando-se o inevitável oba-oba que sempre acompanha eventos desse porte, discussões de suprema importância para o planeta foram ali travadas pelos governos e pela sociedade civil, e, em decorrência, documentos vitais para o nosso futuro foram ali firmados, como as Convenções para a Mudança do Clima e para a Diversidade Biológica. Ela também foi um verdadeiro ímã para toda espécie de ideias bizarras e propostas delirantes, que conviveram lado a lado com a troca séria de ideias sobre uma possível reformulação da sociedade em bases mais sustentáveis. Naturalmente, todos sabemos que a implementação disso tudo patina até hoje, mas aí é outra história.

Vivi intensamente a Rio-92 porque estava no auge da minha militância ecológica quando a conferência foi anunciada. Esse meu ativismo ambiental havia começado, como vimos, no final de 1988, em defesa do Morro da Pedreira. Estive na linha de frente de todo o processo e, claro, fiquei eufórico com a vitória alcançada em janeiro de 1990, que assegurou a preservação de uma das áreas mais importantes para a escalada brasileira na atualidade. E em abril do mesmo ano, na varanda do Centro Excursionista Guanabara (CEG), um dos mais tradicionais clubes de montanhismo da cidade, foi fundado por mim e mais sete montanhistas cariocas o Grupo Ação Ecológica (GAE), entidade ambientalista em atividade até os dias de hoje.

O GAE, além de atuar em questões bem específicas, com uma taxa de sucesso desproporcional ao seu modesto tamanho, a qual o tornou muito respeitado, participava ativamente do chamado "movimento ambiental" local e regional. Por essa razão, integrávamos a coordenação de um amplo colegiado de organizações ambientalistas de todo o estado, chamado Assembleia

Permanente de Entidades em Defesa do Meio Ambiente do Estado do Rio de Janeiro (Apedema-RJ), que teve participação destacada na organização da conferência da sociedade civil paralela à dos governos durante a Rio-92. Por isso, estávamos todos enfronhados nos bastidores do grande encontro mundial.

A conferência

Aconteceram coisas memoráveis nessa época. Um episódio particularmente marcante foi a disputa política travada entre dois grupos de entidades em torno da organização da conferência paralela. O GAE era apenas uma de muitas associações criadas para defender o meio ambiente, diversas com atuação meramente local, mobilizadas em torno de um rio ou de uma lagoa, por exemplo. Outras, como era o nosso caso, tinham uma proposta de ação mais ampla, visando influenciar as políticas públicas para o setor. Essas entidades tinham uma profunda legitimidade, pois nasceram de baixo para cima a partir de uma mobilização espontânea, mas eram, previsivelmente, bastante desorganizadas. Com idealismo e entusiasmo obtinham certas conquistas importantes, e o clima pré--Rio-92 era francamente propício a isso, mas um evento dessa complexidade requeria uma capacidade logística e administrativa muito além delas, tomadas individualmente.

Por outro lado, e por causa mesmo da ênfase na temática ambiental que a conferência estava fomentando, as verbas externas tradicionalmente destinadas a projetos sociais estavam minguando na mesma proporção em que aumentavam para projetos e programas ambientais. Por isso, não coincidentemente, diversas grandes organizações não governamentais (ONG) de perfil eminentemente social, conhecidas como "facilitadoras", que captavam recursos no exterior para aplicá-los em projetos no Brasil, começaram subitamente a demonstrar grande interesse pelo meio ambiente. Esse interesse converteu-se em amor quando foi divulgado que haveria uma verba substancial para a organização da conferência paralela da sociedade civil.

Como as facilitadoras eram muito bem-estruturadas e relacionadas, possuindo sede, empregados, contadores etc., em um primeiro momento ameaçaram monopolizar todo o processo. Isso, naturalmente, revoltou as entidades "autênticas" da área ambiental do Rio de Janeiro, como nos considerávamos então. Dezenas de associações oriundas de todas as partes do estado se sentiram usurpadas por quem consideravam, de certa forma, intrusos ou, pelo menos, recém-chegados ao nosso terreiro, de olho gordo no prestígio e nas verbas que a "nossa" conferência estava trazendo para o Rio. E, claro, houve briga.

O conflito tornou-se maior quando o grupo nuclear dessas entidades, que apelidamos de "King Ongs", explicitamente quis vetar a participação da Apedema no comitê organizador do evento. Mal comparando, é como se a sua casa tivesse sido escolhida para sediar uma festa importante e você fosse considerado indesejável pelos promotores do evento, cabendo-lhe apenas acatar suas decisões e comportar-se de acordo. Inconformados, pusemos a boca no trombone, e a questão ficou de ser dirimida em assembleia, ocorrida em um histórico encontro no Sambódromo, com centenas de participantes. Ali foi deliberado que, após uma defesa da participação da Apedema na Comissão Organizadora do Fórum de ONGs Brasileiras Preparatório para a Conferência da Sociedade Civil sobre Meio Ambiente e Desenvolvimento (ufa!) e um ataque contra a sua presença, o caso seria posto em votação pelos representantes das entidades presentes.

Para a defesa, fui o escolhido pelas entidades que compunham a Apedema, e para o ataque se prontificou ninguém menos do que o famoso sociólogo Betinho, representante do Instituto Brasileiro de Análises Sociais e Econômicas (Ibase), fundado por ele próprio. Aquilo me pareceu uma tarefa formidável e uma grande responsabilidade. Não é nada fácil o prospecto de enfrentar um semideus em uma arena como aquela, mas me preparei da melhor forma possível nos poucos minutos que restaram entre a minha designação para a peleja e o seu início. Primeiro discursou Betinho, que defendeu ardentemente que apenas as grandes facilitadoras, por terem mais estrutura e serem mais organizadas (o que era verdade) deveriam participar da organização do evento (o que era injusto). Ele demonstrou naquele momento, pelo que disse e da forma como disse, um lado bem pouco generoso, que prefiro não recordar.

Quando chegou a minha vez, no entanto, fui abordado pela Fernanda Colagrossi, representante de uma tradicional associação de defesa dos direitos dos animais de Petrópolis, que me perguntou se poderia fazer em meu lugar a defesa da Apedema. Eu hesitei, até porque o meu nome já havia sido até anunciado para a plateia, mas, em rápida consulta com os dirigentes do colegiado, concordamos com a troca. E que decisão acertada foi aquela!

Segurando no braço esquerdo uma cadelinha muito peluda, chamada Érica — que, por sinal, se comportou exemplarmente diante de toda aquela balbúrdia —, Fernanda deu um show de argumentação quanto ao porquê de a Apedema, a despeito de suas reconhecidas deficiências, dever integrar a Comissão Organizadora. Ela expressou muito bem o sentimento de indignação de todos nós por estarem tentando nos limar do processo, e o ponto alto de sua fala foi quando, após lembrar o longo histórico de atuação em prol do meio ambiente do conjunto de entidades que integravam a Apedema, ela se dirigiu ao Betinho e disse: "Betinho, eu não sabia que você era ambientalista! Mas que bom, seja bem-vindo agora à nossa causa!" A plateia veio abaixo nesse momento.

Na hora da votação, vencemos por 42 a 21, exatamente o dobro de votos, e, em uma disputa suplementar que houve logo em seguida, o placar se repetiu com precisão. A comemoração que se seguiu foi equivalente à da conquista de um título mundial de futebol, e Betinho saiu furioso dali, com um rancor que também me causou espécie: "Mas será que eu só tenho 21 votos?" Assim, a Apedema passou a integrar a Comissão Organizadora e a tomar parte em suas decisões, e eu e todos os demais membros atuantes do colegiado trabalhamos com afinco para justificar a nossa posição tão arduamente conquistada.

Enquanto a conferência oficial, repleta de chefes de Estado, se desenrolava no Riocentro, a da sociedade civil ocorreu no Hotel Glória, e em frente a ele, no Aterro do Flamengo, foi montada uma megafeira alternativa, com estandes de centenas de ONGs, associações, movimentos ambientais e sociais, música, alimentação, práticas alternativas, cultos religiosos — uma divertida babel multiétnica e multicolorida. O GAE não tinha dinheiro para alugar um estande, mas dispôs da metade de um, gentilmente cedido por uma organização do Paraná, a Sociedade de Pesquisa em Vida Selvagem (SPVS). O ponto alto de nosso espaço era uma bonita maquete dos morros da Urca e do Pão de Açúcar feita voluntariamente por um artista plástico, que divulgava a nossa proposta de que viessem a ser protegidos por uma unidade de conservação pública, o que só veio a acontecer em 2006, após 16 longos anos de luta.

Uma coisa especialmente divertida foi participar das apresentações do "Mentirômetro", um dispositivo criado pelo deputado estadual Carlos Minc para medir "o nível de mentira nas declarações dos governantes durante a conferência". Em horários predeterminados, divulgados para a imprensa, ele fazia a leitura de alguma declaração oficial trazida pelos jornais do dia ou da véspera — todas, claro, muito enfáticas quanto às boas intenções daquele dirigente e do seu país com relação aos problemas ambientais — e perguntava para o público qual o percentual de mentira que as pessoas achavam que ela continha. De acordo com a manifestação da plateia, um grande painel com a cara do Pinóquio era acionado e o nariz do boneco crescia, crescia, crescia até chegar à marca indicada pelos eleitores, que normalmente era a máxima, para grande diversão de todos. Às vezes, parecia que o nariz do pobre boneco seria arrancado de sua cara. A minha função era traduzir para o inglês toda a performance do Mentirômetro, ou "*Lie-o-meter*", para contemplar também os transeuntes estrangeiros. Foi mais ou menos nessa época que conheci a minha atual esposa, Cristine Cury, que trabalhava no gabinete do deputado.

Mas, durante a Rio-92, o GAE e eu tivemos uma participação muito mais direta e intensa em uma atividade chamada *Climb for the World* (Escalada para o Mundo).

A Escalada para o Mundo

Edwin Drummond era um famoso escalador inglês, autor de vias difíceis e perigosas nas falésias à beira-mar da Inglaterra e da Escócia, que também se notabilizou por uma ascensão épica da temível *Troll Wall*, uma parede de mais de mil metros de altura na gélida Noruega. Ele a conquistou com um amigo ao longo de vinte dias consecutivos, embora só tivessem levado comida para doze, e suportaram furiosas tempestades glaciais que os deixaram imóveis no meio daquela medonha face rochosa por dias a fio. Ele também era escritor, e ganhou alguns prêmios literários por sua poesia, sendo *A Dream of White Horses* — o mesmo nome de uma escalada muito perigosa que havia aberto nas falésias de Gogarth — o seu livro mais famoso. Alguns o achavam excêntrico, outros, um gênio, e maluco era uma palavra lembrada com frequência para descrevê-lo. Meio maluco, vá lá.

Seja como for, em 1991, em plena efervescência que precedeu a Rio-92, assim como Martin Luther King, Ed teve um sonho: fazer, durante a conferência, uma escalada, ou melhor, um conjunto de escaladas, se possível em todos os países filiados à Organização das Nações Unidas (ONU), que encorajasse a humanidade a atingir algumas metas "simples" como erradicar a pobreza até 2020; proteger o meio ambiente contra o aquecimento global e a destruição da camada de ozônio; e fortalecer os padrões de direitos humanos em todo o mundo. Um testemunho eloquente do seu poder de persuasão é que ele conseguiu a chancela oficial da ONU para colocar a sua ideia em prática, além de algum suporte financeiro do Worldwide Fund for Nature (WWF). O evento se chamaria Escalada para o Mundo, e sobre ele assim se manifestou Javier Pérez de Cuellar, secretário-geral da ONU na época: "Essa impressionante iniciativa pode muito bem significar o nascimento de uma espécie de lealdade, de um patriotismo planetário."

O projeto era grandioso, com escaladas e atividades em todos os continentes, simultaneamente, mas a grande maioria simplesmente não aconteceu por falta de organizadores locais com o mesmo nível de entusiasmo e comprometimento. "Ed é muito inteligente, mas eu não entendi bem o que ele queria, a proposta toda era bastante confusa", me confidenciou outro escalador inglês algum tempo depois.

Das poucas que foram postas em prática, pode-se dizer que a mais bem-sucedida foi a ascensão do Eiger, temível montanha nos Alpes Suíços, cuja face norte recebeu o apelido de *Mord Wand*, ou "Parede Assassina", devido ao grande número de pessoas que morreram tentando escalá-la. O Eiger foi subido por todas as suas faces ao mesmo tempo, sendo que na mais fácil havia um escalador cego. Cada uma das seis cordadas carregou consigo uma sexta parte da "bandeira das bandeiras", bonita montagem com os pavilhões de todos os países filiados à ONU, simbolicamente unidas no topo da montanha. No evento do Eiger tomaram parte escaladores famosíssimos, como o americano Jim Bridwell, o australiano Greg Child e o inglês Doug Scott, além de uma velha amiga nossa, a argentina Silvia FitzPatrick.

Na terra natal de Ed Drummond, a Inglaterra, a proposta era ter montanhistas subindo à noite mil montanhas ou outros pontos elevados ao longo de todo o país, portando lanternas acesas, de tal sorte que de um ponto qualquer sempre se pudesse ver a luz de quem estivesse atrás e à frente, formando um cordão luminoso de norte a sul do país. Muito embora, segundo a organização do evento, cerca de 50 mil pessoas tivessem tomado parte na atividade, menos da metade dos pontos recebeu alguém naquela noite, em parte devido ao mau tempo, o que deixou falhas substanciais no cordão.

Mas o clímax da Escalada para o Mundo se daria mesmo, claro, no Rio de Janeiro, a sede da grande conferência. Aqui ele planejou subir a face oeste do Pão de Açúcar, ao longo dos 13 dias do encontro, por uma escalada que é normalmente feita em cerca de três horas, passando as noites em *porta-ledges*, uma espécie de maca desmontável com um sobreteto, onde é possível se dormir confortavelmente mesmo nas encostas mais íngremes. A impactante ideia de estender um painel de pano gigantesco, de 25 x 35 metros, com a logomarca da

Rio-92, foi em boa hora substituída por uma faixa bem mais modesta onde se lia "*Climb for the Earth — Help the street children to live*" (Escalada para a Terra — Deixem as crianças de rua viverem), bancada pelo WWF, e ele levou para cima um exemplar da "bandeira das bandeiras".

Sua entusiástica companheira em toda a empreitada foi Tess Burrows, uma escaladora britânica cuja relação com Ed nunca conseguimos identificar ao certo, mesmo após duas semanas de convivência diária. Obviamente fascinada pela sua personalidade cativante, ela acreditava firmemente na proposta toda, à qual aplicou uma dedicação messiânica, antes, durante e depois de sua realização. Mais do que isso, inspirada na Escalada para o Mundo, Tess criou em 1998 uma iniciativa semelhante chamada *Climb for Tibet* (Escalada para o Tibete), que conseguiu arrecadar mais de 100 mil libras esterlinas para a construção de escolas para as crianças pobres daquele país, invadido pela China em 1959 e até hoje ocupado militarmente.

Para dar suporte à dupla, nada mais apropriado do que uma organização ecológica formada por escaladores e sediada na cidade que abrigaria a conferência. O GAE era uma escolha óbvia. O contato com a entidade foi feito por meu intermédio, pois já havia uma década que eu era o correspondente no Brasil da prestigiosa revista inglesa *Mountain*, que coincidentemente encerrou as suas atividades em 1992. Além de fazer uma ponte com o pessoal do WWF, nossa principal missão era reabastecê-los no meio da parede com víveres básicos, como água, comida e cerveja. Isso não precisava ser feito todos os dias, mas o fato é que o casal, a cada dia instalado na parede em ponto um pouquinho mais alto do que no dia anterior, virou um ponto de referência para os escaladores locais, e todos os dias havia gente subindo até lá para levar alguma coisa ou simplesmente para vê-los. Depois ficavam todos sentados nos *porta-ledges* batendo papo por horas a fio. Ed e Tess viraram uma atração, e sua simpatia conquistou a todos, mesmo que ninguém estivesse levando muita fé no resultado prático final.

O pessoal do WWF deixou com Ed Drummond o primeiro telefone celular que eu vi na vida, um aparelho pouco menor do que um tijolo maciço. Assim ele poderia falar com jornalistas de toda parte e monitorar o andamento das outras Escaladas para o Mundo. Quando nos reunimos em torno do aparelho para fazer a primeira chamada solene para ele no meio da parede, deu sinal de ocupado, o que, por qualquer razão, achamos muito engraçado na hora. Ao final dos treze dias, fomos todos ao cume do Pão de Açúcar recebê-los juntamente com uma representante da ONU, mas, no meio de toda a *hype* da Rio-92, a Escalada para o Mundo, assim como incontáveis outras iniciativas bem-intencionadas, passou praticamente despercebida, conseguindo apenas pequenas menções nesse ou naquele meio de comunicação, sem nenhuma repercussão efetiva, como temíamos.

    Tanto esforço para tão pouco! Mas, ainda assim, valeu como exercício de mobilização e logística e, principalmente, pelo prazer de nos sentirmos trabalhando por uma causa justa, graças ao convívio com aqueles dois ingleses sonhadores e tão determinados.

A SAGA DO *DIEDRO VERMELHO*

Às margens da BR-116, no município de Além-Paraíba, Minas Gerais, salta aos olhos um grande diedro voltado para a esquerda em uma rocha de vermelho intenso, que lembra os arenitos do deserto de Utah e adjacências, nos Estados Unidos. Apesar da aparência, trata-se do mesmo granito das demais montanhas da região, claro por baixo, mas recoberto por uma espessa camada de líquens cinza-escuros. Por que só ali a pedra é avermelhada, não faço ideia.

Uma via não muito grande, situada ao lado da rodovia e que obviamente seria toda, ou quase toda, protegida com equipamentos móveis. Tentador! Por tudo isso, Rodolfo Campos e eu acreditamos que havia a chance de subirmos aquela linha em um dia apenas, do jeito que os escaladores chamam de "estilo alpino". Um engano e tanto! Conquistar o *Diedro Vermelho* nos custou quatro dias distribuídos em três viagens, nas quais enfrentamos uma série espantosa de problemas os mais variados, sendo o calor infernal que faz ali um protagonista importante.

Além-Paraíba é um nome curioso de cidade. Ele se deve ao fato de ser a primeira cidade em Minas Gerais depois (além) do Rio Paraíba do Sul, que faz divisa com o Rio de Janeiro. Mas isso, claro, sob a ótica dos fluminenses; tivesse ela sido batizada por um mineiro e se chamaria "Aquém-Paraíba"...

Curiosidades à parte, fiz algumas poucas e boas escaladas por ali com o Rodolfo, cuja família possui um sítio na vizinha Leopoldina, que nos serviu de base em algumas de nossas andanças pela região. Conquistamos até dois cumes virgens, a belíssima Torre de Marinópolis, na localidade homônima, e o Cocuruto, um pontãozinho rochoso ao seu lado. Mas a mais marcante foi, sem dúvida, o *Diedro Vermelho*.

A primeira viagem

Em maio de 2003, seguimos para Além-Paraíba com equipamento completo de escalada. Nosso objetivo era subir os dois cumes ainda inescalados que mencionei, cujo acesso se dá a partir da estrada que liga Marinópolis a Aventureiros, dois pequenos povoados. Entretanto, como o encarregado da fazenda onde eles se encontram não estava em casa, não obtivemos com sua esposa permissão para escalar, apenas para dar uma espiada na base.

A escolha óbvia seguinte era o *Diedro Vermelho*, e, após deixarmos o carro em uma estradinha de terra a poucos metros da rodovia, abrimos com facão uma curta trilha até a base da parede, e o Rodolfo subiu na frente um fácil costão. Depois andamos juntos para a esquerda até a base de um diedro inicial de uns 30 metros, que levava ao platô de onde parte o diedro principal. O Rodolfo assumiu novamente a frente e subiu a enfiada sem colocar proteção alguma, parando em um bom bico de pedra para onde me levou.

Animado, ele me pediu para continuar conquistando — agora, o filé da escalada — e primeiro seguiu em leve diagonal para a direita por lacas e fendas bem fáceis. Tão fáceis que achou desnecessário colocar alguma proteção, mas, em determinado ponto, eu insisti muito e ele instalou, com certa má vontade, um bom friend de tamanho médio. Ainda bem.

Depois a parede empinava e a escalada ficava mais difícil, mas Rodolfo estava confiante e, após costurar um friend pequeno em uma laca que evidentemente não aguentaria uma queda, entrou na oposição que era o início do crux da escalada. E caiu.

Caiu muito, uns 12 metros, arrancando, como previsto, o friend da laca e acelerando em direção à parte inferior do diedro, que era menos íngreme e, por isso, mais perigosa. Ele parou encaixado nas duas paredes, mas felizmente o impacto de sua queda foi muito amortecido pela corda que se esticou para segurá-lo, graças precisamente à peça que eu insistira para ele colocar!

Mesmo assim a queda foi horrorosa, e o problema mais imediato foi o fato de que, tendo batido com o peito na pedra, Rodolfo ficou sem conseguir respirar por um tempo que me pareceu uma eternidade. A sensação de impotência ao vê-lo se contorcer alguns metros acima de mim em busca de ar, embora estivéssemos ao ar livre, foi perturbadora, mas quando, enfim, conseguiu dar uma primeira inalada, vi que isso seria superado. Prendi a corda, subi até meu companheiro de escalada e cheguei exatamente quando ele recuperava a respiração, procurando acalmá-lo do jeito que era possível, e logo a situação foi estabilizada.

Agora era preciso fazer uma avaliação de danos. Aparentemente, ele tinha quebrado uma costela (o que se confirmou depois), e porque estava de short, sua perna esquerda exibia lanhos imensos, porém não muito profundos. Nada incapacitante, portanto; podíamos retornar por nossa própria conta. Voltei à parada e em seguida o desci lentamente até ela com uma técnica chamada "baldinho". Quando estava me preparando para ir embora, resignado com o material que teria que ser deixado para trás, para meu espanto Rodolfo se declarou pronto para prosseguir escalando, apenas não mais guiando.

Peguei então o material e subi na frente, mas, quando cheguei próximo ao ponto de onde ele havia caído, Rodolfo mudou de ideia e pediu para voltarmos, pois o corpo esfriara e sua costela começara a doer demais. Assim, desescalei de volta ao platô e rapelamos de uma árvore até o final dos costões iniciais, onde montei um rapel para ele e desci andando atrás para não ter que abandonar equipamento. Devagarzinho, caminhamos de volta ao carro e partimos imediatamente para o Rio. *Au revoir!*

A segunda viagem

Retornar à via não foi fácil. Duas vezes marcamos e duas vezes choveu na véspera. Em uma terceira tentativa, choveu quando chegamos à base. Mas, finalmente, em abril de 2005, com um calor entorpecedor, subimos rapidamente o costão inicial, mas, em vez de voltarmos a escalar o fácil diedro inicial, que é a linha mais óbvia, optamos por tentar uma variante também com proteção móvel à sua direita, muito mais bonita e difícil.

Rodolfo começou guiando novamente, mas, após colocar uma ou outra peça e fazer algumas tentativas, me cedeu a vez. Uma vez à frente, fiquei tão encharcado de suor que deixava a pedra escorregadia à minha passagem. Consegui, ainda assim, vencer o trecho mais difícil da fenda, uma fissura de entalamento de mãos que ficava um pouco mais larga acima, e segui até o platô onde ela termina, aonde cheguei passando mal pela combinação de esforço com o calor inacreditável que fazia. Fiquei um bom tempo ali, ajoelhado, me recuperando em uma sombrinha que encontrei, e após fazer a parada com uma fita passada ao redor de uma grande árvore, levei o Rodolfo até lá. Aceitei na hora a sugestão de nome que ele deu para esta variante — *Hipertermia*!

Contrariando o bom senso, resolvemos continuar escalando. Caminhando para a esquerda ao longo do platô em que estávamos, logo chegamos à base do diedro principal, onde havia se desenrolado o drama da investida anterior. Peguei as peças e rapidamente repeti o trecho já feito, mas, ao chegar ao ponto de onde ele havia caído, concordamos que não dava mais para escalar com aquele bafo fervente vindo de todas as direções e descemos o mais rápido possível, deixando a via toda encordada, exceto o costão inicial, praticamente uma caminhada.

Na base do diedro principal, antes do rapel, vi o Rodolfo arrumando a mochila e segurando a chave do carro. Ainda o alertei para tomar cuidado com ela, mas ele me tranquilizou quanto a isso e eu desci na frente, preocupado apenas em sair do sol o mais rápido possível. Atravessar o costão inicial, de rocha escura e desprovido de vegetação, foi como cruzar um campo de lava, contudo, 30 ou 40 metros abaixo, nos aguardava a sombra da floresta. Portanto, apertamos o passo.

Quando chegamos ao chão, guardamos o material e ficamos ali sentados por um bom tempo, bebendo nossa última água e descansando com as costas apoiadas à pedra, desfrutando a sombra que nos protegia do inferno ardente além da copa das árvores. O carro estava próximo, por isso não nos apressamos. Quando nos sentimos mais descansados, pedi a chave do carro para o Rodolfo e me levantei para partir. Ele então se pôs a procurá-la na mochila, mas nada. A sensação de incredulidade e a nossa aflição cresciam a cada nova vez em que ele esvaziava a mochila e recolocava tudo dentro novamente. Por fim, Rodolfo declarou o que já era óbvio para ambos: "A chave ficou lá em cima!"

Seguiu-se um silêncio profundamente constrangedor. Alguém precisaria se voluntariar para voltar ao inferno e recuperar a chave. Sou normalmente muito mais resistente ao sol do que o Rodolfo, que tem a pele muito clara, mas vasculhei minha mente em busca de argumentos que sustentassem a tese de que era ele quem tinha que ir, e não eu. Encontrei um bom: eu já havia passado mal com o calor naquele dia, ao final da *Hipertermia*. Havia até vomitado um pouco. Mas nem eu nem ele falávamos nada, sob o peso da situação. Por fim, ele rompeu o silêncio: como a chave estava sob sua guarda na última vez em que foi vista, então era ele quem deveria recuperá-la. Com fingida indiferença, concordei sem argumentar e me sentei de novo com as costas na parede, para recuperar melhor as energias vaporizadas mais cedo. Só me mexia para espantar os pernilongos. Rodolfo forçou os pés de novo para dentro da apertada sapatilha, suspirou e desapareceu na radiação acima.

O tempo passou. Muito tempo. Muito mais tempo do que o necessário para ele ir até lá e voltar, mesmo se arrastando. Alguma coisa havia acontecido, e comecei a me sentir culpado por não ter me oferecido para a missão. Sem acreditar que aquilo estava mesmo acontecendo, até porque não tínhamos mais água, calcei as sapatilhas e saí da sombra das árvores para o costão aberto. O impacto inicial do calor quando voltei a ficar sob o sol foi como um soco, mas, mesmo assim, subi bem rápido e andei para a esquerda na direção da corda que havíamos deixado fixa em uma árvore, aos pés da qual deveria estar a chave. O Rodolfo também deveria estar em algum ponto entre mim e a árvore, mas não havia nem sinal dele. O que teria acontecido?

Gritei pelo seu nome e não obtive resposta. Gritei uma segunda vez, mais alto, e julguei ter ouvido algo em retorno, mas não tinha certeza do que era. Gritei uma terceira vez e aí ouvi claramente a sua voz, trêmula, vindo de dentro daquela que talvez seja a maior touceira de arranha-gato que já vi em toda a vida: uma massa verde compacta de uns 3 metros de altura por uns 15 de extensão, feita de espinhos rijos distribuídos em longas hastes flexíveis, emaranhada ao longo da base da parede! E a voz dele vinha bem do meio daquilo! Vale a pena passarmos neste momento a palavra para ele:

A situação era desesperadora. Como a chave estava sob minha guarda, achei que eu é que deveria voltar, embora meu corpo não concordasse com isso. Comecei a subir novamente o costão debaixo de um sol que nem os beduínos estão acostumados. No trecho de capim, minha luz de battery-low *já tinha desistido de piscar há muito tempo. Cheguei à corda fixa e comecei o procedimento de prusik. Tendo subido apenas uns 2 metros, dei uma pendulada e fui cair em cima de uma frondosa "árvore" arranha-gato. O diedro não parava de tentar nos deter. Os espinhos tomaram conta do meu corpo e eu nem precisava fazer força pra ficar em pé porque já era sustentado pelos galhos. A coisa tava mesmo preta. Sem conseguir sair dali, tentei prusikar de onde estava, mas como a pedra fazia um negativo, me balançava muito, o que só fazia com que me arranhasse mais. Nessa hora eu comecei a cogitar a hipótese de passar a morar ali mesmo. Não tinha forças pra mais nada. Achei um buraco protegido do sol e me entoquei a espera de um milagre. Quem sabe a chave cairia lá de cima nas minhas mãos? Quem sabe um eclipse esconderia o sol e me renovaria as forças? Bom, quanto tempo se passou, eu não sei, mas, de repente, ouço a voz do André me chamando. Disse que não consegui subir, e ele, então, subiu e apanhou a chave. A descida foi cansativa mas, pelo menos, sabia que estava indo em direção a um banho e bastante água.*

Após ouvir o relato do que acontecera, mas ainda sem conseguir vê-lo, subi de prusik pela corda fixa, tomando muito cuidado para não deixar acontecer comigo o que sucedera a ele, recuperei a chave e rapelei de volta ao platô. Desci ao lado da touceira de arranha-gato, e só então o Rodolfo apareceu, rastejando por baixo dos galhos mais frondosos. Havia uma certa indignidade naquela situação, mas ele não parecia estar preocupado com isso. Seu estado era lastimável: imundo, encharcado de suor, a camiseta rasgada e com as partes visíveis do corpo todas marcadas de vermelho devido a centenas de pequenos furos e arranhões.

Descemos o mais rápido possível e, ao chegar ao carro, pusemos o ar-condicionado no máximo e ficamos ali parados um bom tempo, resfriando os miolos. Almoçamos em um restaurante de beira de estrada e passamos a noite no sítio da família dele, comendo, bebendo muito e tentando nos recobrar para o dia seguinte. Mas o dia seguinte também não seria moleza.

Retornamos muito cedo à parede para (tentar) evitar o sol. Subimos sem problemas até a base do diedro principal, e depois cheguei bem rápido com corda de cima ao ponto mais alto atingido anteriormente. Como a fenda adiante fosse muito larga para as peças que tínhamos, venci a bonita oposição que é o crux da via com segurança em dois grampos batidos com broca e marreta. Depois, com proteção em friends grandes, cheguei ao teto que teria que ser percorrido para a esquerda até os lances finais da escalada. Parei em uma fenda cheia de guano de morcego e avaliei a situação.

Quando olhamos a fenda de baixo, não imaginávamos ter que bater aqueles dois grampos, os únicos que tínhamos conosco, mas estava claro que, para fazer com segurança o trecho que restava, ainda seria necessário outro grampo, se não mais. No carro havia mais alguns, e como misericordiosamente o céu estivesse nublado até aquele momento, após alguma deliberação acordamos que o Rodolfo iria apanhá-los enquanto eu o esperaria pendurado no segundo grampo já batido.

Assim foi feito, mas o sol, como se estivesse à espreita, apenas aguardando a nossa decisão, apareceu em todo o seu esplendor, e o cansaço se abateu sobre o Rodolfo. Por essa razão, ele demorou muito a voltar e, com isso, fiquei fritando na pedra preso ao grampo, sem ter como me proteger. A longa espera, imóvel debaixo daquele sol inclemente, foi um suplício. Para suportá-lo, tentei um truque: eu me imaginava como aqueles escaladores de alta montanha que contam os minutos em bivaques forçados a céu aberto nas montanhas mais altas do planeta, só que, em vez de frio extremo, era o calor extremo o inimigo a ser vencido; eu ficava me convencendo de que, com tenacidade, dá para se sobreviver igualmente aos dois. Ou sucumbir, em contrapartida.

Quando ele finalmente chegou, nossa vontade secreta era ir embora dali imediatamente, mas ninguém deu o braço a torcer. Portanto, reuni forças para fazer uma horizontal para a esquerda e bater dois grampos com vistas a estabelecer a segunda parada da via. Nesse ponto, resolvemos descer, pois não dava mais para aguentar. Segundo Rodolfo,

> *Dali pra frente, a via parecia ficar bem mais fácil, e a tentação de terminá-la era grande. Nossas forças, porém, estavam nas últimas, e optamos pela descida. Ao chegarmos à base, já totalmente exaustos, vimos que tomamos a decisão acertada.*

A terceira viagem

Em outubro do mesmo ano voltamos, enfim, para a investida final! Saímos cedo do Rio de carro e fomos direto para a via. Estávamos levemente apreensivos, pensando no que poderia acontecer desta vez, mas não precisamos gastar muito tempo até descobrir.

> *Passamos rápido pelo costão inicial, atravessamos o trecho de mato e começamos a subir um lance de trepa-pedra. O André estava na frente. Ele pisou em uma pedra do tamanho de um travesseiro, embora não tão leve, e ela começou a deslizar em minha direção. Eu vejo aquela pedra enorme se aproximando rapidamente, mudando levemente sua trajetória a cada vez que bate no solo, e não sei para que lado pular. Eu era como um goleiro, que precisava adivinhar a direção que a bola — no caso, a pedra — ia tomar para poder pular, mas para o lado oposto. Enquanto me perdia nessas divagações, a pedra já estava me alcançando e, na última fração de segundo, eu pulo para a direita, mas sem deixar de senti-la roçando levemente minha canela. Tudo bem, foi só um susto. Olho pra trás e vejo a pedra rolando montanha abaixo sem causar maiores danos. Isso não foi nada, repito para mim e para o André. Vamos em frente.*

Superado o contratempo, chegamos à parada dupla batida na vez anterior sem novos percalços. Conquistei então uma longa enfiada para a esquerda por debaixo do teto, bem fácil, mas com um lance de agarras delicado ao final, e fiz uma parada em móvel em um diedro voltado para a direita. Dali o Rodolfo fez uma enfiada de corda mais curta, fazendo outra parada móvel em outro diedro, e depois seguiu até o cume, onde parou em uma grande árvore para a qual me levou. Finalmente, após tantas emoções, concluímos o *Diedro Vermelho*, uma via cujo grau modesto não faz justiça a tudo o que passamos nela! Mas agora era só festa e relaxamento, nada mais poderia dar errado.

Ou poderia?

Caminhamos para a direita por algumas dezenas de metros e rapelamos de uma sólida árvore situada exatamente em cima do final do diedro, um impressionante rapel negativo que nos deixou no platô acima do primeiro diedro de nossa via e da variante *Hipertermia*. Continuamos descendo sem maiores problemas, mas, ao chegarmos de volta ao carro, ansiosos para celebrar a nova via com uma cervejinha gelada, tivemos uma péssima surpresa: o filho da dona daquelas terras esvaziara três pneus do nosso carro em represália por estarmos em sua propriedade e quase chamara a polícia! Não fazíamos ideia de quem ele era, pois nunca vimos vivalma por ali, e a entrada para o carro a partir da estrada não tinha cercas ou portões.

Quem nos contou isso tudo foi o solícito proprietário das terras do outro lado da estrada, que estava junto ao carro com o seu caseiro nos esperando com uma bomba de ar manual para quebrar o nosso galho. Nem tudo está perdido na humanidade!

Trocamos o pneu mais murcho pelo estepe, enchemos um pouco os outros dois, com esforço, e fomos até a casa em frente, pois ele, por sorte, tinha um compressor com o qual encheu adequadamente todos os pneus. Assim, pudemos partir, agradecidos, para o sítio de Leopoldina, onde pernoitamos uma vez mais, relembrando cada detalhe da saga do *Diedro Vermelho*!

O PROJETO GUARATIBA

A partir do final dos anos 1970, como o leitor já foi informado, eu e um pequeno grupo de amigos nos empenhamos em implantar no Rio de Janeiro e, por extensão, no Brasil, o uso de equipamentos móveis para proteção de escaladas onde houvesse fendas adequadas para encaixá-los. Fomos então atrás de possíveis novas vias onde a técnica pudesse ser empregada, mas havia algumas dificuldades nesse sentido.

As montanhas da cidade do Rio de Janeiro e da vizinha Petrópolis são feitas de granitos e gnaisses muito antigos e erodidos e, por essa razão, não apresentam muitas fendas. Das poucas existentes, as mais evidentes já haviam sido escaladas no passado com grampos. Repeti-las usando peças móveis em vez dos grampos originais foi o primeiro passo, para ganhar confiança. Mas queríamos abrir as nossas próprias vias, deixando-as, se possível, sem uma marca sequer de nossa passagem. Fuçando bastante encontramos algumas, em geral pequenas e situadas em falésias distantes ou obscuras, mas já era alguma coisa. O conceito pôde assim ser provado e aprovado.

Em outros pontos do estado encontramos um maior número de fendas adequadas disponíveis. O famoso Dedo de Deus, na Serra dos Órgãos, por exemplo, parece ter levado uma martelada cósmica que o deixou todo rachado. Diversas vias com proteção móvel hoje seguem essas fraturas, das quais eu próprio fui coautor de quatro. Em Itatiaia, amigos abriram muitas outras, de grande qualidade, mas faltava ainda um lugar que contasse com um elevado número de fendas bem-definidas próximas entre si e de fácil acesso, que configurasse um autêntico centro de treinamento nesse estilo.

Isso veio a acontecer em 1984, quando Tonico Magalhães me convidou para explorar com ele as falésias da Serra do Lenheiro. Trata-se de um pequeno afloramento de quartzito na periferia da cidade histórica de São João Del Rei, em Minas Gerais, que ele havia "descoberto" recentemente, durante um trabalho de campo acadêmico da Geologia. A área já era usada, e o é até hoje, pelo Exército, que mantém ali uma guarnição especializada em técnicas de montanhismo militar, o Batalhão Tiradentes. Para isso, utilizam algumas das mais fáceis das inúmeras fendas ali existentes e as equipam com proteções fixas para receber um trânsito pesado de militares com armas, mochilas e outros equipamentos.

Mas as demais, inclusive algumas verdadeiramente impressionantes, estavam lá de braços abertos nos esperando, e, naquele feriado de Semana Santa, abrimos alegremente as oito primeiras, dentre elas alguns clássicos locais como *Spartacus* e *Dança Macabra*. Depois, em sucessivas viagens, abri quase vinte outras, que, somadas à produção de amigos diversos, fez com que a Serra do Lenheiro ocupasse o posto de primeiro centro de escalada móvel do Brasil.

Esta exclusividade estava destinada a durar pouco. Dois anos depois, eu abri as primeiras vias em móvel no Morro da Pedreira, um belo maciço de metacalcário (mármore) na hoje célebre Serra do Cipó, a cerca de 100 quilômetros de Belo Horizonte. Depois disso, mais de 150 vias nesse estilo foram abertas por lá, principalmente por mim, pelo André Jack, um entusiástico morador local, e pelo próprio Tonico, carioca recém-mudado para as Minas Gerais. Mais tarde, quando foram estabelecidas as primeiras vias esportivas — aquelas com proteção fixa muito próxima, para que o escalador se concentre somente na dificuldade técnica dos lances —, o Morro da Pedreira ganhou fama nacional e até internacional, sendo hoje considerado uma Meca do estilo no Brasil.

As duas serras mineiras são maravilhosas, mas muito distantes do ponto de vista de quem mora no Rio de Janeiro. Faltava algo parecido mais próximo, de preferência dentro da cidade, mas como os processos geológicos necessários ao surgimento de novos maciços rochosos são *meio* lentos, o problema parecia insolúvel.

Isso até que, em 1992, uma vez mais em companhia do Tonico, fiz a aventurosa travessia Grumari – Barra de Guaratiba, que segue uma extensa linha de costões e blocos rochosos à beira-mar entremeados com praias arenosas e trilhas de terra, principalmente na sua segunda metade. A caminhada tem diversas passagens expostas, e, em pelo menos duas, é prudente a utilização de equipamentos de escalada para segurança. Ela passa por todas as chamadas "praias selvagens" do Rio de Janeiro — Inferno, Funda, Meio, Perigoso e Búzios — antes de terminar na Ponta do Picão, em Barra de Guaratiba, bairro que também marca o início da Restinga da Marambaia, com seus espantosos 42 quilômetros de extensão.

A Praia do Perigoso, a maior delas, é uma nesga de areia clara de uns 200 metros de comprimento, encravada em um cenário de grande beleza. Nele se destaca o Pico do Perigoso, ou Pedra da Tartaruga, assim chamada devido ao seu formato característico, que parece mesmo uma tartaruga com a cabeça meio espichada quando vista da trilha de aproximação. Essa "cabeça", onde a rocha forma um imenso negativo, virou aquele que talvez seja o ponto mais procurado pelos rapeleiros da cidade, com dezenas, e até centenas de pessoas fazendo fila para descer pelas suas cordas nos fins de semana ensolarados. Alguns escaladores têm certo preconceito contra os rapeleiros, mas dá gosto de ver a expressão de alegria na cara das pessoas que fizeram ali o seu primeiro rapel, e mesmo de outras mais experientes.

Tanto na cabeça quanto no casco da tartaruga, que conta com grandes blocos rochosos que se assemelham a cracas grudadas na imensa carapaça arredondada, há muitas fendas limpas e perfeitas, embora curtas. Elas eram tentadoras, por isso, três dias depois, estávamos de volta com o filho pequeno dele, Juliano, que nos acompanhou até a base, para abrir as primeiras vias: *Jogo Bruto*, *Miramar* e *Cobras e Lagartos*, todas essencialmente protegidas com peças móveis.

Essas primeiras escaladas, como veremos, deram início à construção daquilo que tanta falta fazia no Rio de Janeiro, um grande conjunto de vias em móvel de todos os níveis de dificuldade próximas umas das outras, para proporcionar variadas oportunidades de treinamento no estilo por quem o desejasse. Apenas entre a Praia do Perigoso e a Ponta do Picão há, atualmente, mais de 100 vias, que variam de 10 a 30 metros de extensão.

As escaladas de Guaratiba

Como Tonico raramente viesse ao Rio, convidei outros amigos e amigas para desenvolverem comigo o imenso potencial do local à medida que as novidades iam surgindo. Eram surpresas atrás de surpresas, pois há ali diversas pequenas paredes com ótimas linhas muito escondidas das trilhas habituais, que só com empenho se revelam. Em algumas só se chega de rapel, e as condições do mar acabam sendo um dos principais fatores a serem considerados. As ondas, quando o mar está grande, passam *por cima* de algumas escaladas e inviabilizam a grande maioria delas.

Ao longo dos anos, em incontáveis idas a Barra de Guaratiba, abri umas 120 vias com parceiros variados, mas merecem destaque Henrique Varella e

Flávio Wasniewski, os mais constantes. Com eles, passei a malha fina nas muitas fendas que o local apresentava e vivi o maior número de aventuras.

Antes de tudo, porém, fui atrás da primeira escalada registrada na região (e única antes das minhas próprias), um certo *Paredão Verão*, na relativamente extensa parede da Ponta do Picão, situada no lado oposto ao da Praia de Barra de Guaratiba. Não o encontrei, pois os seus grampos provavelmente desapareceram em virtude da ação da maresia. Também não me interessei em tentar nada ali, uma vez que a parede, apesar de bonita, com sua estranha cor esverdeada, aparentava ser excessivamente fácil. Em contrapartida, havia bem ao lado uma falésia íngreme com alguns sistemas de fendas bem-definidos, que seriam o nosso próximo objetivo. Melhor ainda, vi em frente, com incredulidade, do outro lado de um recorte no litoral, todo um conjunto de falésias verticais repletas de fendas situadas logo abaixo da trilha principal, porém ocultas desta devido à sua posição.

Depois de abrir duas ótimas vias na pequena falésia da Ponta do Picão, fui explorar as paredes sob a trilha, e quando lá cheguei, fiquei excitado como uma criança na véspera do Natal. Aquilo era muito mais do que eu havia sonhado!

Logo concluí que o lugar se prestaria a ser uma "falésia temática", ou seja, uma parede com vias cujos nomes guardam uma forte relação entre si. No Rio de Janeiro, temos, por exemplo, a *Parede dos Ácidos*, no Morro da Babilônia, onde cada via lembra um ácido diferente (*Benzoico, Lático, Clorídrico, Úrico* etc.), e, em frente a ela, do outro lado da enseada da Praia Vermelha, um grande bloco batizado de Pedra do Urubu inspirou o surgimento de vias com nomes correlatos: *Urubu-Rei, Urubu-Mestre, Urubu Bacana, Urubu Sacana, Urubu Capenga* e outras variações. Em Yosemite, Califórnia, há outra *Parede dos Ácidos*, mas nela cada via homenageia, na verdade, uma variedade conceituada de LSD: *Mr. Natural, Green Dragon, Purple Haze* e outros. No Parque Nacional da Tijuca, uma falésia batizada de O Circo previsivelmente possui vias com nomes ligados ao picadeiro. Os exemplos são numerosos.

Tendo em mente as muitas possibilidades que havia, pensei que se poderiam homenagear ali os orixás das religiões afro-brasileiras, mas errei feio na estimativa das linhas disponíveis. Não só batizei vias com nomes de todos os orixás que conhecia e alguns que pesquisei, como ainda esgotei meu repertório de nomes afins como *Pai-de-Santo, Frango de Macumba, Patuá, Bode Preto, Saravá* e outros. E quando isso também não foi o suficiente, passamos a dar nomes quaisquer. Esse conjunto de paredes, onde está a maior concentração de vias, recebeu por essa razão o nome genérico de Falésia dos Orixás, mas, para melhor compreensão, ele foi subdividido em quatro setores distintos, cada qual com suas peculiaridades: Paredes de Cima, Paredes de Baixo, Paredes do Canto e Cânion dos Orixás.

As Paredes de Cima foram as primeiras aonde cheguei, e, embora já estivesse tarde naquele dia, não resisti e solei uma óbvia chaminé que chamei de *Iansã*, dando início assim ao planejado. Depois, os orixás foram surgindo um a um, até se esgotarem. Na Ponta do Picão, a grande atração é o Cânion Principal, com quinze vias relativamente fáceis estabelecidas lado a lado, além de outras tantas em paredes menores e blocos próximos. No Pico do Perigoso, também foi intensa a abertura de novas escaladas. Guaratiba tem um pouco de tudo: agarras, fissuras de dedos e de mãos, oposições, chaminés. A proteção dessas escaladas varia de excelente a precária, permitindo que se apure igualmente o aspecto psicológico.

Em 1999, para tornar o local mais conhecido e estimular a visitação, publiquei um guia local, *Guaratiba — Guia de escaladas em rocha*. Ele abrange todas as vias entre Barra de Guaratiba e a Pedra do Pontal, no Recreio dos Bandeirantes, trazendo dados básicos sobre cada uma delas, bem como diagramas com a sua localização e algumas fotos de ação. Esgotada a edição de papel, disponibilizei o livro completo para download gratuito na internet, com o objetivo de incentivar mais pessoas a conhecerem o lugar, porque vale a pena.

Apesar de quase todas as vias serem protegidas com nuts e friends, os tipos básicos de peças móveis, em alguns trechos compactos foi necessária a instalação de grampos fixos. Da mesma forma, nos topos de muitas vias foram postos grampos para parada e descida, de forma a permitir que as pessoas pudessem fazer diversas vias em um dia, sem dar uma grande volta por caminhada para retornar ao chão, ou então perder um tempo excessivo montando paradas móveis. Só que, em vez dos grampos de aço comum, que se enferrujam com facilidade à beira do mar, usei em Guaratiba o que me pareceu à época ser a solução definitiva para esse problema: grampos de aço inoxidável, que supostamente deveriam durar para sempre. Afinal, inoxidável era para ser, pensava eu, aquilo que não se oxida. Infelizmente, não é bem assim.

Primeiro, houve a notícia de que chapeletas de aço inoxidável haviam se rompido em outros países, como na Tailândia, devido à corrosão marinha. Tempos depois, circulou a notícia da quebra de um grampo de inox em uma via de minha autoria, nas Paredes de Cima, devido à queda de um escalador, sem más consequências porque, felizmente, o grampo de baixo o deteve a poucos centímetros do chão. Divulguei imediatamente nas listas de escalada na internet um alerta quanto à situação. Um segundo acidente no mesmo setor, desta vez resultando em séria fratura de mão, onde o ferido teve que ser resgatado de helicóptero, me fez divulgar um segundo aviso mais enfático, recomendando que as pessoas não fizessem mais tais vias até que suas proteções fixas fossem substituídas por algo mais confiável.

A resposta para o problema foi o titânio, um metal virtualmente imune à corrosão marinha, e, assim, voltei até lá dezenas de vezes para "titanizar" todas as minhas vias. Os grampos de titânio são fixados com uma cola industrial de alta resistência, ao contrário dos de aço comum ou de inox, que entram por compressão, a marretadas. Isso fez com que as vias de Guaratiba, depois de um bom tempo, voltassem a estar em perfeitas condições para atender à finalidade para a qual foram concebidas.

Passei muitos dias aprazíveis escalando sem pressa em cantinhos sempre muito bonitos e isolados, a despeito da proximidade com as crescentes levas de pessoas que se dirigem à Praia do Perigoso, atraídas por reportagens em revistas, jornais e na internet. Olhando em retrospecto, vejo, com orgulho, que o objetivo foi atingido. No município do Rio de Janeiro, ainda que em um de seus extremos, foi criado um diversificado centro para escaladas com proteção móvel, agora ampliado e totalmente remodelado com o estado da arte em termos de proteção fixa em ambientes marinhos.

Tendo ido tantas vezes até lá para abrir, repetir ou regrampear vias, era de se esperar que alguns episódios marcantes tivessem acontecido. Não decepcionarei o leitor quanto a isso.

Voo livre

O primeiro episódio de impacto — e bota impacto nisso! — ocorreu logo nos primórdios da exploração da região. Ao procurar o antigo *Paredão Verão*, na Ponta do Picão, me deparei com uma pequena falésia vertical que ostentava três sistemas de fendas bem definidos, e, em abril de 1994, voltei para tentar conquistar o primeiro deles. Na verdade, secretamente sonhava em subir no mesmo dia os dois sistemas mais evidentes, talvez os três logo de uma vez. Quanta ilusão.

Eu estava acompanhado por Maristela Fonseca, apelidada de Tela, minha namorada à época, e Eduardo Cabral, outro entusiasta das vias em móvel. Nosso objetivo era uma fenda que cruzava a parede de cima a baixo e em diagonal da direita para a esquerda. O problema é que a fenda não era muito profunda, o que significava que peças móveis só cabiam em alguns pontos e, mesmo assim, meio que no limite. Em outras palavras, as colocações eram delicadas e nada triviais de serem feitas. O sistema de fendas à esquerda era mais marcado e, portanto, mais seguro quanto à proteção, contudo bem difícil. Por isso, achamos melhor começar com uma via mais fácil, ainda que complicada de se proteger.

Na verdade, a fenda era tão incipiente no início que, após subir alguns metros, achei mais prudente parar em ganchos de metal conhecidos como cliff-hangers para bater um grampo. Em uma outra ocasião, arrependido do momento de fraqueza, guiei a via toda apenas com material móvel e removi o grampo que me envergonhava, mas nesse dia ele estava lá para dar um ânimo ao Cabral, que assumiria a frente a partir dali. Ele teve bastante dificuldade em colocar as peças minúsculas que a fenda exigia, que pareciam nunca ficar sólidas o suficiente e, já cansado, também parou mais adiante em cliff-hangers para avaliar o que faria, provavelmente bater outro grampo. Essa perspectiva me deixou deprimido. Dois grampos em 10 metros eram um começo humilhante para quem imaginava estar dando o pontapé inicial em um grande centro de escalada móvel...

Mas não tive tempo de ruminar tais pensamentos, pois algo bem mais urgente veio reclamar a minha atenção. Os cliffs nos quais ele se apoiava saíram todos de uma vez e, em uma queda livre de uns 5 metros, Cabral voltou ao chão de pura pedra de onde eu e Tela acompanhávamos os seus esforços. Ele caiu bem diante de nós, com o corpo na horizontal, fazendo um *tump!* alto e abafado, e a quicada que deu no chão antes de finalmente ficar imóvel nos causou uma impressão especialmente ruim.

— Cabral, você está bem? — perguntei, aflito.

Essa, obviamente, não era uma pergunta razoável. Ninguém estaria bem depois de uma queda daquelas. A resposta não veio sob a forma de palavras, mas na expressão de desespero no seu rosto quando se virou para nós apontando para o peito, dando a entender que não conseguia respirar. A situação era semelhante à que muitos anos depois aconteceria com outro amigo meu, Rodolfo Campos, que contei no capítulo 17.

Após um tempo que nos pareceu interminavelmente longo, como sempre acontece nesses casos, Cabral conseguiu dar uma primeira inspirada, fazendo um barulho perturbador à medida que o ar forçava passagem pela traqueia. Rapidamente calculei que a oxigenação seria suficiente para ele se recuperar e, de fato, aos poucos ele foi recobrando a respiração normal.

Não havendo qualquer sangramento, o passo seguinte era procurar por fraturas, e a dor que ele ainda sentia no peito nos levou a um caroço que não estava ali mais cedo. Fora isso, nada muito evidente. Enquanto a Tela o ajudava a retirar o equipamento pessoal com cuidado, eu recolhi o que estava na pedra, e em seguida, devagarzinho, o escoltamos de volta ao carro. Fomos direto para um velho conhecido, o hospital Miguel Couto, onde a fratura de uma costela foi confirmada. Um tempo quieto em casa, de molho, mas nada mais sério. Cabral saiu no lucro.

Levou um ano e meio até que eu voltasse lá com dois outros amigos, Henrique Varella e Marquinhos Madeira, para guiar a via direto, totalmente em móvel. Ela foi batizada, em alusão ao que acontecera, de *Voo Livre*.

Os garotos noruegueses

Era uma quinta-feira em 1996 e eu estava em uma reunião social do Centro Excursionista Brasileiro quando alguém me procurou e disse:

— André, há dois noruegueses aqui que querem informações sobre como ir para a Serra do Cipó, que escaladas há por lá etc. Você, que fala inglês e que conhece bem o Cipó, não quer conversar com eles?

— Claro — disse eu, e fui apresentado a Kristian Nilsen e Johan Poppe.

Eram dois garotos de vinte anos no máximo e muito simpáticos. Conversamos um pouco e combinamos de eles irem à minha casa na noite seguinte para ver fotos da Serra do Cipó, croquis de vias, mapas de acesso etc., coisas que eu não tinha comigo naquele momento.

Na hora combinada, a campainha tocou e coloquei-os para dentro. Começamos a conversar, mas logo me chamou a atenção o fato de que pareciam um pouco distantes, com o olhar vagando de um lado para o outro. Depois de algum tempo, não resisti e perguntei:

— O que vocês tanto olham?

— Ah! — respondeu um deles —, nós estávamos muito curiosos para ver como seria a típica casa de um brasileiro, mas estamos um pouco decepcionados porque ela não parece muito diferente da casa de um norueguês!

Por um instante, eu não sabia se achava graça ou ficava ofendido em ver a minha casa transformada em uma espécie de Bwana Park sociológico. Acabei rindo e ainda devolvi a esperança aos meus jovens convidados:

— Mas esta *não* é a casa típica de um brasileiro! — exclamei, apontando para uma grande parede repleta de livros. — E, muito mais grave, eu não tenho um aparelho de TV, o que decididamente me torna uma excentricidade neste país!

Esclarecidas essas diferenças culturais, e depois de passar todas as informações necessárias, convidei-os a ir comigo e com Henrique Varella no dia seguinte a Barra de Guaratiba, conforme já tínhamos combinado. Eles aceitaram imediatamente, pois não tinham pressa em seguir para o Cipó.

Embarcamos no meu carro, o Surfista Prateado, e, após o tradicional tour de reconhecimento pelas Paredes de Cima, nós os deixamos lá para repetir algumas vias enquanto rapelávamos até o fundo do Cânion dos Orixás para tentar a conquista de uma escalada difícil que chamamos de *Curto Circuito*, a primeira naquele setor. Quando estávamos de volta ao topo da parede, comemorando nosso sucesso, Kristian apareceu para dizer que Johan caíra e machucara o pé na segunda via em que eles haviam entrado. Na verdade, ele o havia quebrado, o que os obrigou a cancelar a viagem à Serra do Cipó e abreviar o retorno para a Noruega.

Mas, naquele momento, ninguém tinha noção da gravidade do ocorrido, e como ele falou muito casualmente que o Johan, não querendo ser um desmancha-prazeres, o liberara para escalar mais um pouco conosco enquanto nos esperava sentado no bar bebendo uma cervejinha, relaxamos e convidamos Kristian para tentar uma nova via à esquerda da primeira. O moleque adorou a ideia de sair do Rio de Janeiro com uma conquista a seu crédito. Rapelamos uma vez mais até o fundo do cânion, só que desta vez sob ameaça de chuva e com o mar nitidamente subindo. Como tínhamos deixado uma corda fixa no grampo de topo da via anterior, isso nos tranquilizava, pois, se a chuva caísse mesmo, ou se o mar ficasse de ressaca repentinamente, poderíamos abortar a conquista e subir de prusik por ela sem qualquer dificuldade. Além do mais, a via parecia ser bem mais fácil do que a anterior.

Não choveu, mas as ondas foram ficando cada vez mais fortes. O ponto de partida da escalada é uma plataforma rochosa plana logo acima da linha do mar. As ondas entram pela boca do cânion, passam em alta velocidade logo abaixo dos pés de quem está por ali, se chocam com violência no fundo e refluem pelo mesmo caminho. Esse era um padrão já conhecido e previsível, exceto pelo fato de que as ondas entravam com velocidade crescente, explodiam com força cada vez maior no fundo da grande rachadura, fazendo um barulho assustador e lançando espuma cada vez mais alta (bem acima de onde estávamos) e, por fim, voltavam rugindo ainda mais ameaçadoramente para recomeçar todo o processo em um tom acima.

Como eu estava guiando, fui o primeiro a sair do chão, mas à medida que subia, aumentava a apreensão do nosso amigo escandinavo. Pude confirmar: a escalada era mesmo mais fácil do que a anterior, contudo, devido às pedras soltas, avançava cautelosamente. Com isso, o espetáculo das ondas tornava-se cada vez mais intenso, o que o deixava proporcionalmente mais nervoso. O Henrique, acostumado com aquilo, por já ter tomado alguns bons banhos inesperados nos arredores, comentou comigo o que se passava, mas nem era preciso. Bastava vê-lo encolhido contra o diedro de onde eu partira para perceber que Kristian não estava se sentindo nada confortável com aquela situação. Quando cheguei ao topo da parede, ele soltou uma exclamação de alegria, seguida de outra de desapontamento ao ser informado de que eu ainda teria que bater um grampo antes de levá-los para cima, o que consumiria uns vinte minutos ou mais, já que nessa época ainda não existiam as furadeiras elétricas.

A essa altura, até eu já estava começando a ficar impressionado com o canhoneio do mar no fundo do cânion. Finalmente, terminei de bater o grampo, e o Henrique gentilmente permitiu que Kristian fosse o segundo a subir, por razões óbvias, e com que velocidade ele subiu! Não conseguimos segurar o riso e batizamos a via de *Troll*, em homenagem às lendas de sua terra natal.

Jovem de sorte

Pouco tempo depois da escalada com os noruegueses, um episódio bem mais sério aconteceu, desta vez nas Paredes de Cima. Eu e Henrique havíamos ido a Barra de Guaratiba com o sobrinho dele, Gustavo, então com treze anos de idade, e um casal de amigos de Belo Horizonte, para repetir algumas vias já estabelecidas. A primeira foi *Pai de Santo*, uma escalada relativamente difícil, porém bem protegida, que transcorre em diagonal para a direita e termina em um bom platô que ela divide com outras duas vias. Quando terminei de fazê-la, voltei à base de baldinho — técnica em que o escalador se pendura na corda e é descido suavemente por quem está lhe dando segurança, ficando a corda montada para que outros possam repetir a via com corda de cima sem ter que guiá-la novamente.

Fiquei sentado sobre uma grande pedra ao lado conversando com os meus amigos mineiros, e, enquanto isso, o Gustavo, animado, quis ser o segundo a subir, com segurança dada pelo tio. Ele repetiu a via sem problemas, mas, na hora de armar o baldinho para descer, se pendurou no lado errado da corda.

Eu estava de frente para a cena e custei a acreditar no que vi. De repente, Gustavo começou a cair em queda livre até o chão, todo de pedra, a uns 10 ou 12 metros abaixo! A cena parecia irreal, se desenrolando como que em câmera lenta, mas aí o destino intercedeu a seu favor: em toda uma larga plataforma rochosa, repleta de degraus e pontas ameaçadoras, o garoto caiu exatamente sobre uma mochila cheia de roupas, que o amorteceu quase que por completo. Além disso, não havia sido uma ilusão de ótica o fato de ele parecer ter caído mais lentamente do que o normal. Embora não houvesse ninguém segurando-o no lado da corda em que se pendurou, o mero atrito desta com as peças de segurança pelas quais passava freou um pouco a queda, contribuindo para reduzir o impacto no solo — ou, no caso, na mochila.

A feliz conjugação desses dois fatores fez com que uma queda com potencial de ser fatal ou, no mínimo, de deixá-lo seriamente ferido, resultasse apenas em um arranhão nas costas, um pequeno corte no lábio e o nariz inchado por uma pancada no próprio joelho.

Acudimos todos ao menino, correndo. Henrique estava desesperado, pois gosta muito do sobrinho, que se encontrava sob sua guarda naquele dia. Mas, fora o problema no nariz, ele estava surpreendentemente bem para as circunstâncias. Por isso, ainda repeti a via novamente, em alta velocidade, para recolher o material espalhado nela, e fomos embora em seguida. Mais tarde, soubemos que o seu nariz estava fraturado, mas isso não foi absolutamente nada perto do que poderia ter acontecido!

O acidente não arrefeceu o seu entusiasmo pela escalada. Pelo contrário, Gustavo, que se formou médico, continua a escalar forte até hoje, e juntos abrimos algumas novas vias naquela região. Mas ele certamente aprendeu, da forma mais dura possível, que a escalada, a despeito dos seus muitos prazeres e recompensas, é um esporte em que erros, mesmo os mais simples, podem resultar em penalidades muito elevadas para quem os comete, para outras pessoas, ou mesmo para todos os envolvidos.

Com certeza, ele ficou mais atento com os procedimentos de segurança desde então. E nós também.

Perseguição cinematográfica

A obsessão dos americanos com perseguições de carros sempre me deixou admirado. Em boa parte dos filmes de Hollywood há uma; e, se não é de carro, é de moto. Caso seja um filme ambientado no mar, a perseguição é de lanchas. Em se tratando de filme histórico, cavalos ou bigas desempenham tal papel. Sempre achei isso um tanto entediante, menos no dia em que *eu* estive envolvido em uma e, o que é pior, na condição de perseguido.

A Praia de Barra de Guaratiba é um destino muito procurado pelos moradores da Zona Oeste da cidade do Rio de Janeiro nos fins de semana de verão, especialmente aos domingos, uma vez que muita gente trabalha aos sábados. O trânsito fica caótico a tal ponto que a guarda municipal agora fecha a Estrada de Barra de Guaratiba bem antes da praia. Portanto, quem não vai para lá bem cedo só pode passar a pé, perdendo a chance de subir de carro a vertiginosa ladeira que dá acesso à Ponta do Picão e à trilha que leva às demais escaladas e praias do local.

Sabendo disso, em janeiro de 1998 fomos para lá bem cedo em dois carros: eu e uma alemã que namorava à época, Anja Schwetje, em um carro, e quatro amigos do CEG em outro, em uma excursão válida pelo curso de guias do clube. O objetivo era eles treinarem o uso de peças móveis guiando algumas vias na Ponta do Picão, porém com uma corda adicional montada acima para garantia, já que aquilo era apenas um exercício, onde não cabia correr riscos desnecessariamente.

Assim fizemos e, à tarde, satisfeitos com o resultado, pegamos os carros para voltar. Atravessar a pista paralela à praia foi um suplício. Havia um grande número de bêbados transitando ou parados no meio da rua, ouvindo música em volume ensurdecedor, fazendo churrasquinho na calçada e, claro, enchendo a cara como se não houvesse amanhã. Vencido esse teste de paciência, ficamos engarrafados no curto trecho entre a praia e a entrada das instalações do Exército na Restinga da Marambaia, algumas centenas de metros adiante. Na época ainda se permitia o estacionamento de carros ao longo da pista, o que invariavelmente contribuía para a formação de um nó difícil de ser desatado. Quando, enfim, parecíamos estar livres de todos os obstáculos, virei à direita para pegar a Estrada de Grumari, mas dei de cara com novo engarrafamento. Carros parados, pessoas discutindo, clima pesado agravado pelo calor e pelo álcool. Havia também cinco motocicletas potentes na pista oposta, acompanhando um carro com quatro ocupantes.

Quando a fila de carros à minha frente andou, eu fui atrás. Mas aí um dos motociclistas que estavam na outra pista, com uma mulher na garupa, cansou-se de esperar e atravessou abruptamente na minha frente para seguir pela minha direita sobre a terra, uma vez que essa estrada é muito estreita e não possui acostamento. Irritado com aquela falta de civilidade, acelerei para sair dali o mais rápido possível, mas lamentavelmente o para-lama do meu carro bateu na pedaleira da moto e, quando olhei pelo retrovisor, percebi que havia derrubado os dois no meio do mato!

Ato contínuo, os amigos deles, no carro que ainda se encontrava preso ao engarrafamento, começaram a gritar para mim coisas que não compreendi, mas que provavelmente não eram boas. Isso me assustou, e instintivamente pisei ainda mais fundo no acelerador rumo à subida que leva a um restaurante panorâmico no ponto mais alto da estrada, antes da descida em direção a Grumari, sempre muito estreita, movimentada e com o asfalto cheio de buracos. Embora os carros à nossa esquerda continuassem parados, a nossa pista estava desimpedida. Assim, o carro deles e as motos manobraram rapidamente, e a perseguição teve início.

Eu dirigia como um louco estrada acima, seguido de perto pelas quatro motos (depois novamente cinco, quando a elas se juntou a do casal por mim abalroado) e pelo carro dos amigos deles. Atrás de todos vinha o carro com os meus próprios amigos.

Meu carro, apesar de valoroso, não era páreo para motocicletas de tantas cilindradas, e por diversas vezes uma ou duas emparelharam comigo e seus condutores ordenaram que eu parasse, aos gritos. Mas era sempre salvo pelos carros que vinham na direção contrária, que os obrigava a reduzir a velocidade e voltar para trás de mim para não colidirem de frente. As poucas pessoas circulando a pé na estrada se afastavam o máximo que podiam, prudentemente, e depois assistiam espantadas à passagem daquele cortejo alucinado. Anja, ao meu lado, estava de braços cruzados, impassível.

Em uma hora em que achei ter deixado para trás os meus perseguidores, perguntei:

— Anja, eles ainda estão vindo atrás da gente?

— Sim — respondeu ela, com fleuma germânica, após dar uma rápida olhada para trás.

— E você vê algum policial ou carro de polícia?

— Não — foi tudo o que obtive como resposta, sem que ela ao menos descruzasse os braços.

Na descida a coisa ficou ainda mais tensa, pois qualquer descuido de minha parte, ou da parte deles, teria provocado um acidente grave, mas o padrão de aproximações e afastamentos das cinco motos permanecia o mesmo. Eu me fingia de surdo às ordens para parar, uma pretensa deficiência auditiva tornada mais verossímil pelo ronco simultâneo de tantos motores potentes.

— Anja, eles ainda estão vindo?

— Sim.

Era inútil perguntar novamente. Estava claro que em algum momento eu não teria como seguir adiante e seria obrigado a enfrentar o meu destino. Esse momento chegou, enfim, já na estrada de paralelepípedos de cerca de dois quilômetros que acompanha a Praia de Grumari. Final de tarde, muita gente saindo da praia, um quebra-molas. Não era mais possível imprimir o mesmo ritmo, e os carros entrando e saindo das vagas adiante me obrigariam a parar de qualquer jeito. Então uma, depois duas, depois todas as motos entraram na frente do meu carro, e o carro dos amigos deles parou bem atrás. Eu estava cercado. Os banhistas próximos também pararam para assistir à confusão que se delineava. O trânsito ficou interrompido, mas não me lembro de ter ouvido ninguém reclamando disso.

Pensei rapidamente que ali, com tantas testemunhas, eles talvez não quisessem me matar. Mas em que estado eu sairia, ou melhor, sairíamos, de luta tão desigual? Afinal, eles eram nove, fora duas ou três mulheres nas garupas das motos. Eu tinha comigo Anja, uma oponente nada desprezível, além dos meus três amigos e uma amiga franzina, que tinham parado o seu carro atrás de todos. Ou seja, estávamos em franca desvantagem numérica. Além disso, meus amigos eram todos de um temperamento muito pacato, inadequado para um confronto daqueles. E se eles estivessem armados?

Com esses pensamentos todos na cabeça e descargas generosas de adrenalina na corrente sanguínea, saí do carro com um sentimento horrível, me preparando psicologicamente para uma luta de vida ou morte. O cenário grandioso ao redor emprestava um ar épico ao confronto iminente.

Para minha surpresa, no entanto, quem tomou a dianteira foi um baixinho vestido a caráter, com jaqueta de couro preta e luvas da mesma cor. Ele veio em minha direção, seguido pelos demais, com uma mão levantada e a palma aberta, aparentemente em sinal de paz. Seria isso mesmo?

— Tranquilo, tranquilo. Não precisa ficar com medo. Você viu o que você fez com o nosso amigo lá atrás, em Guaratiba?

— Sim, mas ele estava na contramão e eu estava na minha faixa. Ele estava errado!

— É verdade, ele estava errado, mas você não precisava ter feito aquilo!

— Isso também é verdade, só que eu não fiz por querer. Meu carro esbarrou na pedaleira deles, vi que caíram, vocês começaram a gritar e eu fiquei assustado, claro.

— Olha só, você quebrou o espelho dele. Mas ele e a namorada estão bem e o resto da moto também. Então, se você pagar esse prejuízo, fica tudo certo entre a gente.

— É, é — limitou-se a balbuciar o cara que eu havia derrubado, que estava ao seu lado.

Ele também havia delegado ao baixinho, claramente o líder do grupo, a tarefa de desenrolar aquela situação comigo. Eu não estava acreditando no rumo dos acontecimentos.

— E quanto seria isso? — perguntei, desconfiado.

— Eu comprei um espelho desses no mês passado, deve estar na faixa de uns 80 reais.

Oitenta reais! Há apenas alguns instantes, eu considerava seriamente a hipótese de ser massacrado por uma gangue de motociclistas de roupas negras, e agora, por meros 80 reais, vislumbrava a chance de comprar um bilhete para permanecer neste mundo.

—Tudo bem, então — respondi, procurando aparentar indiferença.

Peguei o dinheiro que tinha, completei com algum emprestado pela galera do CEG, entreguei tudo a ele e nos despedimos apertando as mãos, desejando felicidades recíprocas.

VENEZUELA SELVAGEM (MA NON TROPPO)

Eu sempre quis conhecer a Amazônia. Para quem gosta de lugares selvagens e mora no país que abriga a maior parcela desse fabuloso bioma, isso era quase uma obrigação. Mas quis o destino que meu primeiro contato com a floresta amazônica viesse a se dar do outro lado da fronteira, na Venezuela, em uma viagem cujo principal objetivo era subir o famoso Monte Roraima. Meu companheiro seria Ricardo Barsetti, com quem já fiz outras excursões memoráveis, como a primeira vez em que fui ao Vale do Peruaçu, no noroeste de Minas Gerais, e duas visitas à Ilha da Trindade, no meio do Oceano Atlântico.

O ano era 1996, e para a nossa pequena expedição reservamos pouco mais de três semanas, que incluiriam ainda uma visita à maior cachoeira do mundo, o Salto Angel, com quase um quilômetro de altura, e outros pontos de interesse, como o Cânion de Kavac, alguns parques nacionais, vilas históricas e as águas claras e mornas do Caribe.

Tivemos a oportunidade de conhecer dois lados bem distintos do país vizinho: cenários naturais espetaculares e moradores simpáticos e solícitos, mas também muitos regulamentos sem sentido e ameaças veladas e descomposturas explícitas volta e meia empanando o brilho de alguns passeios. O saldo final, contudo, foi amplamente positivo.

O Monte Roraima
O Monte Roraima é um tepui, nome dado às imensas mesetas de quartzito e arenito situadas entre Brasil, Guiana e Venezuela, especialmente nesta última,

que integram uma formação geológica conhecida como Escudo das Guianas. Essas montanhas singulares possuem cumes em geral planos e extensos; o do Auyán-Tepuy, por exemplo, o maior deles, possui nada menos do que 668 km² de área — a mesma de Mônaco e Andorra somadas.

Todos os tepuis são objetivos de sonho para os montanhistas, mas o Roraima, com 2.810 metros de altitude, veio a se tornar especialmente famoso e procurado por nós. Descoberto pelos ocidentais apenas no século XIX, foi subido pela primeira vez em 1884 pelo britânico Everard im Thurn, que seguiu a única linha de fraqueza nas formidáveis paredes verticais que guardam todos os demais flancos e até hoje a linha usual para se chegar ao topo. Inspirado pelos relatos de uma excursão posterior ao Roraima, Sir Arthur Conan Doyle escreveu o célebre romance *O mundo perdido*, no qual os protagonistas se deparam com pterodáctilos, dinossauros e outros animais pré-históricos que ali teriam sobrevivido graças ao isolamento da região.

O Roraima se situa exatamente na chamada Tríplice Fronteira. Segundo os limites internacionalmente mais aceitos, 85% dele se encontram na Venezuela, 5% no Brasil e 10% na Guiana. Contudo, enquanto a pequena porção brasileira não sofre contestações, Guiana e Venezuela possuem até hoje uma larga faixa fronteiriça considerada zona de litígio, na qual estão incluídos os 10% guianenses. No seu topo, exatamente onde seria esse encontro, há um marco de concreto de cerca de dois metros de altura e três faces, cada qual voltada para um país e alusiva a ele. Mas, enquanto a face brasileira e a venezuelana mantêm intactos os nomes das duas nações e alguma decoração, a da Guiana foi furiosamente raspada, provavelmente por algum nacionalista fanático do país rival.

Como uma das razões invocadas pela Venezuela para negar a soberania da Guiana sobre o seu quinhão do Roraima era a inacessibilidade do pico pelo território deste país, em 1973 o governo guianense convidou quatro famosos escaladores britânicos para abrir uma via na "Proa", uma formidável aresta com centenas de metros de altura, e ofereceu todo o suporte logístico para a escalada. Após uma aproximação épica pela floresta densa e uma batalha feroz na parede contra a chuva, a vegetação tropical e animais peçonhentos como imensas tarântulas, além, claro, da grande dificuldade técnica da via, em novembro daquele ano, Joe Brown, Don Whillans, Mo Anthoine e Hamish MacInnes chegaram ao topo da montanha, e a aventura foi imortalizada no livro *Climb to the Lost World*, de MacInnes, e em um documentário da BBC. Mas, ainda assim, a disputa persiste.

Nossas pretensões, no entanto, eram bem mais modestas. Queríamos apenas subir o Roraima pela sua trilha normal, a mesma seguida por Im Thurn, uma rampa suave em diagonal para a esquerda antes do íngreme zigue-zague final. Planejamos passar umas quatro noites no cume explorando ao máximo as inúmeras maravilhas lá existentes, das exóticas formações geológicas esculpidas pela erosão até uma fauna e flora exuberantes e peculiares, em que se destacam espécies endêmicas como o sapinho cinza que não pula, pois não há predadores que o obriguem a despender tanta energia inutilmente, e a bela inflorescência amarela em forma de cetro da *Orectanthe sceptrum*.

Nossa estada seria, assim, um tanto inusual, pois a maioria das pessoas que sobem o Roraima passa uma, no máximo duas noites antes de descer. Nós também queríamos subi-lo de forma autônoma, isto é, carregando todo o nosso equipamento e comida, ao passo que a maior parte dos demais segue em expedições totalmente organizadas e conduzidas por agências de turismo e acompanhados por um guia indígena. Os clientes sobem carregando apenas uma mochilinha com anoraque, água, lanche e agasalho, e todo o restante do equipamento — barracas, sacos de dormir, fogões, combustível e comida — é transportado pelas índias, que se arrastam vergadas de peso atrás do grupo. Os guias locais também não levam nada, pois consideram indigno para um homem carregar algo além do seu facão de mato, um boné e, talvez, um agasalho.

No início de novembro, voamos do Rio de Janeiro para Caracas e de lá para Puerto Orday. Dali, fomos de táxi para San Felix, onde pernoitamos. No dia seguinte, ao cair da noite, pegamos um ônibus para Santa Elena de Uairen, base de todas as expedições que se dirigem ao Roraima e, em muito menor número, a outros tepuis. Foi uma viagem horrível. O motorista, animadíssimo, possuía um estoque inesgotável de fitas cassete de salsa e merengue, que fazia questão de compartilhar com todos os passageiros no volume máximo. Cada vez que uma terminava, se renovava em nós a esperança de que aquela seria, enfim, a última, mas, para o nosso desespero, ele logo pegava uma comprida caixa e dali sacava mais uma pérola do estilo. A única variedade no repertório consistiu em uma fita de Nelson Ned cantando em espanhol!

Em um dado momento, o ônibus parou e o motorista mandou todos descerem. "Por que isso?", perguntei. "Inspeção do Exército", foi a resposta. E, de fato, à medida que desciam do veículo, os passageiros eram separados em duas filas, homens para um lado, mulheres para o outro, para que seus documentos fossem verificados por militares fardados. Nas cerca de seis horas de duração da viagem, o processo se repetiu por duas vezes mais. Não fomos maltratados, mas não conseguimos compreender o motivo das inspeções, já que o país não estava em guerra e nem havia um conflito interno declarado.

Em Santa Elena, nos hospedamos em um hotelzinho barato, descansamos um pouco da noite não dormida e saímos atrás de uma agência que nos providenciasse o transporte até Paray-Tepuy, vila indígena que marca o início da caminhada ao Monte Roraima. Depois de um dia de negociações malsucedidas, resolvemos ir na manhã seguinte até a rodoviária local para pegar qualquer condução que nos deixasse próximos a Paray-Tepuy. Nesse processo, topamos na rua com Charles Jacobi, um guarda-parque do Acadia National Park, no Maine, Estados Unidos, que estava atrás de alguém para dividir com ele os custos do frete, e acabamos combinando de ir juntos. Agregar alguém desconhecido ao seu grupo no meio de uma viagem, ainda mais em uma na qual teríamos que conviver por mais de uma semana sem possibilidade de fuga, é uma decisão de alto risco, pois a chance de ser alguém desagradável ou maluco é elevada, mas confiamos no nosso instinto e deu certo. Charlie, apesar de bem americanão em alguns aspectos, era um sujeito muito divertido, que provou ser ótima companhia para uma excursão como aquela.

Para nos levar no dia seguinte bem cedo ao nosso destino, contratamos uma Toyota, que antes deu uma parada na Quebrada de Jaspe, um rio largo e pouco profundo com um lindo leito de pedra avermelhada, diferente de tudo o que já havíamos visto. No caminho, fomos informados de algo que muito nos desagradou. Apesar de sermos todos montanhistas experientes, que gostariam de subir a montanha por conta própria, seríamos obrigados a contratar um guia indígena local, pois essa era agora a principal fonte de renda da tribo pemon, que habita as cercanias do Monte Roraima. Sensíveis ao argumento social, dissemos que não nos importávamos em pagar o preço estipulado, desde que o índio *não* fosse conosco, mas foi em vão. A praga dos "condutores de visitantes" compulsórios, desconhecida nos países desenvolvidos (onde, para entrar em uma área protegida qualquer você paga a taxa de entrada, se houver, e depois pode circular livremente, respeitadas as regras vigentes), não existe só no Brasil. Em qualquer lugar no mundo, muitos visitantes precisam, ou mesmo *querem*, um guia, e por isso eles devem mesmo existir e serem capacitados para bem atuar. Mas a sua presença não deveria ser imposta, salvo em raras exceções, pois afeta negativamente a qualidade da experiência de alguns segmentos de usuários, como era o nosso caso, que ainda devem pagar, e caro, por essa companhia indesejada.

Chegamos então a Paray-Tepuy, um lugar miserável, situado no interior do Parque Nacional Canaima, onde se encontra *"La Gran Sabana"*. A Grande Savana, logo viemos a descobrir, não é uma formação natural como os campos sulinos do Brasil, por exemplo. Ela é, na verdade, um vasto capinzal que substituiu a floresta amazônica em virtude dos frequentes incêndios provocados pelos pemon e, talvez, também por outras etnias nativas. A extensão dos danos era tão grande que perguntei ao dono da agência que nos alugou o jipe por que os índios colocavam tanto fogo, arrasando sem razão aparente a espetacular mata original, e a resposta foi contundente.

— Ah, os índios botam fogo por tudo... Botam fogo para desejar uma boa colheita, para celebrá-la quando acontece e para aplacar os deuses quando não. Botam fogo para comemorar o nascimento de um filho e por outras razões mais. Não tem jeito!

Sua observação empírica encontra amparo em pesquisas científicas recentes que, através da análise do pólen ancestral depositado no solo, indicam que, embora o embrião das savanas tenha tido origem em mudanças climáticas ocorridas há cerca de 4.000 anos, a sua brutal expansão se deu a partir do estabelecimento no local das comunidades nativas atuais, por volta do ano 800, devido ao uso sistemático do fogo. Se soubesse disso, o que Rousseau diria dos seus bons selvagens?

Mas não crucifiquem os pemon por causa disso — ao menos não sozinhos. Devido à introdução do gado, processo semelhante ocorreu no Nordeste do Brasil, porém de forma ainda mais rápida e devastadora, a partir da invasão portuguesa. As imensas queimadas para formação de pastagens (ou como arma de defesa contra os nativos hostis) permitiram que bolsões originais de vegetação adaptada a áreas secas se expandissem de tal forma que se pode dizer até ter sido criado um novo bioma em nosso país, a Caatinga. Esta, segundo especialistas, se interpôs entre Amazônia e Mata Atlântica, que antes seriam conectadas, e esse processo de espoliação da terra persiste até hoje nos dois países. Os mesmos incêndios diários a que assistimos durante nossa excursão ao Roraima presenciei também nas muitas viagens de escalada que fiz ao Nordeste. Seus autores são incapazes de perceber que, ao assassinar fauna e flora nativas em troca de algum ganho imediato, estão ao mesmo tempo rifando o próprio futuro no médio e no longo prazo.

Alfonso, o dono da agência, se encarregou da intermediação com o guia que nos faria companhia no Roraima naquele e nos próximos sete dias. Isso não foi tarefa fácil, pois os melhores já haviam se comprometido com antecedência com grandes grupos de turistas europeus. Um grupo de apenas três pessoas como o nosso, chegado de surpresa ao lugar, teria que se contentar com o que ainda houvesse disponível. Após algum tempo, ele retornou à nossa presença para informar ter conseguido um guia índio pela módica quantia de 17 dólares ao dia. Também nos garantiu que não precisaríamos nos preocupar com a sua comida, pois ele levaria consigo o necessário para o seu sustento durante toda a caminhada. Dito isso, subiu na Toyota e foi embora.

Pouco tempo depois o nosso guia chegou, e logo vimos que havíamos sido enganados. Felipe Lesama se apresentou trajando tênis Bamba, calça marrom e uma camisa de abotoar imunda, além de um boné da Brahma igualmente imundo — e a caminhada ainda nem começara! Mas o que realmente chamou a nossa atenção, e nos alarmou, foi a sua mochila, um quadradinho engenhosamente tecido em palha em torno de uma armação de madeira chamado *guayare*, do tamanho que eu normalmente uso para uma caminhada de um dia apenas na Floresta da Tijuca. Amarrados do lado de fora, uma barraquinha leve, um isolante de espuma e um par de tênis sobressalentes. Nós protestamos em alto e bom portunhol, lembrando que o combinado havia sido que nós só teríamos que nos preocupar com a nossa comida, e não com a dele, mas como Felipe sustentou a fantasiosa versão de que trazia ali tudo o que precisava, não tivemos outra opção se não partir assim mesmo. A sua comida, claro, terminou basicamente na primeira noite e, na verdade, tivemos uma expedição com os papéis tradicionais trocados: os *sahibs* é que transportariam todo o peso e prepararíam as refeições do seu guia, cuja única função seria lavar a louça com o sabão de coco e a esponja que pusemos em suas mãos, pois nem isso ele levara.

O primeiro trecho de caminhada foi curto, já que partimos de Paray-Tepuy após o meio dia. Pernoitamos em uma choupana às margens do Rio Tek Maru, e caminhantes de diversas nacionalidades e seus guias indígenas acamparam ao redor.

O segundo dia, em que seguimos até o acampamento-base do Roraima, me proporcionou dois episódios marcantes. O primeiro, subjetivo, se deu quando caminhamos por um bom trecho onde a trilha servira de aceiro para impedir que os incêndios que devastaram o lado direito atingissem o esquerdo. Então, à medida que avançava, eu ouvia uma cacofonia de sons de insetos, pássaros, sapos e outros animais vindos da esquerda, enquanto no lado oposto, o da *sabana*, reinava um silêncio sepulcral. Fui ficando cada vez mais perturbado com aquele contraste entre vida e morte imposto pelo homem, e, à noite, na barraca, refletindo sobre isso, decidi me dedicar ainda com mais afinco à causa da preservação do que restou do mundo natural.

Bem mais prosaico, porém com relevantes consequências imediatas, foi o buraco doloroso em um dedo provocado pelo tênis novo que eu estava usando, o que teria significado o fim da excursão para mim caso eu não tivesse levado um par de chinelos para andar mais confortavelmente nos acampamentos à noite. Assim, coloquei nos pés um modelo derivado das famosas havaianas, chamado Katina Surf, muito popular no Rio de Janeiro à época, e com ele não apenas terminei de subir a montanha como, ainda, fiz todos os passeios no topo e desci de volta a Paray-Tepuy sete dias depois. E foi ótimo! Como chovia pelo menos umas quatro vezes ao dia e outras tantas à noite, meus amigos, a despeito de todos os cuidados, ficaram com os seus calçados e meias permanentemente molhados, e enquanto vez ou outra tinham que tirá-los para atravessar alguma grande poça, eu passava direto por elas, triunfante. Até imaginei um anúncio sobre esses chinelos nas revistas especializadas: "*Calçado para caminhada excepcionalmente leve e confortável, absolutamente à prova d'água, facílimo de colocar e tirar e sem cheiro. Preço: 5 dólares.*" Se não viesse acompanhado por uma foto, seria um estrondoso sucesso!

No dia seguinte chegamos ao topo após termos atravessado a cachoeira permanente que há no caminho, espécie de batismo obrigatório para todos os que se dirigem ao Roraima, e nos acomodamos no "Hotel nº 4". Os "hotéis" são abrigos sob a rocha onde não chove e, graças ao solo arenoso, se pode dormir em barracas ou sem elas com bastante conforto. O Hotel nº 4 fica bem em frente à Pedra Ford Maverick, o ponto mais elevado do Monte Roraima, que visitamos na manhã seguinte. Quando chegamos, havia apenas outro grupo no cume, de tchecos e alemães. À noite, tivemos ainda um animado momento cultural quando Charlie se pôs a recitar de cor longos poemas de Robert Service, o "Bardo do Yukon", o poeta inglês que se mudou para o Canadá no fim do século XIX e cantou em versos a febre da corrida do ouro, de quem também nos tornamos fãs desde então.

O quarto dia amanheceu péssimo, com chuva torrencial, e apenas bem tarde nos aventuramos a sair das barracas para uma curta volta nos arredores. Acabamos sendo brindados com uma vista espetacular do Monte Kukenán, bem ao lado, e de sua cachoeira, a segunda maior do mundo, com 610 metros de queda livre.

Os dois dias seguintes, bem melhores, foram empregados em longos passeios a alguns dos pontos mais notáveis do variado topo do Monte Roraima. Apesar da chuva, que vinha e ia a toda hora, parecia que estávamos em um sonho, intensificado pela neblina que conferia um ar fantasmagórico a formações retorcidas de arenito de nomes pitorescos como a Pedra dos Lobos se Beijando e a Pedra do Macaco Tomando Sorvete. Passamos ao largo de dois intricados labirintos formados por blocos de pequena altura e descemos ao Fosso, um lago de águas cristalinas no fundo de uma depressão com pilares rochosos que mais parecem colunas de algum templo milenar alagado e abandonado desde tempos imemoriais. Queríamos ainda chegar à Proa para ver o final da via dos ingleses, mas uma combinação de horário tardio, chuva e neblina nos fez desistir.

Havia agora muitos grupos das nacionalidades mais diversas perambulando pelo cume, uma babel. Um deles montou suas barracas desnecessariamente quase em cima das nossas, e a falta de habilidade dos turistas conduzidos a um ambiente natural sem as comodidades a que estão acostumados ficou patente quando quase puseram abaixo as nossas barracas por diversas vezes ao tropeçarem nas cordinhas de sustentação. Isso só cessou depois que eu me levantei para dar uma situada neles e nos seus guias sem noção. Na tarde seguinte, já na descida, eu é que levei uma bronca. Um alemão se deu ao trabalho de se desviar de seu caminho para me admoestar, com severidade, por eu estar de chinelo e não com uma botinha de trekking como a dele. Mas fui rápido em retrucar que havia passado muito bem com os meus chinelos, obrigado, e que ele é quem devia se envergonhar por permitir que mulheres idosas carregassem nas costas todo o seu equipamento. A superpopulação na montanha deixava no ar um gostinho amargo de paraíso perdido.

No último dia, Felipe desceu correndo na nossa frente, pois estava todo ansioso para voltar para perto de sua família. Compreensível, pois ficamos muito mais tempo na montanha do que os turistas "normais". Achamos ótima a oportunidade de ficarmos um pouco sozinhos, mas nos despedimos dele de forma afetuosa, sem a irritação inicial que a sua presença forçada havia nos causado. No fundo, era uma boa pessoa, um pobre-diabo, peça de uma engrenagem de visitação montada por outros e que colocava todos os visitantes, de forma indevida, em um mesmo saco. Teria sido bem melhor para ele, e para nós, se Felipe tivesse embolsado o dinheiro e não tirado os pés de sua aldeia.

O Salto Angel

De volta a Santa Elena, fizemos compras para a próxima etapa da viagem e pegamos um táxi até a fronteira do Brasil para telefonar para casa a partir de Pacaraima, em Roraima. Saía mais barato fazer isso do que efetuar a ligação a partir da Venezuela!

Minha tentativa de comprar uma camiseta de recordação nos trouxe problemas. Empolgado com o meu espanhol cada vez mais desenvolto, me dirigi ao casal de idosos proprietários da loja e, lembrando que camiseta na Argentina se chama *remera*, perguntei quanto custava a que me interessara. A senhora imediatamente soltou uma exclamação de horror e levou as mãos à cabeça, mas o seu marido, notando como eu ficara desconcertado com a sua reação, me explicou que *remera*, na Venezuela, significa rameira, ou seja, prostituta, e que eles não tinham nenhuma à venda. Envergonhado, comprei não uma, mas duas *franelas*, como eles as chamam por lá, e saí de fininho, pedindo milhões de desculpas pela grosseria involuntária.

A manhã seguinte amanheceu sombria, mas mesmo assim eu e Ricardo nos dirigimos cedo ao pequeno aeroporto da cidade, onde fretamos um monomotor Piper para nos levar a Kavac, um lugarejo distante na selva amazônica com um cânion que haviam nos dito que era belíssimo. Dali, então, seguiríamos para a localidade indígena de Kamarata, com o intuito de alugar um barco que nos levasse até o Salto Angel, o outro ponto alto de nossa viagem. Charlie se despediu de nós, já que tinha outros planos para o final das suas férias.

Na Amazônia, os pequenos aviões são como táxis, que cobram com base em uma tabela calculada por hora ou fração de voo. Nossas despesas foram divididas com dois outros passageiros: Markus, um suíço que conhecemos no topo do Roraima, e Ricardo, um caminhoneiro italiano que estava com ele.

Já na cabeceira da pista, com o motor ligado, outro pequeno monomotor se colocou ao lado do nosso e eu comentei, brincando, que eles iriam apostar corrida na pista. E iam mesmo! Pelo rádio, um dos pilotos deu o sinal de largada e os dois minúsculos aeroplanos dispararam ao mesmo tempo a toda velocidade, e ao saírem do chão abriram uma curva, cada um para um lado. Seguimos juntos durante um bom tempo, a pouca distância um do outro, até que o nosso adversário na corrida, em dado momento, partiu não-sei-para--aonde, nos desejando boa sorte em nosso voo.

A viagem sobre os tepuis, de pouco mais de uma hora, foi sensacional. Nosso audacioso piloto caprichou, dando rasantes nos cumes de alguns deles, e uma cachoeira imensa perdida no meio da floresta, cujo nome nunca descobrimos, era tão bonita que os quatro passageiros não hesitaram em pedir que desse algumas voltas para melhor apreciá-la e tirar fotos, mesmo sabendo que teríamos desembolsar alguns dólares a mais por isso. A viagem só não foi melhor devido à chuva, muita chuva, e debaixo de um tremendo temporal aterrissamos na curta pista enlameada em frente ao *Campamento Turistico Kavac*. Não era para os fracos de coração.

Logo, no entanto, descobrimos que havia sido péssima a ideia de irmos antes a Kavac em vez de seguirmos direto para Kamarata. Aquilo não passava de um caça-níquel turístico, sem qualquer relação com o tipo de experiência que buscávamos. Embora a entrada do cânion estivesse bem à nossa frente, a não mais do que uns 300 metros de distância, novamente fomos coagidos a contratar um guia índio local "para a nossa segurança". Consideramos essa imposição, e mais ainda a razão alegada, um ultraje para montanhistas com mais de vinte anos de experiência, e tentamos de todas as formas evitar a extorsão na bilheteria, mas em vão. Falhamos também quando fizemos a mesma proposta que não dera certo em Paray-Tepuy, a de pagarmos ao guia para ele *não* nos acompanhar naquele passeio ridiculamente curto. Pensamos seriamente em desistir, mas acabamos capitulando, e então, a contragosto, adentramos o *campamento* acompanhados por Hélio, o nativo designado para ser a nossa babá ao longo das duas horas seguintes.

Kavac quer dizer "arara"; então, para melhor compor o jeitão *fake* do lugar, pobres araras com as penas das asas cortadas para não voar estavam convenientemente postadas nos arbustos ao redor da recepção. Ao fundo, um cenário majestoso de montanha e floresta, além das cercas do *campamento*, nos fazia suspirar pela liberdade que não desfrutaríamos. Começamos a caminhar e, assim que entramos em uma pequena capoeira que devia ser atravessada para chegarmos ao Rio Kavac, nosso guia começou a recitar sua ladainha decorada, nos informando, em inglês truncado, que estávamos em uma floresta tropical. Agradeci a gentileza e fiz sinal para prosseguirmos. Porém, quando logo em seguida ele se agachou, apontando para um broto de bambu para nos ensinar que aquilo era uma *bamboo tree*, perdi a paciência e, em espanhol, lembrei-lhe que ele estava nos acompanhando contra a nossa vontade e, já que não havia como mudar essa realidade, mas como estávamos pagando pelos seus serviços, nosso desejo era que ao menos não falasse mais nada, o que foi acatado.

Em minutos chegamos a um poço de uns 30 metros de extensão e água na altura dos joelhos, batizado com um nome bem aterrorizante, Poço da Anaconda, alinhado com o clima de aventura de Sessão da Tarde do lugar.

Recusamo-nos a entrar em um pequeno barco preso a uma corda para que os intrépidos turistas não fossem obrigados a molhar os pés para chegar à margem oposta (ou, quem sabe, não serem devorados pela anaconda), e então nos vimos na boca do cânion, de fato lindo, com uma poderosa cachoeira ao fundo. Ele possui paredes verticais de, talvez, 20 metros de altura, em alguns pontos tão próximas entre si que o visitante pode colocar as mãos em ambas ao mesmo tempo. Uma corda fixa semissubmersa ao longo da parede esquerda permite que se avance contra a correnteza em direção à queda-d'água para depois se largar e voltar flutuando velozmente. Divertido. Na volta, Hélio, constrangido, nos levou para conhecer outra cachoeira nas imediações, também muito bonita, porém menos frequentada.

Agora tínhamos um problema considerável para resolver. Estávamos com mochilas imensas, a 10 quilômetros de Kamarata, onde pretendíamos passar a noite, já era início da tarde, chovia bastante e não havia nenhuma forma de contato com aquele povoado. A discussão mais cedo na bilheteria não serviu para despertar a boa vontade dos empregados do lugar em nos ajudar, mas não lamentamos em nenhum momento o inconveniente. A única opção era seguir a pé pela estrada de terra enlameada, o que sem peso consumiria umas duas horas em passo rápido. Eu me voluntariei para ir até lá e tentar contratar um transporte qualquer que pegasse o restante do grupo e a nossa bagagem. Não havia percorrido nem 500 metros, no entanto, quando veio sacolejando em minha direção uma Toyota repleta de turistas coloridos na caçamba. O motorista parou para perguntar qual o meu problema, já que ninguém anda por ali sozinho sem ter algum, e para minha estupefação ouço um grito amistoso vindo de cima do carro: "André!"

Por uma incrível coincidência, a guia do grupo era uma escaladora venezuelana chamada Virgínia, que eu havia conhecido poucos anos antes no Rio de Janeiro, e que ficara hospedada na casa de grandes amigos meus. Então ela não apenas nos deu carona até Kamarata, como ali e nos dias seguintes (já que fizemos o mesmo trajeto até o Salto Angel, pernoitando nos mesmos lugares) nos presenteou furtivamente com as sobras das fartas refeições preparadas pela equipe da agência para os seus clientes. Para quem estava resignado a sobreviver alguns dias à base de uma dieta composta por miojo com algum enfeite em cima, foi um grande golpe de sorte.

Por uma pequena quantia, passamos a noite na casa de uma família local, onde tivemos a má notícia de que todos os barcos disponíveis já estavam comprometidos com as grandes operadoras. Aliás, a maioria nem estava mais lá.

Após muita conversa, no entanto, conseguimos uma canoa motorizada para nos levar ao destino pretendido. Na hora do embarque, no Rio Akanan, nos demos conta da precariedade da nossa embarcação quando confrontada com as demais, mas era o que havia. Paciência.

O acordo era que seríamos (eu, os dois Ricardos e Markus) levados em três dias até o Santo Angel, e no quarto dia até o porto de Ucaima, onde uma curta caminhada nos deixaria em Canaima, lugarejo com pousadas e uma ótima pista de pouso, onde pegaríamos um avião de carreira de volta a Caracas. Ao final, ficou claro que o trajeto poderia ter sido facilmente encurtado em pelo menos um dia. Como um taxista que faz um itinerário mais longo do que o necessário para aumentar os seus ganhos, assim também procedeu o dono do barco, mas por só haver um caminho possível até o Salto Angel, as voltas extras foram substituídas por uma operação-tartaruga para acrescentar um dia à conta. Isso, no entanto, acabou sendo perfeito, pois assim pudemos apreciar com vagar o cenário maravilhoso ao nosso redor, com direito a longas paradas para mergulhar e pescar. Fizemos também alguns passeios curtos pela floresta densa, onde pudemos sentir toda a pujança e beleza de uma porção quase intocada da Amazônia.

A tripulação do barco era composta por quatro índios: Franco, o capitão; o proeiro; um guia e um ajudante. Não conseguimos entender para que servia o guia. Já o proeiro tinha a importante função de olhar atentamente para a superfície do rio à frente em busca de possíveis árvores submersas com as quais pudéssemos colidir. De costas para nós, sem dar uma palavra, apenas com gestos de mão, ele orientava o capitão, que manejava o leme e ficava de olho no motor. Logo o Akanan desembocou no Rio Carrao, muito mais caudaloso, e à medida que descíamos a correnteza pudemos admirar uma sucessão de imensos tepuis no lado esquerdo. Eles eram altos, imponentes, ameaçadores como castelos medievais em sentinela sobre os respectivos feudos. Cachoeiras colossais escorriam, ou melhor, se projetavam de suas paredes verticais ou negativas, e o Wey-Tepuy nos impressionou de forma especial. As noites eram passadas em abrigos rústicos montados às margens do rio, mas enquanto todos dormiram em redes, eu estiquei o meu isolante e saco de dormir diretamente no chão, para desaprovação dos indígenas. A violenta crise de vômito que tive na primeira noite, devido a algo estragado que havia comido, também não serviu para impressioná-los favoravelmente.

No terceiro dia, abandonamos o Carrao para virar à esquerda em um curso-d'água bem menor, o Churún Meru, tendo já à vista o Auyán-Tepuy, a Montanha do Diabo, de onde se projeta o Salto Angel com seus incríveis 979 metros de queda livre. Embora seja uma hipótese plausível, é incerto que algum nativo tenha subido em tempos passados essa formidável meseta, mas o primeiro ocidental a fazê-lo foi da forma mais estranha que se possa imaginar. Jimmie Angel era um piloto americano que, em 1933, quando se aventurou a voar por aquelas bandas, descobriu a imensa cachoeira que receberia o seu nome. Quatro anos depois, tentado pelas lendas que diziam haver muito ouro no topo da montanha, ele voltou com o seu pequeno monomotor G-2-W Flamingo para pousar ali acompanhado apenas por sua esposa, um amigo e o jardineiro deste. Previsivelmente, arruinou o avião na aterrissagem, não encontrou ouro algum, e o grupo foi forçado a descer andando ao longo de 11 penosos dias, mas ao fim todos ficaram bem.

Quando entramos no Churún Meru em direção à Isla Ratón, onde há um atracadouro para as embarcações, ponto de partida da curta trilha que leva à base da cachoeira, inúmeras canoas mais potentes nos ultrapassaram. Na nossa toada contemplativa, comentei casualmente com Barsetti sobre a beleza da imensa nuvem branca que parecia escorrer do topo do Auyán-Tepuy, e só depois de algum tempo, intrigado com o fato de a nuvem não sair do lugar, é que me dei conta de que ela era, na verdade, o próprio Salto Angel! Segundo os nativos, ele estava *muy crecido* naquele dia devido às fortes chuvas da semana anterior.

Ficamos um bom tempo no mirante, extasiados, com os olhos pregados naquele jato de água ciclópico, e ainda demos um mergulho antes de pegarmos o barco de volta ao mesmo acampamento da véspera, para mais uma noite. No dia seguinte, seguimos sem incidentes até Puerto Ucaima, não sem antes visitar o Salto El Sapo, onde se pode caminhar por dezenas de metros por trás de uma espessa cortina de água, e uma cachoeira menor batizada de El Sapito. Pernoitamos em uma pousada em Canaima, e, no dia seguinte, apenas eu e Barsetti pegamos o jato para Caracas. O traslado entre a pousada e a entrada do avião, um percurso de não mais do que 500 metros, foi feito em um caminhão com bancos, tipo pau de arara, ridiculamente pintado com as cores de uma onça — para deixar mais impregnado nos visitantes o sentimento de aventura, suponho.

O final da viagem

Ainda tínhamos alguns dias disponíveis antes de voltar para o Brasil; portanto, assim que desembarcamos em Caracas, pegamos uma *camioneta* (micro-ônibus) para Maracay. Na manhã seguinte, demos uma volta pela cidade e fizemos algumas compras, mas retornamos correndo do shopping center para o quarto do hotel depois de termos sido confrontados com agressividade, sem razão aparente, pelos seguranças do estabelecimento, que inacreditavelmente portavam escopetas em vez de rádios, como os dos nossos templos do consumo.

Depois pegamos um táxi até a rodoviária e dali outra *camioneta* até Puerto Colombia, no litoral. O Caribe, enfim! Ficamos hospedados no hotel de um alemão, onde a principal atração era assistir a um macaco chamado Chico, que volta e meia vinha ao hotel para roubar a comida e as bolsas dos hóspedes desavisados e levá-las para a árvore próxima onde morava. Ele também adorava implicar com o gato do estabelecimento, dando tapas e puxando o rabo do coitado; o bichano ficava enfurecido, mas nunca conseguia pegá-lo para se vingar. Visitamos no dia seguinte a vila histórica de Choroní, a poucos quilômetros de distância, que conserva um lindo casario no estilo colonial espanhol. Na Praça Simón Bolívar, apesar do calor intenso, por estar sem camisa quase apanhei de um velho, que saiu correndo de sua casa com o dedo em riste para me repreender. Aprendi, da pior forma possível, que comete um grande desrespeito aquele que expõe o torso nu na praça que leva o nome do Libertador das Américas, mesmo debaixo de um sol de quase 40 graus...

O resto do dia foi passado na Playa Grande, em Puerto Colombia, a mais procurada pelos turistas, e aí um novo conflito ocorreu. Eu, que detesto água fria, não queria sair de jeito nenhum daquele mar calmo, de água clara e quentinha, cheia de pelicanos em volta, mas às cinco da tarde passou por nós, assoprando furiosamente o seu apito, o guarda-vidas local, mandando todos saírem da água, pois havia chegado ao fim o seu expediente. É claro que protestei, pois a praia era pública, havia ainda muito tempo de luz e eu estava me divertindo bastante. Vendo-se contrariado, ele começou a ficar agressivo e me comunicou que se eu não saísse imediatamente, chamaria a polícia para me prender! Dadas as circunstâncias, fui forçado a obedecer, e me retirei da água sob o olhar vitorioso da pequena autoridade.

Em Puerto Colombia nos reencontramos com Ricardo, o caminhoneiro italiano, e seu novo amigo, Frank, um *junkie* francês que não se envergonhava em dizer que vivia viajando pelo mundo à custa do seguro-desemprego de seu país, fraudando-o sempre que possível. Também ficamos amigos de um simpático casal de venezuelanos, que fez questão de nos pagar quantas *polarcitas* (a cerveja local) conseguíssemos tomar, mas o ritmo deles nos fez bater no tatame quando ainda pareciam estar se aquecendo.

No dia seguinte, fomos conhecer as praias supostamente desertas de El Diario, onde aproveitei para dar um mergulho *au naturel*. Mas assim que cheguei ao fundo e me virei, presenciei, transtornado, a chegada de um grupo imenso de turistas conduzidos por um guia local, o que me obrigou a permanecer na água durante todo o tempo em que eles ficaram por lá. Parecia um maracujá de gaveta quando pude, enfim, retornar à areia. Mais tarde vim a saber que a minha preocupação havia sido em vão; aquela é uma praia de nudismo, considerada por alguns como a melhor do gênero na Venezuela!

À noite, fomos todos para o *malecón*, a amurada de pedras à beira-mar ao lado do pequeno porto pesqueiro. A descrição da sequência de drogas que Frank ingerira me deixou com o estômago embrulhado só de ouvir, e saímos de perto dele, vexados, quando ele subiu no *malecón*, abriu os braços e, em êxtase, começou a gritar bem alto em inglês para os assustados transeuntes: "Eu sou um *junkie*! Eu sou um *junkie*!" Sim, ninguém duvidava daquela afirmação. Ricardo, o italiano, parece ter tido também uma noite bem movimentada, pois no dia seguinte nos confessou que perdera os sapatos e só se deu conta desse detalhe insignificante quando já estava de volta ao seu quarto de hotel. Grande parte desses arroubos se deveu não a drogas ilícitas, mas a uma bebida que nossos amigos venezuelanos nos apresentaram envolta em grande mistério, mas nada mais era do que uma versão local, porém especialmente potente, das nossas batidas — esta, no caso, de maracujá.

Uma vez mais, voltamos a Caracas e visitamos então o Parque Nacional Cueva del Indio, onde aproveitei para fazer um pouco de bouldering em suas formações calcárias. Agora foi a vez de o Ricardo ser admoestado por um policial por estar sem camisa ao ar livre, em um parque natural público, sob um sol equatorial escaldante! Aquilo era incompreensível para dois cariocas. Mais tarde, ainda no mesmo dia, debaixo de forte chuva, visitamos o Parque Nacional El Ávila, nos limites da capital venezuelana, e completamos nossa viagem de forma anticlimática no "balneário" de Macuto, andando pela orla até Caraballeda, onde comemos e eu dei um mergulho na Praia de Churuata, um farofão. Então, voltamos para casa.

Embora nada realmente extraordinário tenha acontecido nessa viagem, ela é ilustrativa de como excursões feitas por conta própria, fora dos pacotes convencionais, são sempre mais interessantes. Elas nos proporcionam belas surpresas, uma imersão na cultura local (goste-se dela ou não) e os inevitáveis perrengues rendem ótimas lembranças e histórias melhores ainda.

20
CHOQUE CULTURAL

Em 1997, visitei pela primeira vez a Chapada Diamantina, o magnífico maciço de quartzito próximo à cidade de Lençóis, no interior da Bahia, em companhia de Paulo Chaves, parceiro habitual de escaladas e de outras aventuras naqueles tempos. Seguimos de carro pela BR-116, e, no caminho, aconteceu um episódio curioso. Ao atravessarmos o município de Pedra Azul, um dos últimos de Minas Gerais antes das terras baianas, estávamos ansiosos para ver o tal Forno de Bolo, bonita montanha que havia sido conquistada por alguns amigos havia mais de duas décadas. Pouco antes, porém, passamos ao lado de outro morro bem menos imponente, mas que aparentemente também não apresentava acesso por caminhada por nenhum lado.

Como não havia notícia de que houvesse sido escalado, abandonamos a rodovia e contornamos a montanha por estradinhas de terra, concluindo que provavelmente tratava-se mesmo de um cume virgem. Conversando com o dono daquelas terras, ele confirmou que ninguém havia subido ali, e que ela era conhecida como Pedra do Taquari. Além disso, prontamente nos deu permissão para tentar subi-la. Embora já passasse do meio dia, arrumamos nossas mochilas e nos dirigimos a um óbvio "lagarto" (pilar) de pedra voltado para norte, que escalamos usando apenas peças móveis para proteção e debaixo de chuva fina no final. Foi uma escalada fácil, de uns 100 metros de extensão, à qual chamamos de *Presa Fácil*.

Ao contrário da devastação ao redor, o topo mantinha a vegetação original a salvo do fogo, inalterada, uma rica ilha de biodiversidade suspensa em meio a capinzais a perder de vista. Em horas assim é que nos damos conta da extensão da tragédia que é a perda acelerada da diversidade biológica brasileira.

Após desfrutarmos um pouco a bela vista do cume, bordejamos a vegetação e voltamos de rapel ao chão a partir de uma árvore situada quase do lado oposto ao que havíamos subido. Depois pegamos o carro e seguimos viagem para pernoitar em um hotelzinho de beira de estrada em Teixeira de Freitas, já na Bahia. Uma conquista casual e inesperada!

Nossa próxima parada foi em Milagres, município às margens da BR-116. Lá e na vizinha Itatim, uma cidade que agora é um importante destino da escalada baiana, abrimos as suas primeiras vias. Começamos por visitar a montanha mais alta de Milagres, a Pedra do Navio. Ela já havia sido subida por moradores locais, que seguiram por uma encosta pouco inclinada repleta de grandes gravatás (bromélias). As plantas depois pegaram fogo, caíram e nos obrigaram a uma verdadeira escalada, ainda que fácil, na rocha agora exposta. Em seguida, conquistamos um impressionante pontão nas proximidades, chamado Cabeça do Velho, e um cume subsidiário deste, que batizamos de Agulha da Velha. Aí nossa atenção se voltou para Itatim, onde subimos três pequenas fendas com material móvel e tentamos a conquista do ainda mais impressionante Morro do Enxadão, mas, neste caso, acabamos desistindo sem sequer termos saído do chão, por falta de tempo e equipamento para uma empreitada daquele porte.

No dia seguinte à investida no Enxadão, cansados, partimos para Lençóis, onde permanecemos por mais de duas semanas. Primeiro repetimos alguns roteiros clássicos da região, como a travessia Lençóis – Andaraí, a caminhada ao Morrão, uma montanha isolada de grandes dimensões e com o topo mais ou menos plano, e a trilha da Cachoeira da Fumaça, a segunda mais alta do Brasil com seus 340 metros, de acordo com as fontes mais consistentes (a primeira é a Cachoeira do Eldorado, no norte do Amazonas, com 353). Em seguida chegaram a Lençóis a namorada do Paulo, Marina Anciães, com uma amiga, e juntos conhecemos outros atrativos tradicionais da Chapada Diamantina, como a caminhada ao Morro do Pai Inácio e à Cachoeira do Sossego. Quando o nosso grupo foi reforçado por um ornitólogo amigo do Paulo, o "André Passarinho", visitamos algumas famosas cavernas da região, como a Gruta da Pratinha, a Lapa Doce e a Gruta dos Impossíveis. Finalmente, Anja Schwetje, minha namorada, e uma amiga dela também alemã, Francis, chegaram a Lençóis, para mais alguns passeios.

No primeiro dia após a chegada delas, fomos ao Ribeirão do Meio, um sistema de poços e quedas-d'água muito bonito e próximo ao centro de Lençóis. Enquanto nós, que estávamos há mais tempo por lá, descansaríamos assim um pouco da sequência de caminhadas mais ou menos puxadas que havíamos feito nos dias anteriores, para as alemãs essa seria uma oportunidade de ouro para se deliciarem em um poço refrescante sob o generoso sol do interior baiano, sem igual na Alemanha. Anja era um tipo esportivo, mas Francis, decididamente, não. Magrinha, muito branca, com óculos de lentes espessas e aros grossos, parecia uma intelectual típica, certamente mais à vontade no circuito cultural berlinense do que praticando esportes de aventura no Brasil, percepção que se provou acertada posteriormente. Logo algumas diferenças comportamentais emergiram.

Primeiro, fiquei perplexo ao constatar que, a despeito de estar em seu primeiro dia em um ambiente natural tão diferente e bonito à sua volta, ela preferisse ficar sentada na margem do rio com a cara enterrada em um grosso livro enquanto todos nós mergulhávamos, nadávamos e conversávamos entre nós e com outros frequentadores do poço, atraídos pelo dia ensolarado.

Mas a verdade é que Francis, ao seu modo, estava desfrutando muito aquilo tudo, conforme me dei conta quando causei, inadvertidamente, um incidente diplomático. Querendo ser simpático com a nossa visitante, saí da água em um determinado momento bem ao lado dela e, interrompendo sua leitura, disse: "É maravilhoso aqui, não?" Não obtendo resposta alguma, dei outro mergulho em direção ao restante do grupo. Logo depois, no entanto, Anja me procurou, aflita, para contar que teve alguma dificuldade em minimizar junto a Francis o que esta havia considerado uma grosseria minha. É que, quando eu fizera a minha observação, ela estava procurando, no mais íntimo do seu ser, as palavras adequadas para expressar a sua concordância, mas a busca demorou tanto que eu achei que não viria comentário algum e voltei a nadar. Felizmente Anja obteve sucesso em explicar que eu não havia lhe dado as costas por mal, que era apenas uma diferença cultural, mas mesmo assim eu me senti um pouco culpado e quis me redimir.

O poço em que estávamos ficava bem abaixo de uma laje de pedra pouco inclinada, de uns 20 metros de extensão, muito procurada por moradores e visitantes para escorregarem em meio às águas frias do Rio Ribeirão de todas as formas possíveis: sentados, deitados, sozinhos, aos pares, formando trenzinhos... Divertidíssimo. Sintomaticamente, a laje é conhecida como "Escorrega". Todos nós já havíamos descido muitas vezes naquele dia, mas Francis, não. Calculei então que, se a convidasse para dar uma escorregada ali, ela gostaria tanto que me perdoaria definitivamente pelo mal-entendido. No início, ela relutou muito, pois disse que sentia medo. "Isso é natural,", respondi, procurando ser simpático, "mas venha conosco e não haverá problema algum. Vamos, eu te acompanho."

Ela hesitou um pouco mais, mas creio que também para demonstrar que não haviam permanecido arestas entre nós, acabou aceitando o meu convite. Amaldiçoada seja a hora em que isso aconteceu.

Subimos todos juntos cautelosamente pelo lado esquerdo da queda-d'água, onde a rocha estava seca, e, ao chegar ao ponto de partida, ficamos algum tempo apenas observando homens, mulheres e crianças descendo de todos os jeitos em direção ao poço, aonde chegavam com grande estrépito, espalhando água para todos os lados antes de subir de volta rapidamente para empreender nova descida. Vendo sua hesitação, sugeri que fizéssemos um trenzinho: Anja iria na frente, eu no meio e ela atrás. Assim ela se sentiria mais segura, pois não teria que enfrentar sozinha a emocionante descida. Ela gostou da ideia; então nos posicionamos conforme o combinado, contamos "um, dois, três, AGORA!" e vruuummm, lá fomos nós.

Entramos na água como de costume, e, ao voltar à tona, abri um sorriso de satisfação para Anja, à minha frente, mas fiquei desconcertado quando recebi em troca um olhar de puro horror. Como, aparentemente, não havia nada de errado comigo, a causa deveria estar atrás de mim. E, de fato, quando me voltei para ver o que era, deparei-me com Francis chorando copiosamente, enquanto dois jatos de sangue esguichavam com força de suas narinas, deixando ainda mais avermelhadas do que de costume as águas do Ribeirão. Céus, o que acontecera?

Não sendo exatamente uma adepta das atividades físicas, Francis não sabia como proceder ao certo no escorrega, por isso descera com o pescoço mole. Quando amerissamos, ela bateu com o nariz com toda a força no meu pescoço, quebrando-o na hora e provocando aquela sangueira toda, embora, para falar a verdade, eu nem tivesse sentido a narigada.

Ficamos um bom tempo ali ao seu lado, colocando compressas de água fria até o sangue estancar, e depois voltamos para a pousada, para que ela pudesse repousar. Como a dor melhorasse, Francis ainda ficou alguns dias mais em Milagres fazendo passeios leves antes de embarcar de volta para o Rio e, dali, para a Alemanha, onde teve que se submeter a uma cirurgia corretiva. Creio que esse foi o fim da sua carreira de esportista. E da minha, de diplomata.

O EMPATA-FODA

Na primeira metade da década de 1980, após abandonar uma promissora e bem-remunerada carreira de operador de comércio internacional para tentar viver do montanhismo e ter dado com os burros n'água, eu tinha que resolver o que faria da vida dali pra frente. Pouco mais de um ano trabalhando em uma grande empresa comercial exportadora havia me dado a certeza de que não gostaria de seguir na iniciativa privada, que me sentiria muito melhor na condição de servidor público. Mas fazer o quê, exatamente?

Sabendo de minha relação com a escalada, minha mãe sugeriu que eu fizesse um concurso público para fiscal de alguma coisa. "Assim", dizia ela, "você terá um bom salário e bastante tempo livre para escalar." Pragmatismo era a sua filosofia de vida, e a lógica contida em suas palavras, irrefutável. Por volta dessa época, então, quando senti necessidade de gerar mais do que os minguados tostões que a tentativa de virar um "profissional da montanha" me proporcionara até então, surgiu um concurso promissor, para fiscal do antigo Instituto de Administração Financeira da Previdência e Assistência Social (Iapas), depois fundido com outros órgãos para virar o atual INSS. Promissor não no salário, que era bem modesto (só anos depois veio a melhorar), mas pelo fato de que, sendo um serviço eminentemente externo, caso fosse eficiente de fato disporia de bastante tempo livre para escalar, e nada era mais importante do que isso para orientar a minha decisão naquele momento.

O concurso foi muito disputado e passei em ótima colocação, mas um tumulto administrativo e jurídico causado por um grupo de candidatos não aprovados insatisfeitos fez com que viéssemos a ser chamados apenas cerca de dois anos após a realização das provas. Nesse ínterim, ao mesmo tempo em que integrava a linha de frente dos aprovados pela validação do certame, sobrevivi graças ao fato de ter conseguido a representação no Brasil de uma empresa espanhola que só vendia equipamento para esportes ao ar livre por correspondência, chamada Hirca Mountain Equipment. Em um tempo em que não havia como se obter material de escalada no Brasil, quase todos os escaladores ativos do Rio de Janeiro compraram alguma coisa comigo, especialmente as lendárias botas espanholas de sola de "*goma cocida*" (borracha macia e ultra-aderente), a grande sensação do momento.

Em abril de 1987, enfim, os aprovados foram chamados, e, durante um ano e meio, suportei a provação de trabalhar no centro de São Paulo enquanto ficava hospedado em um hotel modestíssimo, situado no limiar de uma região conhecida, de forma pouco animadora, como "Boca do Lixo". Não havia nada a fazer, pois aquela era a única forma de hospedagem que eu tinha condições de bancar com o salário medíocre, mas minha eficiência e, consequentemente, meus momentos livres, foram aumentando, o que me permitia escalar bastante no Rio de Janeiro e em Minas Gerais, e estava satisfeito assim. Depois consegui uma transferência para Petrópolis, o que me deixou fazendo a mesma coisa em uma cidade ao lado do Rio, repleta ela mesma de montanhas fabulosas e onde já havia morado anteriormente. Aliás, fora lá que eu começara a praticar o esporte.

Com diferentes denominações e em diferentes órgãos, permaneço até hoje na profissão da qual muito me orgulho, não só pelo aspecto de servir a causas de interesse coletivo, como sempre foi a minha vocação, mas também pelo fato de que travei contato com pessoas que me inspiraram, pelo seu exemplo e pelas suas ações, a combater ativamente os criminosos que se infiltram no serviço público para obter vantagens pessoais. Mas isso é outra história.

Ilha de Santa Catarina

Na condição de fiscal — ou auditor-fiscal, como nos chamam hoje em dia —, nunca me interessei em ter uma atuação sindical ou associativa mais intensa, mas eventualmente ia aos congressos da categoria, e em abril de 1996 me inscrevi em um grande encontro da fiscalização previdenciária em Santa Catarina. Afinal, o evento aconteceria em um hotel na Praia dos Ingleses, na maravilhosa Ilha de Santa Catarina, uma parte de Florianópolis que faz com que você se sinta no Rio de Janeiro pela conjugação de praias belíssimas, costões rochosos e mesmo algumas pequenas montanhas como o Morro das Aranhas, bem ao lado de onde estávamos.

Por mais que eu estivesse empenhado no encontro, era impossível não dar uma escapulida ou outra para conhecer aquelas belezas de que tanto ouvira falar e, para tanto, sempre procurava fazer alguma caminhada de manhã bem cedinho. Mas o evento era longo, e um dia resolvi tirar uma manhã inteira para um programa mais demorado, a travessia entre as praias dos Ingleses e da Lagoinha, ora andando pela areia, ora por uma extensa linha de blocos rochosos e costões à beira-mar.

O trecho mais complicado era entre a Praia Brava e a Praia da Lagoinha, onde havia longas seções em que não era possível se passar simplesmente andando. O avanço requeria diversos lances curtos de escalada nos blocos caoticamente empilhados à beira-mar, em uma modalidade de escalada muito popular hoje em dia, chamada bouldering. Paralela à orla acidentada corria uma trilha bem-definida na encosta menos inclinada acima, e de vez em quando, nos pontos mais fáceis, pequenos caminhos perpendiculares ligavam a trilha à beira do mar, onde pescadores solitários ou em duplas tentavam a sorte.

Em um trecho particularmente longo, após ter feito diversos lances de escalada em sequência, garantia de que pessoas "normais" não passariam por ali, cheguei a um desses caminhos perpendiculares, mas ao invés de pescadores, vi uma canga, uma bolsa e algumas roupas amontoadas. "Que curioso, há uma mulher por aqui", pensei. "Mas onde estará, que não a vejo?"

A resposta não demorou a chegar. Após andar mais umas duas dezenas de metros, atrás de uma grande pedra, lá estava ela, a poucos metros de mim, ajoelhada diante de um cara barbudo de pé, muito branco e magro, com a bermuda arriada até os pés. Eles certamente não imaginaram que alguém apareceria por ali!

O constrangimento que se seguiu foi imenso para todos. Só que, para tentar contorná-lo, em um impulso, tornei tudo ainda pior. Perguntei, em tom casual:

— Tudo bem?

É claro que, desde que eu aparecera, subitamente, nada estava bem. O homem olhou para mim com um olhar furioso, mas continuou calado. Ela também, pois, afinal, é falta de educação falar com a boca cheia. Percebendo a inadequação do que havia dito, apertei o passo e saí saltando de pedra em pedra para me afastar do casal de amantes o mais rápido possível, e ter assim a garantia de que não poderia ser alcançado e trucidado por um catarinense possesso! Por sorte ele ainda estava, vamos dizer assim, preso aos seus afazeres: naquelas circunstâncias, qualquer movimento brusco de sua parte poderia resultar em uma dolorosa amputação.

Felizmente, nada mais aconteceu, e pude chegar sem novas surpresas à Praia da Lagoinha. Após tomar um chope, enquanto, em segurança, ria sozinho do acontecido, peguei um ônibus de volta à Praia dos Ingleses para almoçar e assistir aos sisudos debates da parte da tarde.

No último dia do encontro, uma nova situação aconteceu, embora bem diferente. Eu havia visto, de cima do Morro das Aranhas, a Praia de Moçambique, e calculei, no olho, que ela deveria ter uns 7 quilômetros de extensão. Portanto, seria possível atravessá-la em cerca de duas horas, com direito a um bom banho de mar antes. Sendo uma praia tão bonita, e estando um dia tão belo, a ideia era irresistível, e após um demorado mergulho comecei a andar.

Andei, andei, e nada de chegar ao outro lado. Vi então que havia feito uma estimativa muito, mas muito errada mesmo da extensão a percorrer, e comecei a correr. Passaram-se bem mais de três horas antes de chegar, bufando, ao extremo oposto da praia. Moçambique tinha, na verdade, cerca de 14 quilômetros, o dobro da extensão que estimei, e já estava em cima da hora para pegar o ônibus para o aeroporto!

Quando cheguei ao hotel, ansioso, todos já haviam almoçado, feito o check-out e estavam colocando as suas coisas no ônibus. Tomei um banho apressado, empurrei todas as minhas coisas de qualquer maneira para dentro da mala e consegui que a partida só se atrasasse um pouquinho.

Ufa!

22
POR UM TRIZ

Com mais de mil vias em tudo quanto é estilo, tamanho e nível de dificuldade, o Rio de Janeiro é capaz de satisfazer a todos os gostos. Mato de inveja amigos de outros estados quando digo que, mesmo morando em Copacabana, um dos mais densos aglomerados populacionais do mundo, posso sair de casa a pé e chegar a algo como 130 ou 140 vias em não mais do que trinta ou quarenta minutos de caminhada.

Apesar de a escalada carioca ter tido início nos anos 1930, novas vias têm sido continuamente abertas na cidade, e paredes inteiras têm recebido atenção pela primeira vez apenas recentemente. Um desses locais mais evidentes e negligenciados esteve na cara de todos por décadas, mas só começou a ter o seu potencial sistematicamente aproveitado a partir dos primeiros anos deste século. Refiro-me às ilhas costeiras do Rio, a maioria agrupada em dois arquipélagos: o das Cagarras, em frente a Ipanema, e o das Tijucas, em frente ao Canal da Barra, além de outras ilhotas isoladas.

A primeira via em uma ilha costeira da cidade foi um acontecimento isolado. Ela foi aberta em 1988, e teve a particularidade de ter sido obra de uma equipe puramente feminina. Naquele ano, Kátia Torres, Lilian White, Valéria Conforto e Simone Duarte foram de caiaque até a Ilha Cagarra com o objetivo de subir a linha pioneira na óbvia parede zebrada voltada para o continente, onde as listras brancas resultam do escorrimento dos excrementos dos pássaros marinhos que por lá abundam, o que inspirou o nome da ilha. Mas logo na primeira investida, Kátia caiu, quebrou o pé e foi resgatada por um barco que por lá passava. Ela foi prontamente substituída por Tereza Aragão que, assim como Simone, além de escaladora experiente, era uma canoísta dedicada, e a via pôde ser concluída sem novos incidentes, ganhando o sugestivo nome de *Sereias Desvairadas*.

Foi apenas em 2002 que as ilhas voltaram a ser visitadas por escaladores, e o dínamo dessa nova e definitiva onda exploratória foi Flávio Carneiro, o "Bagre", dono de um conhecido muro de escalada na cidade. Ele abriu, no início daquele ano, a primeira via na Ilha Redonda, a mais alta do Arquipélago das Cagarras, à qual chamou de *Virgem do Atlântico*, e duas outras à sua direita antes que o ano terminasse. Para tanto, Bagre desenvolveu toda uma técnica de desembarque com o uso de grandes barris plásticos flutuantes, onde é acondicionado todo o material de escalada e, quando necessário, também o de pernoite. Alguém pula do barco na água levando consigo apenas a ponta de uma corda e, calçando tênis para não cortar os pés nas cracas e mariscos, sobe em algum ponto mais acessível na ilha escolhida e de lá puxa o precioso barril vedado. Para voltar, o procedimento é mais simples: basta jogar o barril, agora mais leve, de volta ao mar, para que ele seja então resgatado pela embarcação de apoio. Outra possibilidade é remar até as ilhas de caiaque e então pular na água com as mochilas acondicionadas em sacos estanques ou mesmo meros sacos plásticos grandes, deixando o caiaque ancorado em uma poita ou então içando-o para um lugar seguro em terra.

Embora não sejam de grande extensão, as escaladas nas ilhas costeiras requerem um bom planejamento logístico e espírito de aventura, pois sempre pode haver dificuldades na chegada e na partida. São escaladas como eu gosto: variadas, complexas, em locais inusuais e de grande beleza e não necessariamente difíceis. A escalada é apenas parte do programa.

Quando estamos nelas temos uma rara oportunidade de ver o Rio sob outro ângulo, normalmente acessível apenas a quem percorre o litoral carioca de barco, mas sem o inconveniente de a paisagem ficar balançando. A beleza da cidade é realçada pelo pano de fundo das montanhas da Zona Sul, como Pedra da Gávea, Dois Irmãos do Leblon e Morro dos Cabritos, entre outros, e pela orla marítima à sua frente. Torna-se evidente, assim, como a cidade cresceu se esgueirando entre o mar e a montanha, e concluímos com convicção que nenhum esforço para evitar que novos projetos e edificações atentem contra esse cenário único é exagerado.

Temos, também, uma estranha sensação de isolamento. Apesar de tão próximas da megalópole — meros dois quilômetros, no caso das Ilhas Tijucas —, parece que nos encontramos em um lugar muito mais distante. Isso, aliado à exuberância da vida selvagem ao redor e à beleza de cada recanto, contribui para que escalar nas ilhas costeiras seja uma experiência inesquecível.

Depois de toda a propaganda que o Bagre fez, não resisti e fui até a Cagarra em 2004 para abrir duas novas linhas na parte mais alta da parede, uma delas com a sua participação. Em 2006, agora sem ele, conquistei outra via na Redonda, quebrando assim o monopólio que ele detinha até então naquela que é a rainha das ilhas costeiras cariocas. É nela, aliás, que houve recentemente um achado científico surpreendente: um sítio arqueológico em seu topo, onde foram encontrados, dentre outros objetos, machados de pedra polida finamente trabalhados e restos de cerâmica, prova da audácia e da habilidade das populações de caçadores-coletores de origem Tupi que povoavam nosso litoral há alguns milhares de anos, certamente atraídos pela abundância de alimentos proporcionada pelas aves e ovos ali encontrados. Um capítulo da história da cidade que até poucos anos atrás ninguém suspeitava!

É claro que, tendo ido muitas vezes às ilhas para escalar, histórias interessantes inevitavelmente aconteceriam. Selecionei duas.

Ressaca na Redonda

O mar pode ser imprevisível. Todos sabem disso, e a confirmação veio em um fim de semana de janeiro de 2004, quando fomos seis até a Ilha Redonda com o objetivo de repetir algumas vias já estabelecidas e, no dia seguinte, ajudar o Bagre a terminar mais uma em andamento. Nossa bagagem, portanto, era pesada e volumosa, pois incluía material de escalada e de conquista, equipamento para pernoite, comida e muita água, pois não há qualquer fonte por lá para amenizar a sede debilitante causada pelo sol e pelo sal.

Seguimos em uma lancha bacana de um amigo dele, que zarpou de um clube no Posto Seis, em Copacabana. O dia estava bonito, o mar bem calmo, e o desembarque, ainda que trabalhoso, transcorreu sem incidentes. Depois de levarmos nossas coisas para a grutinha onde tradicionalmente se passa a noite na ilha, fomos conhecer duas vias de dificuldade moderada que o nosso anfitrião estava ansioso para nos mostrar. Elas de fato eram muito boas, mas o tempo mudou e chuviscou um pouco durante a primeira escalada e, durante a descida da segunda, caiu uma pancada forte, porém breve. Devido ao calor do verão, tudo secou rapidamente e fomos dormir despreocupados.

A noite foi tranquila, embora desconfortável. A janta foi preparada sob um grande toldo de náilon estendido acima da gruta para nos proteger do bombardeio incessante dos excrementos das fragatas, gaivotas e atobás que nos circundavam aos milhares, curiosos, e tivemos muito trabalho em afastar incontáveis baratões cascudos surgidos do nada em busca de comida tão logo anoiteceu. Quatro pessoas dormiram em redes penduradas em pequenas peças móveis encaixadas nas fendas do topo da grutinha, como um bando de morcegos coloridos. Bagre se ajeitou, não sei como, sobre cordas molhadas estendidas no costão rochoso logo abaixo. Eu, que não consigo dormir bem em redes, muito menos em cordas molhadas sobre lajes inclinadas, me fiei em meu saco de bivaque de Gore-Tex, um tecido hi-tech ao mesmo tempo impermeável à entrada da chuva e permeável à saída do suor. Infelizmente tanta sofisticação de pouco me valeu, porque não havia por perto um lugar plano onde pudesse me esticar, portanto permaneci seco, mas todo torto. Passei a noite na infrutífera busca de uma posição que me proporcionasse um mínimo de conforto, e foi com alívio que vi o céu clarear para acabar logo com aquilo.

No dia seguinte, enquanto os demais foram tentar, sem sucesso, repetir outra via já existente, dei segurança para o Bagre concluir sua nova escalada — talvez, segundo ele próprio, a melhor da ilha até então. Feito isso, rapelamos para nos encontrarmos com os demais e retornamos juntos ao local de bivaque para recolher o equipamento. Lá chegando, constatamos que o mar havia subido bastante. Levamos nossas mochilas e bolsas até o ponto de partida, mas, na hora marcada, a lancha não apareceu. Isso era um pouco preocupante, pois as ondas continuavam a crescer e não tínhamos mais quase comida e, sobretudo, água.

Ligamos pelo celular para o dono da lancha e ele nos informou que, devido às condições do mar, não havia conseguido sair do Posto Seis, mas faria o possível para arranjar outra embarcação que nos resgatasse. Após mais alguns telefonemas, ele disse que havia contratado uma traineira para nos pegar, e ficamos mais tranquilos. A tranquilidade, contudo, foi novamente diminuindo à medida que o nosso resgate não chegava, e ficamos todos escaneando o mar à nossa frente à procura da embarcação que nos tiraria dali, até que, por volta das seis e meia, vimos um pontinho mínimo subindo e descendo nos vagalhões, crescendo em nossa direção. Custamos a entender, e depois a crer, que aquele barquinho mínimo, com um pequeno motor de popa, onde mal caberíamos nós sem o equipamento, era a nossa "traineira" salvadora! Ele era pilotado pelo "Sarado", pescador da colônia Z-13, do Posto Seis, um sujeito extremamente hábil e tranquilo, que nos comunicou o óbvio: todo o material de escalada e bivaque teria que ser deixado na ilha. Levaríamos conosco apenas alguns itens essenciais acondicionados em uma pequena mochila.

Sem alternativa, fizemos como ele nos orientara. O mar, então, havia abaixado um pouco, e nossa entrada na água, às sete horas, se deu sem problemas, mas mesmo assim foi emocionante. Pulamos um a um quando uma onda maior passava lambendo os costões, aproveitando a sua força para nos levar rapidamente para longe da rocha e dos mariscos em direção ao mar aberto. Sarado ficava com o barco de um lado para o outro, pescando um passageiro a cada volta. Quando o último estava a bordo, partimos de volta ao continente respirando fumaça de óleo diesel queimado junto com a brisa marinha do fim da tarde, ouvindo o barulho ininterrupto do motor — tec, tec, tec... Enquanto Sarado cuidava do leme, nós nos revezávamos com uma cumbuca de plástico para retirar água de dentro do barco.

Eu nunca havia navegado em mar tão alto, e nosso barco mais parecia um carrinho de montanha-russa aquática, subindo devagarzinho — tec, tec, tec — nas ondas e, ao chegar à crista, deslizando rapidamente para baixo no lado oposto, embalado pela grande massa de água peregrinando do mar aberto em direção ao continente.

Na chegada ao Posto Seis, já à noite, porém bem-iluminada pelas luzes feéricas de Copacabana, tivemos alguma dificuldade para passar do quebra-mar e, depois, atracar. Próximo à orla, o barco quase virou com uma onda mais forte, e fomos obrigados a dar três voltas antes de, finalmente, chegarmos a salvo à areia. Bagre retornou à ilha alguns dias mais tarde, na lancha de seu amigo, e recuperou sem dificuldade todo o equipamento que havíamos deixado para trás.

Bela aventura!

Adrenalina na Alfavaca

Depois de algumas idas às principais ilhas do Arquipélago das Cagarras, era hora de conhecer as Ilhas Tijucas, bem mais próximas ao litoral, situadas em frente ao bairro do Joá. Elas são três: Pontuda, Alfavaca e Ilha do Meio — que, curiosamente, não está no meio das outras duas. Há ainda uma laje semissubmersa, a Laje das Tijucas. Fui para lá com o meu xará, André "Cabeludo" Penna, a quem devo a iniciação nos prazeres da canoagem. Fomos juntos até as Tijucas algumas vezes em caiaque fechado ou aberto, e abrimos diversas vias na Pontuda e na Alfavaca, sempre com alguma peripécia envolvida. Mas nesta última, no início de 2009, algo mais do que uma simples peripécia ocorreu.

Era um dia de sol quando largamos nossos caiaques ancorados a poucos metros do famoso cânion da Alfavaca, um lugar que, em dias bonitos como aquele, fica fervilhando de gente. Barcos de todos os tamanhos, caiaques, pranchas a remo (SUP) e de windsurfe e até pranchas de surfe comuns levam pessoas para pescar, mergulhar, nadar e pular das pedras, já que o canal ali é relativamente profundo. No dia, íamos inaugurar uma nova atividade nesse lado mais movimentado da ilha, a escalada em rocha (já havia uma via do outro lado, bem mais tranquilo, aberta dois anos antes por outros escaladores), e estávamos bem-preparados para isso. Farto equipamento móvel, furadeira elétrica, brocas e marreta para bater grampos, corda, fitas de náilon, uma cordinha auxiliar chamada retinida, água e alguma comida. Tudo em cima!

O desembarque foi tranquilo e conquistamos rapidamente uma via de dificuldade moderada, toda com proteção móvel, à qual chamamos de *Pedra no Sapato*. Bati um grampo no final e dele descemos com os olhos já voltados para outra linha à esquerda, mais bonita, longa e difícil. Com segurança dada pelo Cabeludo, subi o lance inicial da nova escalada e dominei uma grande laca, em cima da qual bati, sem dificuldade, um grampo. Fiz então um elegante lance de agarras para cima, bem vertical, e cheguei a uma fenda voltada para baixo, onde coloquei dois friends médios. Após algumas tentativas, tomei coragem e saí em horizontal para a esquerda, me esticando todo para colocar dois friends um pouco maiores em outra fenda voltada para baixo, chegando assim a uma agarra um pouco maior para o pé esquerdo, onde me estabilizei.

O próximo objetivo era um platô com alguma vegetação acima e à esquerda, mas, antes de partir para ele, resolvi dar uma testada com a mão nestes dois últimos friends. Para meu horror, quase toda a fenda — mais precisamente, a grande pedra que a formava — saiu sem aviso prévio e se espatifou bem ao lado do Cabeludo, que apenas por um triz não foi atingido! Para uma pedra daquele tamanho, o capacete não passava de um objeto meramente decorativo, pois, ainda que o impacto não achatasse a sua cabeça, certamente teria lhe quebrado o pescoço.

Passado o susto, me dei conta de estar em uma situação delicada, para dizer o mínimo. Se a fenda em que os dois outros friends estavam instalados fosse igualmente ruim, uma queda me levaria direto à base da parede a uns 8 metros abaixo, uma perspectiva tornada ainda pior pela presença de uma greta assustadora para triturar as pernas...

Fiquei um bom tempo apoiado no pé esquerdo pensando no que fazer e procurando manter a calma. Todas as alternativas me pareciam ruins, e já estava me conformando com a perigosa ideia de ir direto até o platô, onde obviamente poderia relaxar e bater um grampo, quando o Cabeludo teve uma ideia salvadora, que coloquei em prática. Puxei muita corda (ficando, assim, virtualmente solto na parede, apoiado em um pé só), o que fez com que os dois friends que haviam saído deslizassem por ela até chegar ao meu parceiro, que depois de recuperá-los recolheu a folga de corda de volta e retomou a minha segurança. O passo seguinte foi mandá-los de volta para mim pela retinida, para que eu os recolocasse no pouco que sobrou da fenda que havia se partido. Eles estavam imprestáveis para me segurar caso eu continuasse a escalar e caísse, mas, ao menos, me permitiram apoiar o pé direito em uma fita e, com dificuldade, bater um grampo ali mesmo, com a furadeira.

O perigo havia passado, mas o episódio havia mexido um pouco com os nossos nervos e resolvemos ir embora. Contribuíram para a decisão o fato de que eu já estava bem cansado e também o forte calor que fazia. Retornei de rapel à base e guardamos o equipamento nas mochilas, mas nossos problemas ainda não haviam acabado. Enquanto estávamos entretidos com a escalada, um bêbado que chegara em uma lancha para mergulhar subiu no caiaque do Cabeludo e deixou cair, no fundo do mar, a máscara e o snorkel do meu amigo.

Como era inútil ficar discutindo com alguém naquele estado, e sendo impossível recuperar os itens perdidos, pegamos os caiaques e fomos embora, tomando alguma chuva no caminho. Ao chegarmos ao Joá, nova surpresa. A bateria do carro dele estava completamente descarregada, pois ele havia esquecido o farol ligado... Nesse momento, caiu um forte temporal, e debaixo do aguaceiro ele partiu atrás de alguém que pudesse nos ajudar. A salvação veio sob a forma de um taxista, que fez uma chupeta para que, finalmente, conseguíssemos dar a partida no motor e retornar para casa. Dia atribulado, esse.

No final do mesmo ano, retornei de barco à Alfavaca com outro amigo, Christian Steinhauser, o Tita, e concluímos a via sem novos contratempos. Batemos mais alguns grampos dali até o final, já que a parede à frente era compacta, sem fendas, e em alusão aos acontecimentos de janeiro demos a ela o nome de *Por um Triz*.

PARTE IV

COLETÂNEAS

CIDADE PARTIDA

O fato de a cidade do Rio de Janeiro possuir tantas vias de escalada é uma bênção, mas traz consigo uma série de problemas decorrentes da proximidade dos principais pontos de prática do esporte com a sua densa malha urbana. O principal deles é, simplesmente, o próprio acesso às paredes, falésias e blocos onde estão as escaladas. Cada vez há menos terrenos vazios e mais muros, cercas, grades, cancelas. Quando um acesso é fechado, um caminho diferente precisa ser encontrado, e depois outro, e mais outro, até que, em alguns casos, as alternativas simplesmente se esgotam e todo um conjunto de vias torna-se apenas um registro histórico nos guias impressos ou virtuais. No Estado do Rio de Janeiro, ao menos as áreas públicas, mormente aquelas situadas em unidades de conservação da natureza, permanecem abertas aos interessados, mas, em outros estados, sérias restrições são impostas à prática dos esportes de aventura, mesmo simples caminhadas, pelos chefes de parques.

Outro problema igualmente grave é o aumento da violência urbana, assim como o da, digamos, contraviolência, ou seja, o formidável aparato de segurança a que as classes média e alta recorrem para se defender de perigos reais ou imaginários. Quadrilhas de traficantes de drogas ou de milicianos dominam amplos territórios das comunidades mais carentes, ditando, como modernos senhores feudais, regras de vida ou morte a serem observadas por moradores e visitantes. E como muitas favelas da cidade encontram-se precisamente nos morros de interesse para a escalada ou no seu entorno imediato, a tensão é inevitável. Quase todos os escaladores cariocas têm histórias de encontros com quadrilhas de traficantes, e há até estratégias específicas de conduta para minimizar problemas com eles. Uma delas é andar com as cordas fora das mochilas, mesmo que haja espaço de sobra dentro delas, para que de longe já se veja que tipo de visitante se trata, o que em geral dá certo.

Além disso, as matas que circundam as paredes rochosas, e as separam das residências abaixo, são também muitas vezes percorridas por outros bandidos, sejam ladrões de residências em trânsito ou assaltantes que elegem como alvo os montanhistas, fiando-se na facilidade de atuação e fuga em locais tão ermos. A desencorajá-los, só mesmo o modesto retorno de tais ações, em geral celulares e máquinas fotográficas baratas, além de algum dinheiro em espécie.

Escalar ouvindo tiroteios é algo corriqueiro, mesmo em favelas onde há Unidades de Polícia Pacificadora (UPP). A gente acaba se acostumando e esquece que essa trilha sonora é, ou deveria ser, própria apenas de regiões onde há guerras declaradas. Nesse sentido, aconteceu uma história engraçada comigo. Um escalador americano, cujo nome não me recordo, passou uma noite na minha casa quando eu morava na Rua Santa Clara, em Copacabana, e calhou de haver um tiroteio considerável naquela madrugada na comunidade próxima, a do Morro dos Cabritos. Ao ouvido treinado, era fácil distinguir os fuzis das metralhadoras e estas das pistolas. No dia seguinte pela manhã, perguntei se ele havia dormido bem — o que obviamente não parecia ser o caso, a julgar pelas suas imensas olheiras. Não querendo ser indelicado comigo, ele respondeu que "mais ou menos, pois houve uma espécie de festividade à noite, com muitos fogos de artifício" e que, por essa razão, não havia conseguido pegar direito no sono.

Quando expliquei o que eram, de fato, os tais "fogos de artifício", ele se recusou a acreditar. "Isso não é possível!", exclamou. Após o café da manhã, descemos juntos à rua e, coincidentemente, ao passarmos em frente à banca mais próxima, quase a metade da primeira página de um jornal sensacionalista era ocupada pela foto de um sujeito segurando pelos cabelos uma cabeça decapitada — prática macabra recentemente popularizada pelos jihadistas do Estado Islâmico. Ele então, estupefato, viu que era grande a probabilidade de eu não haver mentido sobre os sons que ouvira naquela noite...

Pior, muitas vezes, é a postura de proprietários privados com relação aos caminhantes e escaladores. Além de se refugiarem atrás de muros e cercas cada vez mais altos e desencorajadores, há o problema de cães de guarda e seguranças particulares de comportamento ameaçador. Isso quando não são os próprios moradores que, intransigentes e arrogantes, saem de arma em punho para deixar claro que ninguém é bem-vindo em seus minifúndios, mesmo que os esportistas cheguem às claras, se identifiquem e peçam passagem civilizadamente. Os moradores das favelas são, em geral, muito mais simpáticos e amistosos, quase sempre dispostos a dar informações que nos ajudem a chegar ao objetivo pretendido. Ou, às vezes, quando a chapa está quente, recomendam que a gente dê meia-volta e retorne em um dia mais calmo.

A quantidade e a diversidade de histórias sinistras envolvendo montanhistas cariocas e a marginalidade que povoa os morros da cidade desafiam a imaginação. Um amigo, por exemplo, uma vez em que foi escalar no Morro do Cantagalo, se deparou, em um platô de vegetação, com um saco contendo o corpo de alguém, atirado lá de cima, não se sabe se vivo ou morto, pelos traficantes locais em virtude de alguma desavença. Outro deu de cara na mata, em Copacabana, com alguns bandidos, e um deles mandou que ele se ajoelhasse para ser executado com um tiro na cabeça, sabe-se lá por que razão, mas o carrasco estava tão drogado que meu amigo conseguiu fugir correndo no meio das árvores sem problemas adicionais. Menos sorte teve o rapaz que dormia na Orelha, uma caverna quase no topo da Pedra da Gávea, quando foi despertado pela chegada de um ruidoso grupo de marginais; um deles, também fora de si, mandou que ele parasse de rir da sua cara, o que era impossível já que ele não estava rindo — era apenas muito dentuço, o que o deixava com uma expressão permanente de leve riso no rosto, e por isso foi executado com um tiro. Uma galera assaltada na mesma Pedra da Gávea foi rendida por um ladrão bem-humorado, que mandou que todos se reunissem para uma foto e deixou a câmera com eles, como recordação do encontro.

Uma das histórias mais fantásticas é a de um grupo do CEG que escalou o Morro do Cantagalo até o topo e lá foi abordado por alguns marginais que conduziam um grande pastor-alemão pela coleira. Quando o chefe do bando já estava relaxado, seguro de que os escaladores não ofereciam riscos, o cachorro começou a latir furiosamente para um deles, apesar de o seu dono tentar contê-lo chamando-o pelo nome: "Calma, Vingador! Calma, Vingador!" Mas o imenso cachorro se desvencilhou e correu para cravar os dentes com vontade na perna do pobre escalador; aí o bandido entendeu o que se passava, conteve a fera e explicou o seu comportamento: Vingador havia sido treinado para atacar policiais militares, e a vítima estava com uma camisa azul muito parecida com a de um... Liberados com um pedido de desculpas, eles foram direto para o hospital, onde o escalador deu início a uma série daquelas dolorosas vacinas antirrábicas, que antigamente eram aplicadas na barriga. Mas a minha preferida é a de um amigo que trabalhava com turismo ecológico e estava pesquisando novas trilhas para oferecer aos seus clientes em um local que eu não qualificaria como particularmente propício para isso, as imediações da favela do Borel, na

Tijuca. Flagrado no meio da floresta por um bando de traficantes armados, eles o levaram preso para o seu acampamento, e, depois de se convencerem de que não se tratava de nenhum policial disfarçado ou algo assim, puseram-no para cozinhar e lavar toda a louça da quadrilha antes de libertá-lo.

As histórias são infindáveis.

Tendo já quarenta anos de prática habitual da escalada e uma comichão irresistível para conhecer sempre novas áreas, novas paredes, novas vias, não é surpreendente que eu também possua uma nada invejável coleção de encontros tensos na montanha. Surpreendente, talvez, é ter saído ileso de todos eles. O mais bizarro merece um capítulo à parte neste livro, intitulado "Cena carioca", na Agulhinha do Inhangá, pequena ponta rochosa situada em Copacabana. Mas a seguir contarei alguns outros, ocorridos em momentos variados e em uma ampla diversidade de circunstâncias.

Meia-volta, volver!

A primeira vez que tive uma arma de fogo apontada na minha direção não foi nem por um traficante, nem por um assaltante, mas por militares da Marinha do Brasil. Corria o ano de 1976, em plena ditadura, e o acesso a vias de escalada dentro de áreas militares ou era completamente proibido, ou exigia uma burocracia desanimadora.

Na parede principal do Morro da Babilônia, na Praia Vermelha, há uma via chamada *IV Centenário*, aberta em comemoração aos 400 anos de fundação da cidade, completados em 1965. Originalmente, ela era em um estilo arcaico, com cabos de aço de cima a baixo servindo de corrimão para os escaladores. Logo, contudo, esses cabos foram removidos, e o resultado foi uma escalada livre de dificuldade mediana e qualidade excepcional, mais cobiçada ainda por existir, naquela época, um número muito menor de vias estabelecidas do que hoje em dia.

O problema é que a *IV Centenário* fica exatamente acima da Escola de Guerra Naval (EGN), e para repeti-la era necessário que um clube (não podia ser uma pessoa física) enviasse à direção da unidade, com um mês de antecedência, um ofício solicitando formalmente autorização e contendo os nomes e os números dos documentos de identidade de todos os escaladores, com indicação expressa do responsável pela excursão. Se chovesse, já era; o processo precisava ser reiniciado do zero. Para piorar, ser um escalador capaz não era condição suficiente para pleitear a expedição do cobiçado ofício: exigia-se que fosse um dos guias formais dos quadros dos clubes. Portanto, os interessados ficavam na dependência de que um desses poucos abnegados se dispusesse a ir uma vez mais até lá. Eles eram a pipa, e nós a rabiola a implorar que a pipa levantasse voo.

Esse procedimento era complicado demais para jovens ansiosos por conhecer essa famosa escalada carioca, e por tal razão eu, então com apenas dezesseis anos, e um amigo, Octávio Meira, o "Tubarão", que devia ter uns vinte anos, traçamos um plano para tentar repetir a via clandestinamente. Entraríamos de madrugada pela estação de base do bondinho do Pão de Açúcar, imediatamente à esquerda da EGN, e chegaríamos ao pé da parede com a primeira luz do dia, levando conosco muitos mosquetões e fitas e uma corda de 70 metros para completar a via o mais rápido possível, em apenas três enfiadas. Nem sei como o Tubarão conseguiu uma corda daquele tamanho na época, pois o comprimento padrão não passava então de 40 metros, mas o fato é que ele possuía uma e isso era muito conveniente para o nosso propósito.

Chegamos ao início da via tensos, mas sem percalços, e a primeira longa enfiada transcorreu sem problemas. Para não chamar a atenção, combinamos de não proferir uma só palavra, baseando toda a nossa comunicação em gestos com as mãos. Ótimo! Estava dando certo! Só que, na metade da segunda enfiada — portanto mais ou menos no meio da parede —, quando eu estava à frente e o Tubarão me dava segurança preso a um grampo uns 30 metros abaixo, ouvimos um grito.

— Desce daí!

Quando nos viramos, vimos um soldado acenando vigorosamente para a gente e dois ou três outros trotando na sua direção. Nós nos entreolhamos. O que fazer? Seguir em frente a toda velocidade, com a chance de completarmos a nossa sonhada escalada e descermos por uma trilha longe dali, porém arriscando criar um problema gigante caso fôssemos pegos? Ou descer e sermos conduzidos para o interior do prédio para sofrer sabe-se lá o quê?

— Desce daí, senão eu atiro! Desce!

Olhamos novamente, e dois deles agora estavam apontando suas metralhadoras para nós, o que foi de grande utilidade para nos ajudar a decidir. Descemos imediatamente.

Ao chegarmos à base, dois soldados já nos esperavam e nos escoltaram, em poucos minutos, ao pátio da EGN, e dali, como temíamos, para o interior do prédio, onde fomos apresentados ao oficial de dia. Mas, para nosso alívio, ele apenas nos deu um esporro, lembrando que para escalar ali era necessário um ofício com um mês de antecedência etc. etc., e nos pôs de lá para fora com recomendações de que não fizéssemos mais aquilo.

Curiosamente, a despeito do radicalismo político daquele momento, essas restrições não tardaram a ser afrouxadas, e cerca de um ano depois, enfim, repeti a via em companhia de outro amigo às claras, sem qualquer contratempo. Depois disso, voltei lá diversas outras vezes devido à sua qualidade e comodidade de acesso.

"Vocês têm muita ou pouca maconha?"

A combinação Morro da Babilônia + militares ainda me renderia outro momento tenso — bem pior do que o primeiro, na verdade. Em 1977, como dito acima, já se podia escalar sem grandes problemas atrás da Escola de Guerra Naval, não só na via *IV Centenário*, mas, também, nas outras três ali existentes (hoje há mais de 60 vias e variantes naquela face do Morro da Babilônia).

Por isso, em uma tarde do mês de agosto daquele ano, fui com Rômulo de Souza repetir *Salomith*, uma escalada um pouco mais fácil que ainda não conhecíamos. Seu nome homenageia Salomith Fernandes, simpático escalador carioca que havia aberto algumas vias clássicas na década anterior no Rio, em Itatiaia e na Serra dos Órgãos, todas muito populares. Essa escalada fica exatamente atrás da estação inicial do bondinho, portanto a caminhada de acesso não passa de uma dezena de metros.

A escalada transcorreu sem incidentes, mas, desta vez, ao invés de descer de rapel pela parede, resolvemos ir até o cume da montanha para desfrutar a vista panorâmica de Copacabana. Isso envolveu alguma varação de mato, pois aquela área ainda era tomada pelo capim colonião, uma gramínea africana invasora que se tornou uma praga terrível no Brasil, já que prospera bem em locais onde a vegetação nativa foi destruída pelo fogo, e infelizmente não nos faltam áreas assim. Hoje, todo o topo do morro e suas encostas se encontram reflorestadas, graças a um paciente e dispendioso trabalho que se estendeu por mais de uma década.

Uma vez no topo, pudemos conhecer as ruínas de casamatas que lá se encontram, preparação para uma guerra que nunca veio. Depois, resolvemos descer por caminhada em direção à Ladeira do Leme, a saída mais curta e óbvia, até porque havia uma trilha bem marcada naquela direção. Esse caminho agora integra a parte final da Transcarioca, a gigantesca trilha de cerca de 180 quilômetros de extensão que cruza o município do Rio de Janeiro de oeste a leste, de Barra de Guaratiba à Praia Vermelha, permitindo que se aprecie toda a cidade do alto.

Tudo também transcorreu sem nada digno de menção até que, quase chegando à ladeira, fomos interceptados por soldados do Exército, que nos conduziram contra a nossa vontade ao seu superior, um oficial de baixa patente, tenente talvez, em uma casa ali perto.

Diferentemente da situação ocorrida no ano anterior na guarnição da Marinha, quando levamos uma bronca por descumprimento de norma, porém não de forma verdadeiramente ameaçadora, desta vez, não tendo descumprido norma alguma, fomos submetidos a um longo interrogatório pelo tal oficial e dois soldados sob seu comando, sempre de forma extremamente agressiva e arrogante.

— O que vocês estão fazendo aqui?

— Descendo do topo do Morro da Babilônia — respondi, imaginando se a obviedade da minha resposta o ofenderia.

— E o que vocês estavam fazendo lá?

— Vendo a paisagem, depois de ter escalado a parede voltada para a Praia Vermelha. — Agora eu temia ser taxado de mentiroso, pois estava claro que ele desconhecia o fato de que havia escaladas no Morro da Babilônia. Não estou certo, sequer, de que ele sabia que existiam escaladas no Brasil.

— Como é que vocês chegaram lá?

— Pela estação do bondinho.

Enquanto isso, os soldados começaram a espalhar todas as coisas guardadas em nossas mochilas no chão, acintosa e debochadamente. Eles revistavam as mochilas com volúpia, procurando qualquer coisa que nos incriminasse.

—Vocês têm muita ou pouca maconha aí com vocês?

— Não temos nenhuma — respondeu Rômulo.

— É melhor vocês falarem logo, porque, senão, a coisa vai ficar pior pro seu lado!

— Não temos nenhuma, vocês não estão vendo? Podem procurar à vontade.

— Isto aqui é uma área militar, vocês não poderiam estar aqui sem autorização!

— Por onde nós entramos também é área militar, só que a Marinha não cria problemas.

— A Marinha é a Marinha, aqui é outra coisa! Aqui é Exército! Isso não vai ficar assim!

— Então — disse eu —, tudo bem, vocês nos levam para a delegacia, chamamos nossos pais e aí a gente vê como é que fica.

A arenga se estendeu por um bom tempo. Ao final, como insistíssemos em irmos todos para a delegacia, e como não tivessem encontrado armas, drogas ou qualquer outro objeto incriminador conosco, ele disse, como se estivesse fazendo um imenso favor, que nos liberaria, mas não queria nos ver por ali nunca mais. "Nem nós", pensamos, mas não externamos essa opinião, já que o clima não parecia favorável a manifestações de sinceridade. Naturalmente, eles não recolheram nossas coisas espalhadas pelo chão, e os soldados pareceram se divertir muito ao nos ver abaixados fazendo isso. Mas, afinal, saímos em direção a Copacabana e não houve novos desdobramentos. Já estava escuro a essa altura.

O abrandamento da ditadura militar parecia não estar se dando no mesmo ritmo em todas as Armas.

Um encontro nada amistoso

O Morro de São João, que separa Copacabana de Botafogo, possui paredes rochosas com ótimas vias de escalada já existentes ou por fazer dos dois lados. A face voltada para Copacabana foi a primeira a receber atenção, mas, a partir de 1979, começaram a ser estabelecidas linhas na vertente oposta, e em 1988 eu próprio abri três vias paralelas sobre o cemitério São João Batista com um amigo, Marco Vidon. Mas, como ainda houvesse um óbvio potencial a ser explorado à esquerda delas, retornei dois anos depois em companhia de Alexandre "Calango" Canella, que mais tarde se tornaria um exímio ressolador de sapatilhas de escalada, para tentar uma nova linha bem óbvia.

Devido à posição da via que pretendíamos fazer, o acesso mais direto seria pela interminável escadaria do "Balancê", ou Pio XII, um conjunto habitacional composto por diversos blocos de prédios alinhados verticalmente, cuja entrada fica na Rua Álvaro Ramos, em Botafogo. É um acesso bem exótico para uma escalada, mas rápido e eficiente, e já havíamos passado outras vezes por ali sem problemas, a despeito de sempre despertarmos a curiosidade dos moradores com nossas pesadas mochilas coloridas às costas. Na verdade, essa seria já a segunda investida na via, e fomos para lá à tarde, tentando evitar um pouco o calor abrasador daquela parede.

Só que, ao chegarmos ao final da escadaria, onde um buraco no muro que circunda o conjunto dá acesso à mata e à curta caminhada até a base da escalada, demos de cara com uma quadrilha de uns sete ou oito traficantes armados, sentados em semicírculo e fumando um baseado. Assim que nos viram, todos ficaram de pé e sacaram seus revólveres e pistolas e, apontando-os para nós, perguntaram o que estávamos fazendo ali. Escolado por outros encontros semelhantes, que nunca exigiram mais do que rápida troca de palavras para tudo ficar devidamente esclarecido e sermos liberados, não fiquei especialmente preocupado, embora nunca tivesse visto tantas armas apontadas para o meu peito. Mas, desta vez, o problema é que os caras estavam doidos, *muito* doidos, e a coisa ficou feia. Com as mãos para cima, fui o principal porta-voz de nossa dupla.

— Tranquilo, a gente está aqui em paz, só de passagem, para escalar no morro ali atrás. — E apontei para a parede com o beiço.

— Que história é essa? Vocês têm armas aí?

— Não temos arma nenhuma, se quiserem podem revistar as mochilas à vontade. Só temos material de escalada, para praticar o nosso esporte. Nós já passamos por aqui outras vezes em uma boa.

Alexandre, igualmente com as mãos para o alto, gaguejava alguma coisa em reforço às minhas palavras.

— Que porra é essa, que escalada que nada. O que vocês estão fazendo aqui? Vocês são de onde? Qual é a de vocês?

— Mermão, a gente está desarmado, estamos na paz. Só queremos passar para escalar ali atrás, na parede da montanha! Não tem parada errada. Quer revistar as mochilas para ficar mais tranquilo?

A tensão era imensa. Não havíamos levado a corda fora da mochila, como é recomendável em lugares de risco, porque jamais nos ocorreu que ali, em um lugar que de certa forma conhecíamos, com centenas de apartamentos ao lado, crianças subindo e descendo livremente e por onde já havíamos passado algumas vezes recentemente, pudesse acontecer uma situação dessas. E por mais que falássemos, alguns deles, especialmente o que parecia ser o chefe, não se convenciam, talvez porque nem estivessem entendendo direito o que dizíamos. Eles estavam muito doidos, e claro que não era só do bagulho. A maconha talvez estivesse até dando uma desacelerada. Mas um garoto novo, integrante do bando, falou algo que deu uma amenizada no clima:

— É, eu já vi uns caras escalando ali.

— De vez em quando tem alguém escalando ali, sim — confirmou outro membro do bando.

O chefe deles então perguntou novamente se nós escalávamos, fazendo um improvável gesto de quem está com marreta e broca na mão, martelando no ar. Normalmente não se leva marreta e broca na mochila, mas, como estávamos indo tentar a conquista de uma nova via, por sorte tínhamos tudo isso conosco, e um pouco aliviado, confirmei:

— Sim, é isso mesmo, vamos escalar! — exclamei, repetindo o gesto de nosso desconfiado interlocutor ainda com as mãos meio para cima. — Não quer mesmo ver as nossas mochilas?

— Não, tudo bem, vocês podem passar então.

— Valeu mesmo, dá licença — dissemos, passando bem no meio do grupo e entrando no mato. Naquela época, estava apenas começando o trabalho de reflorestamento que removeu uma grande extensão de capim-colonião e replantou, em seu lugar, árvores nativas, um trabalho que sofreu muitos retrocessos e apenas cerca de vinte anos depois ficou consolidado. Hoje há ali um bosque agradável, a caminho de se tornar de novo uma floresta.

No entanto, após termos percorrido apenas algumas dezenas de metros, fomos surpreendidos no meio do mato pelo mesmo grupo, que nos cercou de armas na mão, recomeçando o interrogatório com mais pressão ainda.

Aquilo era um desdobramento sério dos acontecimentos. Agora, para eles, não havia mais nem o tênue constrangimento da presença de moradores por perto. Gelamos. Éramos apenas nós e eles, alucinados, no meio de um matagal alto, sem ninguém nos vendo, e não tínhamos novos argumentos para oferecer.

— Mermão, a gente já te disse. Somos apenas escaladores querendo praticar o nosso esporte ali na pedra. Já viemos aqui outras vezes e não teve erro. Não estamos aqui para atrasar a vida de ninguém.

— Olha, dá uma geral nas nossas mochilas, pra confirmar que a gente não tem armas, só tem material de escalada — completou Alexandre.

Isso continuou por mais alguns poucos e intermináveis minutos, mas, por fim, novamente nos liberaram. Não houve qualquer agressão física, entretanto, emocionalmente estávamos drenados. Nossa vontade era ir embora imediatamente, porém agora, se não escalássemos, passaríamos por mentirosos e poderia ser ainda pior. A contragosto, fomos em frente.

Após andarmos mais alguns metros e sairmos do capim alto para um trecho aberto, um novo susto nos aguardava: demos de cara com um grupo de homens empunhando foices e facões, e estávamos tão estressados que demoramos um pouco para perceber que estes não passavam de trabalhadores do reflorestamento indo embora para casa após um dia duro de trabalho!

Conseguimos enfim chegar à base, nos encordamos e escalamos até começar a escurecer, pois uma vez iniciada a atividade, o baixo astral ficou logo para trás. Ainda bem!

Por via das dúvidas, nunca mais voltamos lá juntos, e foi apenas em 2014 que retornei com outro amigo para concluir a escalada, à qual dei o nome de *Poltergeist*.

Fritjof

No mesmo apartamento da Santa Clara, e mais ou menos na mesma época em que hospedei o americano, acolhi também por uma noite um montanhista alemão a pedido de um amigo gaúcho. Eu recebia em casa com frequência escaladores estrangeiros, pois, nos anos 1980, escrevera muitos artigos sobre a escalada em rocha no Brasil para revistas especializadas em países tão diversos como Estados Unidos, Japão, Espanha, Itália, Argentina, Noruega e Alemanha, o que despertou o interesse em muitos deles de conhecer esse novo e exótico destino na América do Sul. Fui, inclusive, correspondente no Brasil da prestigiada revista inglesa *Mountain* por uma década, o que serviu como uma espécie de carta de recomendação garantida para outras publicações do gênero.

Tive a honra de receber, dentre outros, a visita do célebre escalador alemão Wolfgang Güllich, quando ele estava no auge de sua forma. Mal comparando, é como se um aficionado por futebol fosse brindado com a presença do Messi em sua casa. Ele apareceu de surpresa, com uma cópia do meu artigo na *Der Bergsteiger* nas mãos, acompanhado pelo seu fotógrafo, Heinz Zak, ele próprio um excelente escalador. Seria uma estada curta no Rio de Janeiro, de uma semana apenas, mas suficiente para que abrisse a escalada mais difícil do país naquele momento. Trata-se de uma pequena via de agarras e oposição na Pedra do Urubu, ao lado da pista Cláudio Coutinho, na Praia Vermelha, batizada por ele de *Southern Comfort*, mas conhecida pelos locais até hoje como *Via do Alemão*. Apesar da extrema dificuldade da escalada, Güllich a fez relativamente rápido, pois era excepcionalmente forte: ele era capaz de fazer barras com um dedo mínimo apenas, e o seu braço possuía mais ou menos a largura da minha coxa. Sua morte prematura alguns anos depois, em um acidente automobilístico em uma das vertiginosas *autobahns* germânicas, chocou e enlutou todo o mundo da escalada.

Mas esse alemão agora era outro, e vinha ao Rio por razão diversa. Seu nome era Fritjof, e precisava apenas de pouso por um dia para pegar o avião de volta à Europa. Ele deveria chegar à minha casa por volta das cinco da tarde e, de fato, na hora marcada, a campainha tocou e lá estava ele, um sujeito imenso, louro, com grandes botas de montanha e uma mochila até modesta nas costas. Fritjof era simpático e um pouco tímido, porém exalava um insuportável cheiro azedo de suor velho. Parecia claro que ele estava se ressentindo do calor tropical, e também que não enfrentava um banho há um bom tempo. Imediatamente lhe ofereci toalha e sabonete e apontei a direção do banheiro.

—Você deve estar ansioso por um bom banho! *Será?!* Enquanto isso eu preparo um lanche pra gente — concluí.

Ele ficou muito surpreso com as minhas instruções, mas se dirigiu ao chuveiro sem reclamar, de onde saiu muito rapidamente usando a mesma camiseta fedida. Céus...

Depois do lanche, já na hora do crepúsculo, ele se voltou para mim e perguntou:

— A vida inteira eu ouvi falar deste lugar, Copacabana, e tinha muita vontade de conhecê-lo. Podemos descer para dar uma volta?

— Claro — respondi, e fomos imediatamente em direção à orla.

Ao chegarmos ao calçadão e atravessarmos para o lado da praia, nova pergunta:

— Podemos chegar junto à água? Eu gostaria muito!

Eu hesitei, porque sei das coisas que acontecem junto ao mar à noite e Fritjof tinha estampada na testa a palavra "gringo". Acabei concordando, para não frustrá-lo, mas, assim que chegamos lá, não deu outra. Fomos abordados por um menino negro muito magro, portando um canivete com uma lâmina ridiculamente pequena, e por outro cara, baixo e atarracado, de bermuda e sem camisa, batendo com uma mão na bunda e gritando para nós com sotaque nordestino: "*Pistol! Pistol! The money! The money!*"

Não costumo bancar o herói nessas situações, nem aconselho que alguém o faça. Mas logo vi que, se ele tivesse uma pistola, estaria com ela na mão, e não escondida no bolso de trás da bermuda.

— Não vou te dar porra nenhuma! — exclamei, em um impulso.

Em seguida me virei para ver os outros dois, pois pensei que àquela altura Fritjof já estaria pisando com suas grandes botas de montanha no pescoço do seu esquálido atacante. Mas não. Ele estava com os pés dentro da água, recuando cada vez mais em direção às ondas, aterrorizado. O assaltante se virou para o outro e, segurando um maço de notas, declarou, triunfante:

— Já estou com o dinheiro, olhe aqui. Vamos embora!

"Alemão bundão", pensei. E, sem refletir muito no que estava fazendo, saí correndo atrás dos ladrões, que seguiram pela beira da água em direção ao Leme.

— Ei, ei, vocês dois, esperem aí. Esperem aí!

De repente, eles pararam e se viraram para mim. Eu também parei, adrenado, a uns cinco metros de distância deles. Não creio que eu realmente esperasse que eles parassem, mas, enquanto pensava como conduzir o próximo passo, o da "*pistol*" gritou para mim:

— Ué, você é brasileiro?

— É claro que eu sou, mermão, eu moro aqui em cima, na Santa Clara. O cara tá hospedado lá em casa e vocês me fizeram passar a maior vergonha! Olha só a situação! E agora, como é que fica?

Inacreditavelmente, ele pegou o dinheiro com o amigo e veio andando em minha direção.

— Foi mal, eu não sabia que você era brasileiro. Tome o dinheiro de volta. Desculpe!

Fritjof, já fora da água, assistia atônito àquilo tudo.

— Não chame a polícia não, certo? — pediu com típico sotaque nordestino.

— Certo. Morreu aqui, tá tudo bem — concordei.

— Mas será que dava pra adiantar pra gente ao menos o da passagem?

— OK — concordei, e separei o suficiente do dinheiro do gringo, com alguma folga, para duas passagens de ônibus, sob o olhar cada vez mais estupefato do meu hóspede germânico. Aquilo certamente estava sendo uma experiência cultural desafiadora para ele.

— Valeu mesmo — agradeceu o menino, e saiu correndo na direção oposta seguido de seu amigo, batendo na barriga e gritando para Fritjof: — *No Police! No Police! Fome! Fome!*

— Vamos embora daqui agora — falei para o alemão, que concordou sem pestanejar. Ainda nos sentamos para tomar um chope em um bar da orla e comentar o bizarro incidente, mas era uma daquelas noites em que você sente um clima carregado no ar em toda parte, e resolvemos voltar logo para casa, por precaução. No dia seguinte, o avião sairia cedo, levando de volta à Alemanha um passageiro com recordações inesquecíveis de seu breve passeio em Copacabana.

Chumbo neles!

Estava eu pacatamente a repetir uma antiga via minha no chamado *Platô da Lagoa*, uma parede repleta de escaladas esportivas no Morro da Catacumba, na Lagoa Rodrigo de Freitas, em companhia de meu amigo Fábio Medina, quando, do nada, dois jovens na rua abaixo começaram a gritar para a gente:

—Vai morrer! Vai morrer!

Não liguei a mínima, pois já estou bem acostumado com isto — pessoas medíocres que, na falta de algo melhor para fazer, gritam para os escaladores coisas como "vai cair" ou então "vai morrer". Passei a dar mais atenção ao que acontecia, no entanto, quando escutamos dois tiros e vimos um deles com uma arma apontada na nossa direção. Por que isso? E onde tinham ido parar as balas, já que não fomos atingidos e nem as ouvimos ricochetearem perto de nós?

Como eles continuassem a nos ameaçar, achamos melhor dar o fora dali o mais rápido possível e deixar para mais tarde uma avaliação crítica das suas motivações. Descemos de rapel rapidamente e, uma vez na base, estávamos fora do campo de visão deles. O problema é que a trilha normal de acesso à parede começa precisamente na rua onde eles estavam, portanto voltar por ela não era uma opção. Em vez disso, subimos pelo mato à esquerda da formação rochosa onde estávamos escalando, chegamos ao topo e descemos pela bem aberta trilha que leva ao Parque da Catacumba, ali perto.

Saímos do parque furtivamente, olhando para todos os lados com medo de sermos vistos pelos nossos misteriosos atacantes, e corremos até uma cabine da Polícia Militar a algumas centenas de metros dali para dar ciência do ocorrido, mas o policial de plantão nos disse, para nossa decepção, que não poderia se ausentar dali. Ele ao menos passou um rádio para o seu quartel, e ficamos esperando por um bom tempo até que chegasse uma viatura. Àquela altura, claro, os pistoleiros já estariam longe.

O passeio no opalão da PM serviu ao menos para nos levar de volta ao carro do Fábio, no topo da ladeira, onde constatamos que ele permanecia intacto. Um morador local, que estava na rua naquele momento, nos disse que se tratava de dois adolescentes de um prédio vizinho, que possuíam uma arma de chumbinho de ar comprimido muito parecida com uma arma de verdade e que não era a primeira que aprontavam por lá.

Já era noite, hora de ir para casa. A escalada ficou para outro dia.

O psicopata

Como mencionei, o povo de classe média e alta é normalmente mais hostil aos montanhistas do que os moradores das comunidades carentes empoleiradas nos morros cariocas. Na verdade, a hostilidade é dirigida a qualquer um que não pertença à sua casa ou ao seu condomínio, ou que não seja expressamente convidado de algum vizinho conhecido. São ilhas de medo, possessividade e rancor. Pude constatar isso com clareza em fevereiro de 2007, quando me dirigi a uma pequena parede rochosa que ninguém havia escalado até então, no Morro da Saudade, no Rio de Janeiro. Ela se encontra voltada para o bairro do Humaitá, e fui para lá em companhia de três amigos, Christian Steinhauser, Rodrigo Guardatti e Daniel Toffoli, para tentar abrir as primeiras vias no local. O melhor acesso era por uma pequena comunidade carente à esquerda, e à medida que subíamos a longa escadaria entre os barracos, todos os moradores que encontramos foram solícitos em nos apontar o caminho que nos levaria ao nosso objetivo. "Sigam a trilha bem aberta para a direita até a cisterna", era a orientação, de fato muito precisa.

  Chegamos, assim, não ao sopé da parede, mas ao seu topo, e um rapel em uma grande palmeira nos depositou facilmente na base, que logo percorremos para um lado e para o outro com vistas a identificar onde estariam as melhores possibilidades. Isso requereu o uso intensivo do facão que levramos conosco, pois uma densa touceira de arranha-gato ocupava quase toda a base da parede, que era de pequena altura, 20 metros no máximo. Ela era também muito deitada em certos trechos que, por esta razão, apresentavam pouco interesse para nós. Após alguma deliberação, decidimos tentar uma linha imediatamente à esquerda do ponto aonde havíamos chegado ao chão no rapel. Apesar de uma passagem mais técnica, nós a escalamos sem problemas, batendo dois grampos de segurança no caminho. Feito isso, voltamos a descer de rapel e, devido ao calor intenso, combinamos de abrir só mais uma via naquele dia, de preferência fácil, para sairmos mais rápido para a cerveja.

  Eu subi quase a metade da parede de uma vez e, parado em uma posição confortável, icei a furadeira elétrica e comecei a bater um grampo, o terceiro naquele dia. Antes que acabasse de fazer o furo, contudo, um sujeito apareceu em uma das janelas dos prédios atrás de nós, a uns 60 ou 70 metros de distância, e começou a gritar conosco de forma descontrolada e a nos ameaçar com violência, inclusive de dar tiros se não saíssemos dali imediatamente. Minha reação inicial foi responder à altura, mas o tom da voz do homem mostrava com clareza que ele estava completamente fora de si, e daquela distância um bom atirador teria chances reais de nos acertar. Estávamos em franca desvantagem, já que escaladores são alvos fáceis porque se deslocam muito devagar no seu ambiente...

Após breve deliberação sobre o que fazer, decidimos terminar a via o mais rápido possível e ir embora por onde tínhamos vindo, recolhendo, na palmeira, a corda que havíamos deixado fixa para rapelar. Na prática, mantivemos na sua essência o nosso planejamento inicial, apenas com um senso de urgência muito maior na execução. Logo que terminei de bater o grampo, subi o mais rápido que pude e saí para a direita até atingir o segundo grampo da via anterior, para não perder tempo batendo outro em um final independente para a via, como era a nossa ideia original, uma vez que isso nos deixaria muito vulneráveis.

Entrei rapidamente na matinha acima e parei em uma boa árvore para onde levei os outros três, sob ameaças e insultos cada vez mais raivosos do demente. Felizmente, os tiros não vieram e, uma vez camuflados pela folhagem, a gente foi se afastando e ele se acalmando, até que logo estávamos de volta à escadaria da comunidade, onde os moradores que encontramos na ida nos perguntaram se havia corrido tudo bem, se a escalada havia sido boa ou não etc. Quanta diferença!

Mais tarde, casualmente, conheci uma moradora do mesmo prédio, que me contou que o tal sujeito é o síndico e célebre pelas suas atitudes truculentas habituais, inclusive com os demais condôminos. Portanto, aquilo não era nada pessoal. Ah, bom!

Em sua homenagem, batizamos a segunda via de *O Psicopata*.

O dono da Joatinga

A Joatinga é uma pequena e simpática praia arenosa encravada no litoral rochoso entre as praias de São Conrado e da Barra da Tijuca, no Rio de Janeiro. O acesso a ela se dá pelo portão de um imenso condomínio com diversas ruas, que permanece aberto porque o livre acesso às praias, felizmente, é garantido pela Constituição estadual. A Joatinga tem um clima meio *cult*, só estragado pelo lixo que às vezes se acumula na areia e pelo inacreditável lançamento de esgoto *in natura* do prédio e casas acima diretamente no mar. Embora este seja um caso emblemático de agressão ostensiva ao ambiente, objeto de inúmeras denúncias, vistorias e matérias de jornal, o problema resistiu a todas as tentativas de resolvê-lo.

É uma praia muito procurada por surfistas e bodyboarders, além de frequentadores mais convencionais. Entre os escaladores, ela foi bem popular nos anos 1980. Depois, com a descoberta de novos setores na cidade, caiu em desuso, mas veio a receber novo sopro de atenção entre 2003 e 2006, quando muitas novas vias foram ali conquistadas, a maioria com proteção móvel ou mista (peças móveis e fixas). Há a praia principal, um curto trecho de caminhada em um costão rochoso e, depois, uma prainha muito menor, que some na maré alta. Aliás, quando o mar está de ressaca, a Joatinga inteira desaparece, o que ocorre, às vezes, por meses seguidos, mas, depois, de alguma forma misteriosa, a areia sempre retorna e os frequentadores também.

Em outubro de 2005, em pleno surto de novas vias no local, me dirigi para lá em companhia de um casal de amigos, Kika Bradford e Yuri Berezovoy, para darmos continuidade a uma via nossa inacabada. Ao chegar, vimos que ela estava molhada e então buscamos uma alternativa seca para não sairmos de mãos abanando. Primeiro tentamos uma via no fundo de uma pequena garganta rochosa, mas a rocha era muito ruim, assim como a proteção, por isso abandonamos essa linha em favor de outra situada um pouco mais à esquerda, em uma parede relativamente longa para os padrões locais.

Subi na frente, escalando lances bonitos alternados com platôs de vegetação, e de pé sobre uma grande laca destacada da parede, bati um grampo com a furadeira e levei os dois para lá. Fiz mais um lance para cima, um pouco longo, e parei para bater outro grampo com a furadeira. Quando estava começando a fazer isso, um idoso surgiu de repente no deck de uma das casas acima, começou a gritar furiosamente para nós descermos porque a parede "era dele" e nos ameaçou. Discuti rapidamente com o sujeito, dizendo que a casa podia ser sua, mas a parede, não, que nós havíamos partido da praia, que também é pública, e em um primeiro momento não lhe dei muita bola para me concentrar na tarefa em andamento.

Só que o idoso começou a ficar cada vez mais descontrolado. Atraído pelos seus berros, outro homem bem mais novo chegou à borda do deck com uma arma (revólver ou pistola) na mão, também nos ameaçando, e deu um tiro para o alto. A ira dos dois se retroalimentava em um crescendo preocupante, e ele resolveu então dar um segundo tiro, este na minha direção. Quando se preparava para fazer isso, um terceiro homem apareceu na cena, segurou a mão do pistoleiro e ambos deram alguns passos para trás atracados em torno da arma, agora novamente apontada para cima. O idoso, possesso, meio pendurado para fora do parapeito de madeira, batia no peito e gritava, entre um impropério e outro:

— Isso é meu, é meu! Vocês estão me ouvindo? Meu! Saiam daqui!

É claro que estávamos ouvindo, e a despeito da indignação que a atitude daqueles homens me causou, segurei a onda e gritei de volta:

— OK, nós vamos descer, mas, se eu não terminar de bater este grampo, não tenho como fazer isso, entende? Sem o grampo, eu não desço!

Não lembro se ele respondeu alguma coisa, mas Kika e Yuri perguntaram quanto eu já havia furado na rocha e sugeriram que, mesmo que o buraco não estivesse completamente aberto, eu deveria bater o grampo do jeito que estava e descer imediatamente, pois a situação não estava nada boa. E foi o que fiz, após assegurar ao ogro de cabelos brancos que estava fazendo todos aqueles procedimentos (bater o grampo, guardar a furadeira, puxar a corda e montar o aparelho de descida) para descer de fato e, assim, deixá-lo com a "sua" pedra. Os outros dois homens ainda apareceram mais uma vez junto ao parapeito, e pelo visto ainda divergiam enfaticamente sobre a conveniência de eu ser alvejado ou não, mas não consegui entender o que diziam. Também não havia mais uma arma visível. O idoso, enfim, se calou, e novo rapel nos deixou de volta nas areias da praia menor da Joatinga.

Guardamos o nosso material nas mochilas e, quando começamos a caminhar de volta ao estacionamento, fomos abordados por três seguranças do condomínio, que, contrariando nossa expectativa, foram tranquilos e simpáticos conosco. Chegando ao carro, seguimos direto para a delegacia de polícia da Barra da Tijuca, onde registramos a queixa e informamos que tínhamos foto (a distância) de um dos agressores (o idoso). Para nossa surpresa, após ter sido feito o registro, dois agentes partiram imediatamente para o local em uma viatura e nós ficamos lá, esperando. Quando eles voltaram, confirmaram que ouviram a mesma história dos seguranças do condomínio, identificaram qual a casa onde estavam os agressores, mas não tinham como entrar sem um mandado de busca e apreensão porque não havia flagrante. Aquela era uma notícia decepcionante, mas compreensível.

Infelizmente, após a impressionante demonstração inicial de eficiência, o caso não andou. Apesar de a casa ter sido identificada pela própria polícia; apesar de estarem disponíveis os dados de seus proprietários (que poderiam ser os envolvidos no episódio ou não); apesar de haver foto com razoável definição de um dos agressores; e apesar de termos enfatizado no nosso depoimento que estávamos preocupados não só com a agressão em si, mas, sobretudo, com o constrangimento indevido ao nosso direito de circular livremente em áreas públicas para praticar o nosso esporte, o caso não deu em nada. No Ministério Público Estadual, a denúncia nunca seguiu para a área de direitos difusos, como seria de se esperar, devido ao aspecto que tanto enfatizamos de restrição indevida de acesso, com o uso indevido da força, a uma área pública. Ela tramitou apenas no âmbito das promotorias penais, e nunca nenhum de nós foi chamado para depor.

Caso arquivado.

INSETOS

Os insetos são a classe de animais mais numerosa sobre a face da Terra. Até hoje, já foram descritas quase um milhão de espécies, mas os cientistas estimam que esse número deva ser bem maior. Eles estão em toda parte, e, como as regiões tropicais concentram o maior número, não é de surpreender que todos os que praticam esportes ao ar livre nessas áreas tenham muitas histórias com insetos, especialmente os que mordem e ferroam.

Já fui picado por todos os tipos imagináveis de insetos peçonhentos, a tal ponto que me sinto autorizado a esboçar um ranking de intensidade de dor e um quadro sobre os variados tipos de ataque que eles executam, de acordo com a espécie. Seguem abaixo rápidos comentários sobre alguns deles, bem como acontecimentos marcantes quando nossos caminhos se cruzaram.

O marimbondo marrom

As ferroadas mais familiares àqueles que moram na cidade do Rio de Janeiro e adjacências são as dos marimbondos marrons, muito doloridas, como já pude comprovar inúmeras vezes. Mas, apesar disso e do seu considerável tamanho, são animais pouco agressivos, que voam relativamente devagar e só atacam quando sentem realmente ameaçadas as suas casas, uns tubinhos de barro construídos em paredes ou em buracos rochosos não alcançados pela chuva.

Eles são bastante comuns e uma presença constante em determinados setores de escalada — existem paredes inteiras assoladas por eles, como a da Pedra João Antônio, no Parque Nacional da Tijuca. Há ali uma escalada clássica antiga, chamada *Marumbi*, que, devido aos grandes negativos acima, não recebe nunca a água da chuva, sendo, portanto, um paraíso para esses insetos. Mais ou menos na metade da parede há uma concentração especialmente elevada de casas do marimbondo marrom, e, nas duas vezes em que fui lá, não escapei incólume. Eles são tão numerosos que se pode ouvir o sinistro zumbido de centenas deles voando a distância. As histórias de escaladores que passaram pelo mesmo problema, ali e em outras pedras da cidade, são numerosas, e a descoberta de uma nova casa em uma escalada popular chega a ser assunto até nas listas de discussão do esporte na internet.

A vespa vermelha

Parecida com o marimbondo marrom, porém menor e com picada ainda mais dolorida, acreditem, é a vespa vermelha cearense, que me atacou com vontade em um ponto remoto do município mais árido daquele estado, Irauçuba. Após ter conquistado uma bonita montanha virgem chamada Pedra Redonda e tê-la subido de novo sozinho por uma nova via ainda melhor do que a primeira, levei uma corrida e algumas ferroadas naquele ermo das tais vespas, que são mesmo avermelhadas — talvez de raiva de quem se atreva a passar perto de suas casas. Espero nunca mais incomodá-las!

O marimbondo-chapéu

Um encontro notável com marimbondos de uma espécie que eu nunca havia visto, chamada marimbondo-chapéu, ocorreu no sertão da Bahia, mais precisamente em Itatim. Estive lá mais de uma vez para escalar, tendo aberto as primeiras escaladas naquele município e nos vizinhos Milagres e Iaçu em 1997. Essas escaladas incluíram a ascensão de alguns cumes virgens, e com Paulo Chaves tentei ainda subir uma montanha até então inescalada, a Pedra do Enxadão. Esta é uma torre de granito imensa, de aparência intimidante, que fez breve figuração no filme Central do Brasil. Após estudar nossas opções, decidimos tentar chegar à base pelo lado direito de nosso campo de visão para ver se havia alguma linha promissora ali. Foi um erro terrível.

Além do inconveniente de a única linha de fraqueza que existe na montanha, um extenso sistema de chaminés e fissuras, estar situada exatamente do lado oposto ao que chegamos (só nos demos conta depois), nosso acesso se deu por costões longos e desprotegidos, que não queríamos de forma alguma descer com aquele peso todo nas costas, pois seria muito perigoso. A alternativa seria rapelar, mas para isso teríamos que bater diversos grampos na mão, com marreta e talhadeira, sob o sol inclemente do sertão baiano, portanto esse não chegava a ser um prospecto muito encorajador.

Assim, só nos restou encarar — debaixo do mesmo sol desmoralizante, claro — uma caatinga espinhenta e desesperadoramente densa, munidos apenas de meu pequeno facão de mato, o Stevie Wonder (o maior é o Ray Charles). Para que se tenha ideia do que enfrentamos, basta dizer que, ao final do dia, fui obrigado a jogar no lixo a camiseta, a calça comprida e os tênis que estava usando, todos destroçados pelos espinhos. E olhem que não sou nada exigente quanto à aparência nessas andanças!

Pois estava eu batendo facão no meio daquela vegetação hostil quando cortei uma folha de palmeira sob a qual, sem que tivesse notado antes, havia uma casa de marimbondos do tamanho de um prato de sobremesa. Parecia um disco voador (ou um chapéu, segundo os locais), e dezenas, talvez centenas deles, ficavam do lado de baixo para não apanhar chuva que, aliás, não é evento dos mais corriqueiros por lá. Quando a folha chegou ao chão, os marimbondos, compreensivelmente irados, voaram direto na minha direção sem que eu tivesse tempo para reagir. Fechei os olhos e me preparei para o pior. Imaginei uma batalha feroz no meio daquele cenário de filme do Glauber Rocha, na qual eu tentaria matar a maioria deles enquanto estivessem entretidos me ferroando. Mas, para meu espanto, só recebi duas picadas, e enquanto abria os olhos, matei aqueles dois insetos com a mão. Mas, e todos os demais, onde haviam se metido?

Foi só então que me dei conta de onde eles estavam: atacando furiosamente a corda de escalada azul que eu levava enrolada em volta do ombro! Suponho que tenham sido atraídos pela cor. Mal acreditando na minha sorte, retirei a corda devagarzinho por cima da cabeça, repleta de pequenos seres vibrando enlouquecidamente as suas asas enquanto cravavam mais e mais nela os seus ferrões, e a joguei longe, correndo em seguida na direção oposta para me juntar ao Paulo, que vinha atrás e a tudo assistiu sem ter como ajudar. Sentamos então em uma sombra e esperamos as pequeninas feras aladas se acalmarem. Cerca de uns vinte minutos depois, recuperamos a corda e contornamos, a uma distância segura, o chapéu tombado do marimbondo-chapéu para nos embrenharmos novamente na caatinga fechada à procura de uma saída daquele inferno.

A mamangava

A mamangava, uma espécie de abelha preta gigante, é um animal solitário, no máximo visto em pares e que também não costuma ser agressivo, mas a dor provocada pela sua picada eu coloco no topo do pódio, sem hesitação. Só levei uma, ainda bem, mas a sua lembrança permanece muito vívida em minha memória, e não era para menos.

Eu estava caminhando ao longo do Rio Jacó, no Parque Nacional da Serra dos Órgãos, com um amigo, Mário Peixoto, o Mário Tatu, em direção à base de uma grande montanha chamada Sentis. Este e o do vizinho Pilatus são nomes de montanhas dos Alpes Suíços, e na falta de um melhor (ou de qualquer outro nome) para duas grandes montanhas em Teresópolis, onde estávamos, um imigrante suíço que residia ali perto assim as batizou para matar um pouco as saudades da sua terra natal, e os nomes acabaram pegando. Nosso objetivo era fazer, ou ao menos começar, a conquista de uma via de escalada nas imensas paredes de granito claro do Sentis, que só víamos a distância. Para tanto, levávamos às costas grandes mochilas cargueiras repletas de equipamento de escalada e de camping, além de bastante comida.

Como fazia muito calor e não tínhamos pressa, paramos para dar um mergulho e esfriar o motor nas águas límpidas e geladas que descem do alto da serra. E já que estávamos andando em trilhas mais ou menos definidas, decidi prosseguir de sunga mesmo, pois assim seria mais confortável com aquele calorão todo. Logo que retomamos a marcha, no entanto, uma mamangava veio atrás de mim e a enxotei com a mão, como já tinha feito incontáveis vezes antes em outros locais, sem nunca ter sido molestado. Mas ela voltou e ficou voando insistentemente ao meu redor, muito próxima. Parei, e por mais que eu movimentasse de forma frenética os braços, para ver se ia embora, ela sempre retornava, até um momento em que, enfim, achei que havia sido bem-sucedido. Retomei a caminhada uma vez mais, porém, após ter dado meia dúzia de passos, senti uma dor excruciante na nádega direita. Era ela!

Dei-lhe um tapão certeiro e o bicho caiu morto, ou quase isso, no pequeno barranco ao lado, mas a dor persistiu com intensidade máxima por um bom tempo. O local inchou bastante, ficou todo vermelho e com a temperatura bem acima do normal até de noite. Mesmo para dormir foi um incômodo, mas, no dia seguinte, já estava bem de novo. Todo esse sacrifício, porém, foi em vão: as paredes do Sentis, apesar de bonitas, eram muito lisas e íngremes; portanto, no dia seguinte, desarmamos o acampamento e fomos embora sem termos escalado um metro sequer.

O enxu

Um método completamente diferente de ataque é aquele dos enxus, pequenos marimbondos que constroem as suas casas em tocas rochosas do sertão piauiense e, muito provavelmente, também em outros pontos do semiárido nordestino. Mas foi ali, no entorno do Parque Nacional da Serra da Capivara, em São Raimundo Nonato e arredores, que tive o duvidoso prazer de conhecê-los.

Em agosto de 2000, no meio de uma viagem de mais de quatro meses, eu e minha mulher à época, Kate Benedict, passamos duas semanas acampados no parque para visitar sítios arqueológicos, caminhar e escalar acompanhados pelo nosso guia obrigatório local, Waltércio Correia, um ótimo sujeito e que, ainda por cima, já havia feito um curso de técnicas verticais, o que lhe permitiu subir conosco as vias mais fáceis que abrimos. A primeira ascensão da célebre Pedra Furada, um dos maiores símbolos do parque, seguida de um rapel negativo bem no centro do "furo", foi motivo de grande alegria para ele — e para nós também.

Nesse dia específico, após visitar o sítio da Toca do Cruzeiro, onde pudemos apreciar algumas das magníficas pinturas rupestres que notabilizam a Serra da Capivara, eu e Kate abrimos uma bonita via em fendas com cerca de 80 metros de extensão, que chamamos de *Periélio*, e ainda subimos uma ponta rochosa provavelmente nunca atingida antes, que batizamos de *Cabeça da Águia*, pois parece mesmo uma quando vista de longe. Tudo isso fica sobre a localidade de Sítio do Mocó, onde há um Núcleo de Apoio à Comunidade (NAC), uma estrutura com escola, telefone público, uma grande cisterna, eventos para a população local etc. implantada pela Fundação Museu do Homem Americano, criada pela famosa arqueóloga Niède Guidon, que estuda e protege o local há décadas.

Na descida, pouco antes de nos reencontrarmos com o Waltércio, que havia descido na frente, fomos dar uma espiada em um pequeno abrigo de pedra próximo à estrada, à procura de mais pinturas. Era um buraco côncavo de pouca altura, e assim que entrei, olhei cheio de expectativa para cima, mas em vez de pinturas vermelhas de veados ou capivaras, como esperava, vi uma pequena casa de marimbondos — os enxus, como nos ensinou depois o nosso guia. Seus ocupantes, disciplinados, como que obedecendo a uma ordem de comando superior que só eles ouviam, mergulharam em minha direção todos de uma só vez, como uma esquadrilha de caças da Segunda Guerra Mundial se abatendo sobre um porta-aviões inimigo. Eles me ferroaram toda a cara e o braço direito, que usei em vão para tentar me proteger, e retornaram em seguida à sua base para se reagrupar e, se preciso fosse, imagino, desferir novo ataque.

Mas isso não seria necessário. Dei alguns passos cambaleantes para trás com o rosto deformado pelas picadas, que individualmente não eram das piores, mas que às dezenas causaram uma dor considerável. Além disso, provocaram por alguns minutos a sensação de que eu havia feito uso de alguma droga poderosa. Amparado pela Kate, caminhei doidão em direção ao ponto de encontro com o Waltércio, mas aos poucos os sintomas foram passando. Foi só então que ela tirou uma foto do meu rosto que, no entanto, devido à demora, não fez justiça ao estado em que se encontrava logo após as picadas, especialmente os lábios e o olho direito. Mesmo assim, a imagem é assustadora. Voltamos em seguida para o acampamento, onde fiquei descansando um pouco após tomar um anti-histamínico. Contudo, no final da tarde, ainda encontrei ânimo para visitar outros sítios arqueológicos ali perto.

Enxus ou exus, esses marimbondos?

O marimbondo amarelo

Meu pior encontro com um marimbondo se deu não em um desolado rincão da caatinga nordestina, mas, sim, em um dos locais mais visitados da cidade do Rio de Janeiro, a pista Cláudio Coutinho, na Praia Vermelha. No início de 1990, fui até lá com Lúcia Duarte para escalar algo, embora não tivéssemos nenhum objetivo particular em mente. Ao chegar, nos encontramos com um amigo que, por sua vez, estava acompanhado por dois outros escaladores que não conhecíamos, um deles dinamarquês. Resolvemos então tentar, com corda de cima, uma via difícil existente na face mais alta (cerca de 12 metros de altura) de um grande bloco rochoso chamado Pedra do Cachorro-Quente, bem ao lado da pista.

Eu me voluntariei para instalar a corda que nos asseguraria na escalada. Para tanto, peguei corda, algumas fitas de náilon e mosquetões e dei a volta no bloco para subi-lo por trás, onde ele é mais fácil e ainda por cima existiam alguns galhos de árvores que ajudariam na ascensão. Instalei a corda conforme o planejado, mas, quando comecei a descer de volta à pista pelos mesmos galhos, levei uma ferroada de surpresa na nuca, e com um tapa certeiro matei meu traiçoeiro atacante. Doeu, claro, mas nada de mais. Casualmente, ao olhar para o corpo abatido ao meu lado, percebi que não era o vulgar marimbondo marrom que eu esperava, mas, sim, um grande marimbondo amarelo, muito bonito por sinal, de uma espécie que eu nunca havia visto.

Porém, antes mesmo que tivesse conseguido chegar ao chão, comecei a sentir uma série de sintomas muito intensos: formigamento nos membros, inchaço na cara, dilatamento de pupila, tonteira e, principalmente, um edema de glote que me deixou quase sem voz. Quando reapareci, trôpego, na pista, as pessoas fizeram cara de horror, pois o meu rosto estava desfigurado e não conseguia falar direito, apontando com o dedo para a garganta. Pior do que isso, eu estava apavorado com a possibilidade de que o edema aumentasse e eu não conseguisse mais respirar. Pensei logo naquelas histórias horripilantes de traqueostomias de emergência feitas com canetas esferográficas, mas perfurar a minha garganta com o que quer que seja não estava nos meus planos para aquela amena tarde de verão!

Justo naquele momento chegou à cena um casal de amigos, Dalton Chiarelli e Rosângela Gelli, que estavam de carro e se ofereceram para me levar imediatamente ao hospital. Andei pela pista amparado por eles, novamente viajando devido à toxina do bicho, mas o edema felizmente não piorou. Foi de fato uma sorte, pois não teria dado tempo para chegar vivo a lugar algum se isso tivesse acontecido. No caminho, os sintomas já melhoraram bastante, e chegando ao hospital Miguel Couto me aplicaram um Fenergan na veia e me deixaram em observação por algum tempo. Como eu tivesse melhorado bastante, me mandaram embora para casa, para repousar, mas, em vez disso, voltei à Pedra do Cachorro-Quente, onde repeti a via que queria fazer antes e fotografei, como recordação, a casa dos temíveis marimbondos amarelos.

A abelha

Até agora só falamos de insetos que ferroam dolorosamente, mas não costumam atacar gratuitamente ou longe de suas casas. Com as abelhas é diferente. Apesar de suas picadas por si só não serem páreo para as de um grande marimbondo, as abelhas são sempre muito numerosas, muito rápidas e agressivas e, se ficam nervosas, te perseguem por muitos, muuuitos metros, implacavelmente.

É um animal realmente assustador e que com frequência mata pessoas, se não das picadas, então devido aos acidentes sofridos por suas vítimas em fuga desesperada. Na Serra Caiada, por exemplo, uma montanha no Rio Grande do Norte, um escoteiro que descia de rapel e por infelicidade chegou muito próximo a uma colmeia cujos habitantes começaram a atacá-lo, ao ficar impossibilitado de continuar descendo devido a um nó na corda, não hesitou: cortou-a com o canivete e despencou cerca de 20 metros para a morte. No Vale do Peruaçu, no noroeste de Minas Gerais, hoje um parque nacional, um espeleólogo, também descendo de rapel em um lugar chamado Buraco dos Macacos (na verdade, uma gigantesca claraboia da célebre Gruta do Janelão), teve um pouco mais de sorte. Ele descia dando uns pulinhos na parede, como alguns gostam de fazer, mas, em um desses pulos, errou a pedra e entrou com os dois pés em uma colmeia parruda, levando mais de cem ferroadas pendurado na corda em pleno ar. Este ao menos conseguiu voltar ao chão de forma controlada e foi levado para o hospital pelos amigos em estado grave, mas sobreviveu. Mais recentemente, no final de 2014, meu amigo Silvério Nery, escalando em Andradas, no sul de Minas Gerais, também foi atacado e hospitalizado em estado grave, mas escapou com vida. Já Davi Marski, que estava com ele, não teve a mesma sorte, e pereceu ali mesmo, privando a escalada paulista de um membro muito querido e atuante.

Felizmente, nunca vivenciei situações tão dramáticas com abelhas, mas já levei muitas corridas e ferroadas delas, e ainda passei pela aterrorizante situação de ser envolto por um enxame de mudança de um lugar para outro, para constituir nova colmeia. Isso aconteceu durante a conquista de uma pequena e difícil escalada na Serra do Lenheiro, um maciço de quartzito em São João Del Rei, Minas Gerais. Já estava no topo quando, enfim, me dei conta do que se tratava o zumbido alto que de um momento para o outro encheu o ar, algo parecido com aquele ruído surdo emitido por fios de alta tensão, mas aí era tarde demais e fui engolfado pela borda de uma espessa nuvem viva rodopiante. Por sorte, me lembrei naquele momento dramático de ter lido que as abelhas não atacam quando enxameiam porque estão cheias de mel para dar início a nova colmeia. Assim, ainda que aterrorizado, mantive a calma e permaneci imóvel como uma estátua no topo do pontãozinho onde me encontrava, esperando a nuvem escura passar. Para minha aflição, vi abelhas pousando em mim e outras batendo no meu corpo para cair no chão, meio tontas, e depois retomar o seu posto no redemoinho vivo sem me ferroar. Eu era apenas um obstáculo, não uma ameaça. Então, assim que pude, saí correndo dali, procurando refúgio contra uma possível nova passagem das abelhas, que não ocorreu, ao menos não nesse dia. O nome da nova via já estava escolhido: *Alta Tensão!*

Quatro dias depois, no entanto, quando estava de volta à base do mesmo pontão para tentar conquistar outra via à esquerda da primeira, elas voltaram, mas, desta vez, como eu já sabia o que significava aquele barulho crescente surgido do nada, deu tempo de procurar refúgio antes de um encontro tão direto como o da vez anterior. A nova via foi batizada de O Retorno das Abelhas.

As abelhas sem ferrão

Há dezenas de espécies de abelhas sem ferrão, também chamadas meliponíneas, todas com nomes indígenas como jataí, arapuã, tataíra, tiúba e manduri, esta última a campeã mundial de produtividade de mel: um enxame com cerca de 300 indivíduos apenas pode, sob condições favoráveis, produzir até três litros anuais.

Embora não possuam ferrão (na verdade, ele existe, mas é minúsculo e inofensivo), elas atacam agressivamente com suas mandíbulas quem identifiquem como uma ameaça, além de penetrarem no nariz, nos ouvidos e de se emaranharem nos cabelos das pessoas, algo tremendamente aflitivo. Por isso, mais de uma vez ao escalar fendas onde havia uma colmeia dessas diminutas abelhas, fui de calça e camisa de mangas compridas e escondi os cabelos em uma dessas toucas plásticas de motel para mantê-las afastadas. Um traje um tanto ridículo, devo reconhecer, mas muito eficiente. Entretanto, quando me recordo que alguns escaladores abriram vias no município de Jequitinhonha, em Minas Gerais, usando roupas completas de apicultor para se proteger do ataque de abelhas africanas, isso me deixa bastante consolado.

A mutuca

Perto da dor que nos pode ser infligida pelos himenópteros, como vespas, marimbondos, abelhas e mamangavas, a picada da mutuca não chega a ser tão ruim assim, a despeito do seu nome derivar do tupi *mu'tuka*, que significa picar ou furar.

Mutucas são moscas grandes, que preferem ambientes abertos, como pastagens — daí o seu nome em inglês, *horsefly*, ou mosca dos cavalos —, e possuem um comprido estilete que mais parece a agulha de uma seringa hipodérmica de bom tamanho para chupar o sangue de mamíferos como nós, humanos. Elas podem depositar ovos sob a pele, que depois viram grandes larvas chamadas berne, que se alimentam dolorosamente da nossa carne por dentro. Uma vez fui ao hospital porque pensava estar com um furúnculo e descobri que, na verdade, tinha era um berne; quando ele foi removido intacto por um médico habilidoso, virei a cara para o lado de nojo: parecia um caroço de azeitona branco e peludo se contorcendo na gaze!

Mas a pior característica da mutuca é a sua insistência — uma enlouquecedora insistência. Quando ela te escolhe para vítima, é capaz de te seguir por centenas de metros, sem trégua. Tentar matá-la no ar é mais difícil do que pontuar em um videogame de alta dificuldade. O melhor é esperá-la pousar e dar um tapa certeiro naqueles dois ou três segundos decorridos entre o pouso e a dolorosa penetração do seu maligno estilete.

Nem todas as mutucas são ligeiras, no entanto. Quando estava acampado próximo à Agulha Frey, no Parque Nacional Nahuel Huapi, em Bariloche, Argentina, desfrutando as excelentes escaladas de fendas que existem por lá, nossa principal diversão pela manhã era matar os *tábanos*, uma mutuca em tudo igual às nossas, exceto pelo fato de voar em câmera lenta. Enquanto tomávamos café, matávamos ou atordoávamos os lentos *tábanos* às dezenas e os jogávamos para os passarinhos, que, espertos, ficavam saltitando em torno de nossas barracas esperando pelo seu café da manhã e sempre saíam de barriga cheia.

CURTAS

Fogo!
O bairro do Grajaú abriga uma das mais belas montanhas do Rio de Janeiro. Conhecida por Pico do Perdido ou Pedra do Andaraí pela maioria das pessoas, entre os montanhistas, e somente entre eles, ganhou um nome que é uma combinação dos outros dois: Perdido do Andaraí. Ela possui um espetacular formato piramidal e está situada no Parque Estadual do Grajaú, que, apesar do nome, é administrado pela prefeitura da cidade e faz divisa com o Parque Nacional da Tijuca mais acima. É uma montanha relativamente grande, que apresenta uma parede rochosa com pouca vegetação voltada para o norte com quase 400 metros de altura no seu ponto mais alto.

Bem no centro dessa parede, em 1978, estabeleci, com dois amigos, uma de minhas primeiras conquistas, uma linha direta a que chamamos simplesmente de *Face Norte*, seguindo a terminologia clássica europeia. Até hoje, após ter feito quase 700 conquistas em diversos pontos do país, essa é uma das minhas preferidas.

A inauguração, no mesmo ano, foi prestigiada por nada menos do que vinte escaladores, mas quase estraguei a festa ao levar uma queda de uns oito metros voando devido a uma agarra que se partiu sob o meu peso. Ao me sentir caindo, fiz exatamente aquilo que não se deve fazer em uma situação dessas: tentei frear a queda com as mãos na rocha, algo impossível quando você já começou a ganhar velocidade. Como resultado do impulso impensado, perdi a "tampa" de todos os dedos da mão esquerda, que ficaram em carne viva, além de ter arranhado um pouco os dedos da outra mão. Um amigo, Tavinho, ao ver aquilo, fez a outra coisa a não ser feita nessas horas: não sendo ele quem estava me dando segurança — e, nesse caso, estaria preparado para aguentar o forte impacto de uma queda como essa —, meteu a mão na corda que corria para tentar me fazer parar, queimando-a seriamente sem obter qualquer redução apreciável na velocidade com que eu me deslocava para baixo até ser, enfim, detido pela corda, travada pela menina com quem eu dividia a cordada.

Pior do que os dolorosos buracos nos dedos foi o arranhão no meu orgulho diante de tantos amigos. Portanto, após constatar que não sofrera nenhuma fratura, retornei pela corda até o grampo onde Patrícia Segalla bravamente me segurara com uma primitiva segurança de ombro (na qual o impacto da queda é amortecido pelo corpo do assegurador, e não por um freio mecânico, como se tornou o procedimento padrão pouco tempo depois) e voltei para guiar o restante da escalada. Pior do que o medo de cair só o medo de falhar. Tavinho, sem querer ficar para trás, fez o mesmo.

Essa, no entanto, não seria a única situação desagradável que eu passaria naquela montanha. Dois anos depois, voltei com três amigos para repetir uma via recém-conquistada por outros escaladores, um pouco à esquerda da *Face Norte* e ainda mais difícil. Escalamos lenta, porém seguramente, mas quando estávamos no meio da parede, vimos dois sujeitos ateando fogo ao capinzal que circundava toda a base da montanha. Ainda gritamos para que não fizessem aquilo, mas em vão. O fogo se alastrou rapidamente pelo capim seco e atingiu as mochilas que deixáramos escondidas com dinheiro, documentos, roupa extra, fitas de náilon, anoraques etc. Como não havia o que fazer, continuamos a escalar até o topo e logo em seguida descemos pela caminhada para constatar, desolados, que havíamos mesmo perdido tudo. Só sobraram algumas fivelas metálicas no meio da massa negra fumegante.

Felizmente havia outros escaladores por perto, que nos emprestaram o dinheiro do ônibus de volta para casa. Dos incendiários, nem sinal.

Veias Abertas

Platô da Lagoa é o nome que os escaladores dão a uma parede no Morro da Catacumba, um pequeno satélite rochoso do Morro dos Cabritos, enorme montanha circundada pelos bairros da Lagoa, Humaitá, Botafogo e Copacabana, no Rio de Janeiro. "Platô" porque a sua base é toda plana e cimentada, resquício das favelas que existiam naquela área antes das famílias serem todas removidas para o conjunto Guaporé, na Penha, e as mais desfavorecidas para a famosa Cidade de Deus, em Jacarepaguá. E "da Lagoa" porque ele fica bem em frente ao espelho-d'água da Lagoa Rodrigo de Freitas, hoje um dos endereços mais nobres da cidade.

Atualmente, o Platô da Lagoa é um local repleto de vias esportivas, ou seja, escaladas de extrema dificuldade atlética, porém muito bem-protegidas, para que o escalador possa se concentrar apenas nos movimentos que precisa executar, e não nas consequências de uma eventual queda. Algumas dessas vias tiveram a sua abertura envolta em forte polêmica, pois receberam agarras artificialmente talhadas na rocha com o auxílio de uma furadeira elétrica, prática condenada há muito tempo por descaracterizar de forma irreversível a rocha natural.

No início dos anos 1990, todavia, nenhuma linha fora ainda concluída ali, e, na primeira vez que visitei o local, notei que já havia uma via pela metade, acompanhando uma espetacular fileira de grandes cristais de quartzo esbranquiçado. Como ela estava aparentemente abandonada, saí à procura de quem havia conquistado aquela primeira parte, de modo a oferecer os meus serviços para finalizá-la. Logo descobri que os responsáveis eram dois velhos amigos, que me incentivaram a tocá-la adiante com quem eu quisesse, pois eles, por qualquer razão, não demonstraram interesse na continuação da escalada. Não pensei duas vezes, e, em meados de 1991, recrutei Lúcia Duarte para a missão.

Fomos para lá em uma tarde nublada, após uma manifestação no Morro da Babilônia, na Praia Vermelha, contra o Instituto Estadual de Florestas, órgão que, por ironia do destino, eu viria a presidir alguns anos depois. Subimos rapidamente o trecho já grampeado e eu parti para conquistar o primeiro lance do dia, bem fácil, parando em uma posição confortável onde bati um grampo. Naquela época, não havia ainda as modernas furadeiras elétricas a bateria, que fazem um furo de meia polegada de largura e alguns centímetros de profundidade no granito em questão de segundos. Bater um grampo significava serviço pesado com marreta e broca, que consumia no mínimo vinte minutos, podendo ser bem mais, dependendo das circunstâncias.

No dia, eu havia levado um novo modelo de punho para encaixe de brocas, produzido por um conhecido fabricante de Petrópolis. Ocorre que ele havia sido confeccionado com um aço extremamente duro e friável, quando seria desejável um aço mais macio, que se deformasse lentamente com as marretadas. As consequências dessa sutil diferença não demoraram a se fazer sentir: um estilhaço saiu da cabeça do punho como uma bala e perfurou o meu braço, atingindo uma veia da qual começou a escorrer lentamente um sangue grosso. Não fiquei especialmente impressionado com o ocorrido, até porque não doía após a espetadela inicial. Fiz compressão no local para estancar o sangue, coloquei um band-aid para proteger o furo e continuei a bater o grampo. Logo, no entanto, outro estilhaço voou em direção ao meu braço, e, por incrível que pareça, acertou exatamente no band-aid, onde ficou agarrado! Fiquei ao mesmo tempo preocupado com aquela inconveniente característica do novo punho e assombrado com a pontaria dos fragmentos metálicos, mas, como conseguisse terminar o buraco sem mais incidentes, resolvi continuar a escalar, pois estava pilhado com a nova via. Nesse ínterim, começou a cair uma chuva fina, mas nem isso foi capaz de esfriar minha determinação.

Após fazer um lance bem mais difícil que o anterior, cheguei a outra boa parada, onde comecei a bater novo grampo. Só que um terceiro estilhaço se desprendeu do punho e me acertou o braço, desta vez errando o curativo e perfurando uma artéria, o que causou um sangramento abundante, apesar de também quase não doer. O sangue esguichava em um jato fininho a cada nova sístole e parava durante as diástoles, uma cena bizarra... Seria possível medir o meu batimento cardíaco apenas registrando os pequeninos esguichos. Consegui estancá-lo novamente por compressão, terminei de bater o grampo com uma antiquada, porém eficiente, talhadeira, e então descemos, pois já estava tarde e não dava para continuar sendo alvejado daquele jeito.

Saímos dali com o nome da via escolhido por antecipação: *Veias Abertas*, claro!

O dia do Diabo

Em 1990, junto com dois amigos, dei início a uma nova via na face norte da Pedra Grande de Jacarepaguá, uma montanha de grandes dimensões no Parque Estadual da Pedra Branca (PEPB), Zona Oeste do Rio de Janeiro. O PEPB é três vezes maior do que o Parque Nacional da Tijuca, porém este, por estar situado entre as Zonas Sul e Norte da cidade, é bem mais conhecido e frequentado pela população, recebendo por isso, às vezes, o título indevido de "maior floresta urbana do mundo".

Estar voltada para o norte significa que aquela parede recebe dos primeiros aos últimos raios de sol de cada dia ensolarado, e quem conhece Jacarepaguá sabe muito bem que isso implica em temperaturas inumanas. Uma revista inglesa, comentando sobre uma nova via aberta por um grupo de escaladores brasileiros em pleno verão no Kaga Tondo, impressionante pontão rochoso que integra a formação conhecida como "Mão de Fátima", no desértico Mali, África Central, comentou: "Os escaladores brasileiros são talvez os únicos capazes de suportar escalar no verão no Mali." Pois um deles, Sérgio Tartari, indagado sobre o que havia achado de ter subido uma montanha no calor abrasador daquele país africano, devolveu a pergunta para o entrevistador: "Você já escalou em Jacarepaguá?" Por isso, nossa via foi batizada de *Deus e o Diabo na Terra do Sol*, um nome que nos pareceu bastante apropriado quando finalmente a concluímos. Pela mesma razão, algumas vias que conquistei recentemente em Bangu e em Realengo, dentro do mesmo parque, receberam nomes sugestivos como *Chapa Quente*, *Efeito-Estufa* e *A Divina Comédia*, em alusão ao Inferno de Dante.

A escalada já estava pela metade, portanto com mais de 100 metros conquistados, quando Alexandre Canella, o "Calango", partiu para cima em um novo lance, não especialmente difícil, e chegou a um grande nicho na rocha onde parou para bater um grampo. Após ele ter içado pela retinida o material de grampeação, eu e o terceiro escalador, Ricardo de Moraes, nos sentamos no minúsculo platô onde estávamos para apreciar a vista enquanto ele concluía o trabalho. Pouco depois, no entanto, Alexandre gritou lá de cima:

— Pessoal, saiu um estilhaço do punho e me acertou o peito!

— Que chato! — respondi, solidário.

— Está saindo sangue!

— Puxa, que merda, Alexandre...

— MUITO sangue!

— Que desagradável! — Agora eu já estava sendo bem enfático, para que ele tivesse certeza de que contava com a nossa simpatia para o problema.

— Eu acho que vou desmaiar...

— NÃO! Não faça isso, segure firme, descanse um pouco, faça compressão no local, respire fundo, mas NÃO desmaie! — gritamos de baixo ao mesmo tempo, em pânico. Uma queda de alguém inconsciente a partir de onde ele estava não teria um bom desfecho. Não mesmo.

Conseguimos por fim acalmá-lo na base da conversa e, após ele ter estancado o sangue fazendo compressão no ferimento, o convencemos a bater o grampo do jeito que estava, ou seja, ainda um tanto para fora, para que pudéssemos descê-lo até nós. Esse grampo não serviria para proteger o lance seguinte, mas era o suficiente para suportar o seu peso, e então, fazendo a corda correr através de um freio mecânico, poderíamos descê-lo suavemente em nossa direção.

Foi o que fizemos, e quando Alexandre chegou onde estávamos, pudemos constatar que ele não estava fazendo manha: uma rodela de sangue de cerca de um palmo de diâmetro na sua camiseta mais parecia o resultado de um tiro de fuzil do que de um minúsculo fragmento metálico ejetado de uma ferramenta defeituosa. Fizemos com que ele se sentasse, descansasse mais um pouco e bebesse bastante água. Em seguida fomos embora, rapelando rapidamente parede abaixo em busca do conforto proporcionado pela sombra das árvores abaixo. Na terra do Sol, esse foi o dia do Diabo.

A guilhotina

Sempre gostei de fazer novas vias, conhecer novas áreas, escalar em tipos de rocha diferentes. Acho que é isso o principal fator que me faz ainda ter tanto entusiasmo pelo esporte após anos de prática mais ou menos regular. Nunca compreendi bem como alguns amigos conseguem repetir dezenas de vezes uma mesma via e não enjoar, com tantas opções interessantes ao seu dispor.

Claro, todos têm as suas escaladas preferidas, mas eu não fiz mais do que cinco ou seis visitas às minhas prediletas. As exceções são certas vias bem fáceis, próprias para se levar principiantes, às quais retorno sempre que necessário com uma clara finalidade utilitária: introduzir alguém no esporte, algo sempre muito prazeroso. Às vezes, não dá certo, e o principiante fica com tanto medo que jura nunca mais tocar em uma pedra, promessa em geral, devo dizer, cumprida. Mas muitas vezes as pessoas tomam gosto e praticam o montanhismo com entusiasmo por um bom tempo até priorizarem outros aspectos de suas vidas. Uma fração deste segundo grupo acaba abraçando as escaladas e as caminhadas como sua principal atividade de lazer ao longo da vida; em alguns poucos casos, como no meu, é o resto da vida mesmo que passa a gravitar em torno dessa decisão.

Vias recém-conquistadas atraem a atenção de todos e a minha em particular. Isso era mais verdadeiro ainda muitos anos atrás, quando havia relativamente poucas escaladas e o ritmo das novidades era bem menor do que nos dias atuais, quando é impossível manter-se atualizado. Antigamente havia até um hábito interessante, hoje abandonado, que era o das "escaladas inaugurais", ou seja, a primeira repetição oficial de uma nova via com a presença de seus conquistadores, ou ao menos de parte deles, que orgulhosamente as apresentavam para os amigos e ficavam depois aguardando os comentários — que, pela frente, eram invariavelmente favoráveis.

Foi, portanto, com esse espírito de curiosidade que, em uma tarde de 1988, me dirigi ao Morro do Cantagalo, na face voltada para a Lagoa Rodrigo de Freitas, acompanhado por Lúcia Duarte. Nosso objetivo era fazer a primeira repetição de uma via que acabara de ser aberta por alguns amigos do CEG, que recebera o esquisito nome de *Rumores da Algazarra*.

Essa parede tem a particularidade de estar situada exatamente sobre os fundos dos prédios de uma rua movimentada. Embora grandes platôs de mato ao longo da base detenham pedras e outros objetos que caiam da maioria das numerosas vias ali existentes, algumas escaladas não contam com tal anteparo natural, e qualquer coisa que se desprenda da parede tem como destino certo a fachada e as janelas dos apartamentos de fundos daqueles prédios. Ou melhor, tinha, porque recentemente a empreiteira responsável pelas obras do metrô, devido às consequências indesejadas das explosões para abertura do túnel, que sacudiam todo o morro e mandavam para baixo uma saraivada de pedras de todos os tamanhos, instalou uma horrorosa, mas eficiente, tela metálica de proteção, que devolveu a tranquilidade a moradores e escaladores simultaneamente.

Mas, naquele ano, o escudo ainda não existia e, como se não bastasse, aquela parede do Morro do Cantagalo é notória pela grande quantidade de lacas soltas que se desprendem às vezes apenas com o olhar de quem passa ao lado. Isso sempre tornou especialmente tensas e arriscadas as novas escaladas ali, que apenas após muitas repetições, quando não há mais nada (ou quase nada) para cair, podem ser consideradas seguras. O escalador deve avançar como um gato em uma cristaleira, dando cada passo com o máximo cuidado para não derrubar nada nos prédios ou nos companheiros abaixo. Por isso, foi com grande satisfação que chegamos ao fim da escalada sem nada significativo ter tombado à nossa passagem.

Restava, porém, a descida. Fiz o primeiro rapel com todo o cuidado, e Lúcia veio atrás sem problemas. No segundo rapel, passei ao lado de uma laca imensa, do tamanho e da espessura de uma porta de frigobar, que parecia estar aderida à parede apenas com cuspe. Somente parte de sua borda inferior mantinha um tênue contato com a rocha, e ainda pensei como era bom que a escalada e o rapel não passassem diretamente por ela. Ao terminar a descida, prendi-me a um grampo e disse que ela podia descer. E estava eu a apreciar a bela vista ao redor quando Lúcia gritou lá de cima, desesperada:

— ANDRÉ! ANDRÉ!

Estiquei a cabeça para trás rapidamente para ver o que era, pois pensei que pudesse estar acontecendo algum problema sério com ela na descida. Só então me dei conta, aterrorizado, de que havia um problema, sim, mas era comigo: a laca caía livremente na minha direção, com a velocidade usual ditada pela gravidade terrestre! Era uma imensa guilhotina voadora que, emitindo um silvo assustador à sua passagem, estava a um ou dois segundos de me decapitar, como ao final do ritual samurai do *seppuku*!

Felizmente, graças ao meu bom reflexo, dom natural que já salvou a minha pele em outras oportunidades, encolhi a cabeça com muita rapidez e sofri apenas uns pequenos arranhões quando me desviei da grande lâmina de pedra, que passou fazendo vento rente à minha orelha direita. Em sua alucinada trajetória descendente, a laca primeiro esmigalhou, logo abaixo de onde eu me encontrava, um pino de contenção de concreto instalado pela Geotécnica, o órgão responsável pelo escoramento de encostas instáveis no Rio de Janeiro. Depois passou muito perto de um maluco que estava fazendo macaquices na base da via, bem em nossa direção, que saiu correndo apavorado e desapareceu completamente de vista. E, por fim, explodiu na garagem do edifício abaixo, por sorte não atingindo ninguém e nem provocando maiores danos além do susto que o estrondo do impacto causou em todo mundo.

Lúcia continuou gritando lá de cima, nervosa, para ver se eu estava bem. Quando se certificou de que sim, gritamos os dois para baixo para saber se alguém havia sido atingido, ao que uma moradora que acudira à janela para verificar o que tinha acontecido respondeu que não. Ufa!

Descemos rapidamente, sem novos incidentes, e fomos direto para casa beber alguma coisa para aliviar a tensão.

Esse foi um caso exemplar para ilustrar a importância da correta comunicação na escalada ou em qualquer outro esporte de risco. O código convencional a ser utilizado quando uma pedra cai é simplesmente "*pedra!*". Isso faz com que as pessoas que se encontrem abaixo se encolham e procurem a posição mais protegida possível, de preferência sob um ressalto qualquer na rocha. Quando se chama o nome de uma pessoa é para que olhe, pois presume-se que haja alguma informação importante a ser passada. Mas, em situações de extrema tensão, é compreensível que os códigos sejam momentaneamente esquecidos ou trocados, pois não há tempo para se elaborar a mensagem, e é aí que mora o perigo.

"O seu pé era assim?"

Essa foi a pergunta que o ortopedista da emergência do hospital Cardoso Fontes me fez quando insisti que talvez o meu pé não estivesse quebrado, a despeito do grande caroço que evidentemente não deveria estar ali. A radiografia apresentada minutos depois não me permitiu prosseguir na argumentação: eu havia quebrado o primeiro e o segundo metatarsos, aqueles ossinhos compridos que ligam os dedos ao calcanhar, e teria que ficar com o pé esquerdo engessado por um mês.

Raios! Eu havia caído meros dois metros, porém de pé e exatamente sobre uma pedra bicudinha, responsável pelo estrago. Isso era uma calamidade, pois, contando com o tempo de recuperação após a retirada da incômoda bota branca, calculei que teria que amargar dois a três meses de inatividade, justo quando eu estava no auge da forma e ansioso por mais. Apenas dois meses antes, por exemplo, eu e Serginho Tartari, que estava comigo no dia deste acidente, havíamos repetido com dois outros amigos a escalada mais difícil do Brasil à época, a *Via Normal* do Pico da Foca, em Laranja da Terra, Espírito Santo, onde fizemos um bivaque forçado na descida quando a noite nos pegou pouco antes de uma longa passagem horizontal, perigosa demais para ser feita no escuro. Passamos uma noite péssima em um platô de vegetação exposto em um flanco da montanha, morrendo de frio, já que estávamos apenas de short e camiseta.

O lance onde eu caíra tinha uma importância particular. Ele era o lance inicial de uma nova conquista que nos parecia muito promissora na Pedra Hime, em Jacarepaguá, e só conseguira fazê-lo, no final do ano anterior, após uma manhã inteira de tentativas alternadas com as de outro amigo que fora ao Pico da Foca conosco, André "Papel" Sant'Anna. Aquele provavelmente era o primeiro lance de VII grau feito por um brasileiro, portanto de dificuldade excepcional para a época (hoje, algo mais ou menos trivial). Aqui, como em outras partes do mundo, a transição do grau máximo admitido pela escola clássica, VI, para um novo grau, VII, criado para acomodar as novas vias que surgiam, muito mais difíceis do que as existentes, não se deu de forma pacífica. Mas os opositores da proposta foram atropelados sem dó por uma enxurrada de escaladas que galgavam patamares cada vez mais altos de comprometimento e de dificuldade física, técnica e psicológica. Hoje, há passagens de até XI no Brasil, e ninguém aposta que tenhamos chegado ainda ao limite absoluto, embora novos avanços sejam, naturalmente, cada vez mais difíceis de serem alcançados. Estar apto a repetir vias dessa dificuldade exige um nível de dedicação olímpico, que bem poucos podem ou estão dispostos a conceder. A maioria das pessoas escala de forma bem mais descompromissada, definindo metas individuais realistas que nem tornem a atividade enfadonha, nem as lancem em depressão profunda por não chegarem perto das realizações de ponta do momento.

No dia do acidente, para não perdermos mais tempo ali, e para poupar preciosa energia a ser aplicada no que enfrentaríamos acima, subi no ombro do Serginho para evitar a parte mais difícil do lance. Mas bastou um breve descuido para que eu perdesse o equilíbrio, caísse e quebrasse o pé em uma queda ridiculamente pequena. Inconformado com o óbvio, ainda o encorajei a assumir a frente da cordada, pois, embora não me sentisse em condições de escalar mais, lhe daria segurança sentado no chão para aproveitarmos melhor o dia. Mas um minuto depois, quando ele já estava preparado para subir, a dor crescente me fez mudar de ideia e pedi para voltarmos imediatamente. Estávamos em um ponto relativamente isolado do Maciço da Pedra Branca e a volta seria penosa, pois não conseguia encostar o pé no chão.

Enfiamos todo o equipamento de volta nas mochilas e eu desci a longa e íngreme trilha de acesso pulando em um pé só, com o apoio de um galho que me servia de cajado improvisado. Serginho vinha atrás, carregando todo o nosso equipamento. A toda hora eu perdia o equilíbrio e rolava trilha abaixo, com cajado e tudo, tentando manter o pé para cima para protegê-lo. Afinal, atingimos uma parte mais plana onde descansei um pouco antes do estirão final até as ruas asfaltadas de um grande condomínio fechado. Lá chegando, eu não aguentava mais andar, e implorei a um menino que passava de bicicleta que me desse carona na garupa até o ponto de ônibus mais próximo. Ele recebeu meu pedido com muita desconfiança, e só o atendeu relutantemente. Não o censuro: imundo e ralado devido às quedas que levei pelo caminho, meu aspecto não era mesmo encorajador. Esperei pelo Serginho no ponto e embarcamos juntos no ônibus para o hospital, onde fui direto para a emergência.

— O seu pé era assim?

Uma estranha pescaria

Bito Meyer é uma lenda da escalada paranaense, e isso não é pouca coisa, uma vez que o Paraná abriga uma das mais sólidas e tradicionais comunidades de escaladores do país. Ele abriu diversas vias de grande dificuldade e exposição lá e em outros lugares do país, e se tornou especialmente conhecido pelas ousadas escaladas solo (sozinho e sem corda ou qualquer outro equipamento de segurança) em grandes paredes, um estilo admirável, porém altamente arriscado, que nunca contou com muitos adeptos no Brasil devido à elevada taxa de letalidade. Seu destemor não diminuiu mesmo depois de um sério acidente de voo livre que o deixou com um problema permanente em um dos joelhos, e recentemente voltou a solar uma via clássica gigantesca (cerca de 700 metros) no Parque Estadual dos Três Picos, no Rio de Janeiro.

Nós nos conhecemos no Morro do Anhangava, perto de Curitiba, no início dos anos 1980, em um dia tipicamente chuvoso. Embora tivéssemos interesses muito parecidos no esporte, nunca mais fizemos nada juntos até o final de 1986, quando, durante uma viagem dele ao Rio, eu o convidei para tentarmos escalar uma sequência de fendas que ainda não havia sido subida nas falésias da Praia do Pepino, em São Conrado. Seria uma via pequena, porém difícil, e provavelmente toda protegida com equipamentos móveis, uma perspectiva que muito agradava a ambos. Além disso, o cenário era deslumbrante e novo para ele, portanto Bito aceitou de pronto o convite.

Apesar de curta, a via seria feita em duas microenfiadas de corda, separadas entre si por um bom platô, cada uma envolvendo uma passagem difícil. A mim coube a primeira enfiada e, com o material precário de então, não foi nada fácil proteger a exigente oposição que me levou ao topo de uma espécie de asa de pedra, onde pude parar e descansar com tranquilidade. Para estar mais leve nesse lance inicial, não levei nada comigo, deixando todas as peças móveis e o restante do equipamento com o Bito, pois seria fácil içar o necessário a partir da boa parada no final do lance. Mas, quando comecei a rebocar o material, e já estava quase colocando a mão em uma fita à qual estava preso praticamente tudo o que tínhamos, por qualquer razão ela se soltou da corda e mergulhou diretamente no mar, bem ao lado do costão e a dezenas de metros da orla.

Assisti à cena duplamente transtornado. Primeiro, devido à possível perda financeira, aliada à dificuldade de se obter tais equipamentos naqueles tempos mesmo tendo dinheiro, pois ainda não existiam lojas de material de escalada no país. Na verdade, o principal fornecedor de equipamentos para os escaladores do Rio e de alguns outros estados brasileiros era eu mesmo, já que naquela época eu me mantinha como representante no país de uma empresa espanhola especializada em vendas por correspondência de equipamentos para esportes ao ar livre.

Mas pior ainda era pensar em como iria sair dali. Eu contava com aquelas peças para proteger o meu avanço, e sem elas também não havia como descer com segurança o lance que havia acabado de fazer. Resolvi então içar o pouco que nos restara no fundo da mochila — algumas fitas de náilon, dois nuts grandes e um aparelho de descida de fabricação caseira chamado *magnone*. Encaixei um dos nuts em uma fenda aos meus pés, depois passei uma fita em torno de um bico de pedra e, assim protegido, fiz um lance fácil e comprido até um platô onde havia uma arvorezinha, na qual parei.

Levei o Bito até lá, e fixamos a corda na árvore para descer de volta aos costões na base da via e, a partir dali, tentar recuperar o equipamento, pois não era possível prosseguir sem ele. Mas havia um problema: o Bito não sabia nadar, o que transferia automaticamente para mim toda a responsabilidade pela pescaria, mas tudo bem, pois o mar estava tranquilo.

Chegando à base, pulei na água com a corda presa à cintura. Bito ficou segurando a outra ponta da corda para facilitar a minha volta à terra firme. Mergulhei mais ou menos na direção em que vimos a preciosa fita desaparecer sob as ondas, e já no primeiro mergulho consegui identificar a localização exata dela, pois ali não é muito fundo (uns quatro ou cinco metros, talvez) e os mosquetões brilhavam com o sol refletido neles, já que a água estava bem clara. Na terceira tentativa consegui colocar a mão na fita e subir de volta à tona com ela; depois, foi só voltar ao costão como o Batman, subindo pela corda mantida fixa pelo Bito.

Rimos muito com a nossa sorte, e, após eu ter ficado um bom tempo estendido na pedra, secando ao sol, voltamos pela corda ao platô com a arvorezinha e ele conquistou a segunda parte da via, onde havia uma sequência talvez ainda mais difícil do que a fenda inicial que eu enfrentara. Uma ótima escalada, temperada por um evento inusitado e que, por isso, foi batizada de *Água-Viva*.

Nó assassino

Para se escalar mesmo as vias mais complexas não é preciso o conhecimento de mais do que seis ou sete nós, até menos. Há quem discorde dessa afirmação, e respeito a opinião, mas estou firmemente convencido de que, na escalada, simplicidade é sinônimo de segurança. Procedimentos mais simples requerem menos tempo e equipamento para serem postos em prática, além de serem menos suscetíveis a erros, especialmente quando o escalador já está cansado, com a sua capacidade de julgamento comprometida pela fadiga.

Há também aqueles que têm um fetiche por equipamentos e uma irreprimível paixão por técnicas e sistemas complexos, que parecem lhes dar tanto ou mais prazer do que a escalada em si. Nada contra, desde que não pretendam que a escalada, uma atividade libertária e algo anárquica em sua essência, deva se tornar escrava de padrões e protocolos rígidos de procedimentos, como se as montanhas fossem estabelecimentos industriais onde os processos de produção, por definição, devem funcionar como máquinas. Elas não são isso, felizmente. O mundo aqui fora é bem mais variado e colorido.

Ademais, aqueles que entregam a própria segurança a protocolos inflexíveis de conduta frequentemente se veem em apuros, pois quando as escaladas, com a sua quase infinita diversidade de situações, apresentam algum problema inesperado (e como isso é comum!), entram em pane, quando não em pânico, por não saberem como proceder. Já houve caso de alguém que, ao deixar cair o aparelho de descida, tudo o que lhe ocorreu foi ligar para o Corpo de Bombeiros pedindo socorro, pois não sabia improvisar um aparelho de descida apenas com mosquetões ou então com um nó apropriado daquela lista de seis ou sete.

Esse exemplo denota mais do que simples desconhecimento. Ele evidencia uma adesão estrita a alguns procedimentos "aprovados" e a consequente suspeita, quando não a condenação, de todo o resto, inclusive de improvisações que podem solucionar muito bem situações imprevistas que se apresentem na vida real. Levado a extremos, esse comportamento se torna tão mecanizado — o que parece ser, afinal, o objetivo último dos defensores dessa forma de abordar a escalada — que pode levar a situações patéticas, como o sujeito que vi dar nós nas pontas da corda de rapel (para não passar delas inadvertidamente, algo que é mesmo desejável em situações mais complexas e arriscadas) em uma descida que claramente terminava no chão!

As discussões sobre nós são recorrentes, e há um deles em particular, chamado lais de guia, que volta e meia está na berlinda. Muita gente gosta de usá-lo porque é de fato muito rápido de ser feito e desfeito mesmo depois de submetido a fortes pressões, como após uma queda de guia. Mas essa é, também, a sua fraqueza: é tão fácil de ser desfeito que, às vezes, se desfaz sozinho, o que não é nada bom. Para minimizar o problema, muitos o usam duplicado ou então com um arremate, isto é, com uma volta complementar que reduz bastante a probabilidade de uma abertura acidental. Isso, entretanto, além de anular a rapidez e simplicidade de confecção, que seriam algumas de suas maiores qualidades, pode representar um perigo adicional caso o escalador se esqueça de duplicá-lo ou fazer o tal arremate, como às vezes acontece. A americana Lynn Hill, uma das maiores escaladoras de todos os tempos, se esqueceu disso uma vez e levou uma queda terrível do topo de uma falésia, que só não foi fatal porque o seu corpo foi amortecido pelos galhos de uma árvore que a separavam do chão, de onde foi recolhida e levada para o hospital. Eu próprio tive a nada invejável oportunidade de assistir na prática como o lais de guia pode se desfazer sozinho quando usado na sua forma simples ou sem arremate.

No início de 1977, o veterano guia Francesco Berardi, do CEB, se deu ao trabalho de adotar todos os procedimentos burocráticos necessários para obter autorização do Exército para entrar no Forte Duque de Caxias, no bairro do Leme, com o intuito de repetir a única via existente naquele tempo no Morro do Leme, a montanha aos pés da qual termina a Praia de Copacabana. A via, chamada *Paredão do Leme*, de 135 metros de extensão, havia sido aberta uma década antes, mas eram escassas as repetições devido a essa dificuldade de acesso. Portanto, quando soube que ele estava organizando uma ida, prontamente me alistei para aproveitar a rara oportunidade.

No fim das contas, nem éramos tantos assim. Apenas sete, distribuídos em três cordadas da seguinte forma: a primeira composta por dois escaladores mais experientes, que subiram na frente; a segunda era guiada pelo próprio Berardi, que levava com ele dois novatos; e, na terceira, eu guiava outro escalador safo, com bastante tempo de clube. Havia uma quarta cordada, mas seus três integrantes desistiram logo no início e subiram andando pela estradinha de paralelepípedos até o cume, onde há uma fortificação histórica com uma imensa bandeira brasileira permanentemente desfraldada, para se encontrarem conosco e descermos juntos. Assim como todos, ou quase todos os demais, eu estava preso à corda com um lais de guia, pois, afinal, assim havia sido ensinado e era assim que se fazia. Um dos dois novatos que dividiam a corda com Berardi era o meu amigo Tony Adler, para quem aquela seria uma de suas primeiras escaladas.

Tudo parecia correr muito bem, até o momento em que olhei para o alto para ver como o Tony se saía no seu novo esporte. Ele até que estava bem, mas havia algo errado na cena, e custei um pouco a processar o que era. Enfim, entendi: a ponta da corda à qual ele deveria estar preso subia solta para cima, se afastando cada vez mais do seu corpo. A corda estava sendo recolhida pelo Berardi, parado em um grampo fora de nossa vista, crente que estava dando segurança para o Tony; mas este, na verdade, se encontrava completamente solto no meio do grande paredão. O seu lais de guia havia se desfeito sozinho!

Quando finalmente me dei conta do que acontecera, falei para ele ficar calmo e parado onde estava. Subi rapidamente em sua direção e, lá chegando, passei uma fita em torno da sua cintura e a prendi ao meu baudrier. Em seguida, gritei para o Berardi não puxar mais a corda e, pelo contrário, baixá-la de volta um pouco para que eu pudesse reencordar o Tony, desta feita com um nó muito mais seguro (embora mais difícil de ser desatado) chamado aselha. Caso ele caísse nesse ínterim, desceríamos os dois embolados até a minha corda nos deter, o que poderia nos machucar um pouco, mas ainda assim seria uma alternativa bem melhor do que a morte certa caso ele caísse desencordado até a base da montanha.

Assim foi feito, e o restante da escalada transcorreu sem novas surpresas. Foi só o susto, mas o suficiente para que eu banisse o laís de guia para sempre do meu modesto acervo de nós confiáveis.

GLOSSÁRIO

Agarra — saliência de qualquer tamanho ou formato na rocha, usada pelo escalador para progredir pelos seus próprios meios em uma parede rochosa.

Aparelho de descida — freio mecânico que permite a descida controlada de rapel por uma corda fixa. Existem muitos modelos diferentes, e quase todos também podem ser usados como aparelho de segurança durante as escaladas.

Baldinho — técnica em que um escalador é descido pela ponta da corda, a partir de um ponto de segurança qualquer, por outro escalador.

Baudrier — espécie de cinto de segurança feito de fitas de náilon largas, normalmente no formato de uma cadeirinha, ao qual a corda de escalada é presa. Sua principal função é amortecer o impacto de uma eventual queda sobre o corpo do escalador.

Bivaque — pernoite fora de uma edificação ou de uma barraca, em geral feito sob uma pedra ou ao relento. Há sacos impermeáveis para proteger da chuva e do sereno nesses casos, mas, em bivaques forçados, às vezes o montanhista passa a noite sem nada disso.

Bouldering — é a escalada de blocos rochosos de pequena altura (entre 3 e 6 metros, ou pouco mais do que isso). O escalador, nesse caso, não usa corda ou qualquer outro equipamento de segurança, exceto, às vezes, um colchão largo e dobrável chamado *crash-pad*, colocado no chão para amortecer as quedas.

Cadeirinha — modelo mais comum de baudrier, que consiste em uma fita de náilon mais larga em volta da barriga do escalador e dois anéis de fita mais estreita em torno de suas pernas. A corda de segurança é então amarrada a todos esses anéis, simultaneamente.

Chaminé — fenda tão larga que permite que o escalador entre nela. Chaminés são escaladas com técnicas variadas, de acordo com a sua largura.

Cliff-hanger — gancho metálico, de formatos e tamanhos variados, usado em escaladas artificiais ou como apoio durante a conquista de escaladas livres em paredes. Ele é encaixado em agarras naturais ou pequenos buracos abertos pelo escalador, que então se pendura em uma fita presa a ele. Também chamado simplesmente de cliff.

Colo — ponto mais baixo (ponto de sela) entre duas montanhas.

Conquista — a primeira ascensão de uma escalada, sendo todas as demais chamadas de repetições. Similarmente, a conquista de um cume é feita pelas primeiras pessoas que o atingem por qualquer lado.

Cordada — dois ou mais escaladores unidos por uma corda.

Cordelete — pequeno anel de corda usado para se fazer o nó prusik. O mesmo que *sling*.

Costura — é quando a corda de escalada passa em um artefato de segurança qualquer (grampo, friend etc.), com a intermediação de um mosquetão, para segurar o guia da cordada caso ele caia. Também se usa o termo para designar um conjunto mosquetão-fita-mosquetão, que visa reduzir o atrito da corda com os artefatos de segurança ao atenuar o ângulo entre eles.

Costurar — ato de fazer uma costura.

Crux — trecho mais difícil de uma escalada. Às vezes, uma escalada pode contar com dois ou mais cruxes.

Dolina — depressão no solo característica dos terrenos calcários, formada pela dissolução das rochas abaixo. Locais propícios à ocorrência de cavernas.

Equipamento móvel — equipamento para proteção dos escaladores que são encaixados em fendas pelo guia de uma cordada e depois removidos pelo participante, não deixando marcas permanentes na rocha. Há inúmeros tipos dessas peças, que podem ser agrupadas em duas grandes categorias: friends e nuts. Os primeiros possuem partes móveis (peças ativas), e os segundos, não (peças passivas).

Encordar — ato de prender a ponta da corda ao baudrier dos escaladores antes da escalada.

Enfiada de corda — ou simplesmente "enfiada", distância percorrida pelo guia de uma cordada entre dois pontos de parada. Essa distância pode variar enormemente em função de uma série de fatores.

Escalada esportiva — estilo de escalada com proteções sempre muito sólidas e próximas, para que o escalador possa se concentrar apenas na dificuldade técnica dos movimentos a serem executados.

Escalada móvel — escalada feita com o uso de equipamento móvel.

Estilo alpino — fazer uma escalada de uma só vez, de forma autossuficiente, carregando todo o equipamento necessário e sem se reabastecer de forma alguma pelo caminho.

Estribo — pequena escadinha com dois ou três degraus, feita com fitas de náilon.

Exposição — grau de risco a que o escalador está submetido no caso de uma queda.

Falésia — parede rochosa, em geral de pequena altura, que não pertence a montanha com cume definido. Originalmente, a palavra era usada apenas para pequenas paredes à beira-mar, mas depois foi estendida para qualquer outra com as mesmas características.

Friend — tipo de equipamento móvel que possui palhetas móveis independentes entre si, que se adaptam dinamicamente ao interior das fendas. Por isso, não requer que haja um estreitamento na fenda, funcionando bem mesmo em fendas perfeitamente paralelas.

Grampo — artefato de segurança em forma de "P", que é batido em um buraco feito com marreta e broca ou com uma furadeira elétrica. Existem muitos outros tipos de grampos, mas os grampos mencionados ao longo deste livro são geralmente desse modelo tipicamente brasileiro.

Guia — escalador que sobe na frente de uma cordada. Normalmente é o único que corre o risco de realmente cair caso perca o equilíbrio ou a força durante a escalada.

Guiar — ato de subir na frente de uma cordada em uma escalada.

Jumar — ascensor mecânico, que tem a mesma função dos nós de prusik, porém muito mais eficiente. Na verdade, "jumar" é a marca do primeiro ascensor desse tipo, mas o nome acabou sendo adotado para todos os aparelhos semelhantes.

Jumarear — ato de subir por uma corda fixa com o auxílio de um par de jumares.

Lance — movimento, ou pequeno conjunto de movimentos, em uma escalada. Em escaladas com proteção fixa, normalmente chama-se de lance a distância a ser percorrida entre dois grampos ou chapeletas.

Magnone — aparelho de descida de fabricação caseira, muito simples, que consiste em um cano de alumínio (ou de aço) serrado, com dois furos por onde passa um mosquetão.

Mosquetão — a mais versátil peça do equipamento de um escalador. É um pequeno anel de duralumínio, muito resistente, com o formato aproximado de um "D", que possui uma abertura ("gatilho") em um dos lados. Serve para conectar a corda de escalada aos pontos fixos ou móveis de segurança; para unir dois outros itens quaisquer de equipamento; e para pendurar os mais diversos itens durante uma escalada, dentre outras utilidades.

Negativo — parede rochosa mais do que vertical.

Nut — tipo de equipamento móvel que não possui, por sua vez, partes móveis. Ou seja, para que possa ser utilizado, o nut depende da existência de um estreitamento na fenda onde possa ser encaixado. Ele apresenta dois modelos básicos: os *stoppers*, que se assemelham a pequenas cunhas metálicas, e os *hexentrics*, feitos com perfis metálicos hexagonais. Todos contam com cordinhas, fitas ou cabos de aço, onde são presos os mosquetões.

Oposição — técnica de escalada livre na qual, onde há uma fenda ou uma laca adequada, o escalador sobe graças à oposição de forças gerada pelas suas mãos, que "puxam" a borda da fenda ou laca, e os pés, que "empurram" a parede.

Participante — escalador que sobe atrás de uma cordada. Normalmente ele não cai caso perca o equilíbrio ou a força durante a escalada, pois a sua segurança é sempre dada de cima pelo guia.

Porta-ledge — Espécie de maca desmontável, com estrutura de duralumínio e leito de algum tecido resistente, que pode ser rebocada parede acima para proporcionar pernoites confortáveis durante escaladas muito longas ou demoradas. Ele conta ainda com um sobreteto de náilon para proteger da chuva, e pode ser duplo ou individual.

Proteção mista — proteção baseada parte em peças fixas, parte em peças móveis.

Proteção móvel — o mesmo que equipamento móvel.

Prusik — nó autoblocante, feito com um pequeno anel de corda aplicado a uma corda fixa mais grossa. O escalador empurra o anel para cima e o nó impede que ele deslize para baixo. Com um par desses anéis, um preso ao baudrier e pisando no outro, o escalador pode subir com facilidade mesmo em cordas suspensas no ar.

Punho — peça onde se encaixam brocas ou talhadeiras de diâmetros diversos para se fazer um furo na rocha, a marretadas.

Rapel — técnica de descida por uma corda fixa com o uso de um aparelho apropriado.

Rapelar — Ato de descer de rapel por uma corda.

Rapeleiro — pessoa que só pratica rapel.

Retinida — corda fina, usada exclusivamente para içagem de equipamento.

Slackline — fita de náilon larga, estendida entre dois pontos elevados como árvores ou rochas, que é então percorrida a pé por uma pessoa. Bom exercício de equilíbrio.

Solar — fazer uma escalada sozinho e sem equipamentos de segurança.

Solteira — pequeno pedaço de fita ou corda que serve para prender o escalador ao grampo ou a outro artefato de segurança qualquer. Item básico de segurança individual.

Tirolesa — travessia por meio de uma corda esticada em dois pontos elevados, como árvores ou paredes rochosas.

Papel: Offset 75g
Tipo: Bembo
www.editoravalentina.com.br